スーパーマリン・スピットファイアのすべて

Dr. アルフレッド・プライス　ポール・ブラッカー [著]
九頭龍わたる [訳]

オーナーズ・ワークショップ・マニュアル

SUPERMARINE SPITFIRE
1936 onwards (all marks)
Owners' Workshop Manual
Dr. Alfred Price and Paul Blackah
Japanese transurated by KUZURYU Wataru

Haynes Publishing

大日本絵画
Dainippon Kaiga

著者紹介

Dr.アルフレッド・プライス　Dr Alfred Price

　15年にわたって空軍士官としてRAFに勤務、電子戦に特化したヴァルカン爆撃機の搭乗員だった経歴を有する。退役後は執筆に専念、航空機を主題にした著書多数。航空史家として名声を確立し、特にスピットファイアの専門家として定評がある。ロイヤル・ヒストリカル・ソサエティ特別会員。

ポール・ブラッカー　Paul Blackah

　1976年にRAFに入隊、機体整備員としての専門訓練を受け、1993年にはBBMFに配属となる。2002年に退役後も、ヴィンテージの航空機、特にスピットファイアに関する知識と経験の豊富さを買われて予備役に。BBMFのエアフレーム・スペシャリスト（機体整備専門員）として勤務を続ける。

謝辞

　本書をまとめるにあたっては、定評ある専門家諸氏より、多くの資料をご提供いただきました。諸氏の熱心なご援助なくしては、本書の出版もとうてい不可能だったに違いありません。わけてもピーター・アーノルド氏には、真っ先にそのお名前を記して、お礼申し上げたく思います。氏は世界各地に残されたスピットファイアの機体保存・復元作業をライフワークとされており、その該博な知識をもって、著者を膨大なデータの迷路から連れ出し、道案内をしてくださり、本書が遭難しそうになるところを何度も助けてくださいました。また、氏は個人的コレクションから数々の貴重な写真を提供してくださっています。それから、スピットファイアの機体復元ビジネスに携わっておられるジョン・ロメイン、ピーター・ワッツ、スティーヴ・ヴィザード、ガイ・ブラックの各氏、BBMF（バトル・オブ・ブリテン・メモリアル・フライト）のエンジニアの皆さんにも、貴重な時間を割いて今回の出版計画にご協力くださったことに感謝します。展示飛行のパイロットとして著名なポール・デイとクリフ・スピンクの両氏、BBMFの現指揮官たるアル・ピナー少佐、クライヴ・デニー氏にも、お忙しいところご協力いただきました。スピットファイア関連の膨大な所蔵資料の使用を許可していただいたことについて、ヘンドンのRAF（イギリス空軍）博物館に対しても、謝意を表します。また、お名前を挙げるのが図らずも最後になってしまいましたが、飽くなき情熱をもって本書のテクニカル面の記述を支えてくださったルイーズ・ブラッカー氏にも感謝の言葉を捧げます。そして、お力添えをいただいたすべての方々に、この場を借りて改めて感謝申し上げます。ありがとうございました。

警告

　本書はスピットファイアを復元・修復し、飛行可能にするための実際的なマニュアルを含むものであり、そうした性格上、敢えてその安全性を強調する方向で執筆されておりますが、本書をお読みいただいたうえでの何らかの損害・物損事故・死傷事故発生の申し立てについては、著者・出版社ともにいっさいの法的責任を関知するところではありませんので、そのむねご理解・ご了承願います。

SUPERMARINE SPITFIRE

1936 onwards (all marks)

Owners' Workshop Manual

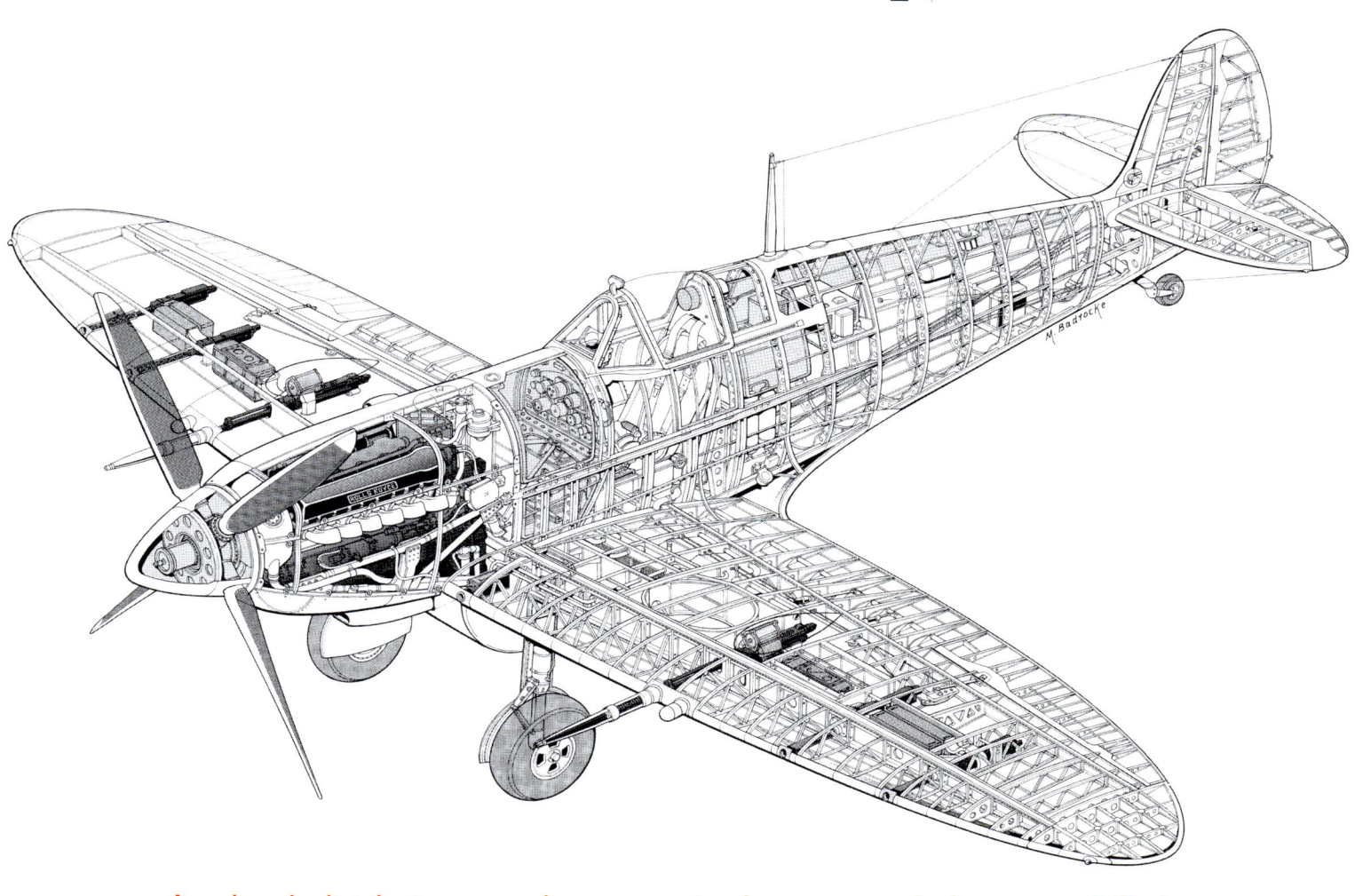

An insight into owning, restoring, servicing and flying Britain's legendary World War II fighter

Dr Alfred Price and Paul Blackah

目次 Contents

序章	6
第1章　スピットファイア物語	20
序	21
スピットファイア：ある戦闘機の物語	22
発展のパターン	33
敵に立ち向かって	40
スピットファイア系列機を概観する	43
第2章　再生への道のり	50
序	51
スピットファイアの構造	52
機体寸法と重量	87
スペアパーツの確保	88
復元の限界	88
スピットファイア産業	90
実際の再生プロジェクト	91
第3章　オーナーの視点から	94
序	95
自分のスピットファイアを手に入れるには	96
履歴証明という問題	102
再生ビジネスの収益	102
必要な事務手続き	102
保険費用	103
維持費	103
第4章　パイロットの視点から	104
序	105
スピットファイアを飛ばす	107
戦時中のパイロットたち	110
展示飛行のパイロットたち	116
夢を叶えて	121
第5章　エンジニアの視点から	124
序	125
安全第一！	126
工具類	126
ジャッキングと機体の支持	127
推奨滑油および作動液類	128
スピットファイアの整備	129
長期保管の手順	137
エピローグ	138
コラム	
第一級のエンジニアリング	18
トップガンの機体、その後日談	48
非破壊検査	93
「すべて口コミで……」	101
オーナーに向かない人々	102
リークの発見と対処法	130
巻末資料1　現存するスピットファイア／シーファイア	140
巻末資料2　今なお飛行可能なスピットファイアは全世界にどれだけ存在するか？	154
巻末資料3　スピットファイア復元に関連する主な企業、施設	156
索引	158

(Photo: Andrea Featherby)

「あの1938年の夏、初めて出会った瞬間から、スピットファイアに一目惚れしたのは確かだ。私はその美しさの虜(とりこ)となった。すっきりと細身の、均整のとれたボディ、それでいて優美な曲線を描くその姿に私はたちまち魅了されたのだった。」
——枢密顧問官バルフォア卿、戦功十字章帯勲／空軍省次官（1938-1944）

序章
Introduction

スピットファイアは単なる飛行機ではない。
それ以上の存在だ。
いってみれば、ひとつのアイコンである。
さらに言えば、典型的かつ誇らかに、
紛れもなきイギリスそのものだ。
イギリス空軍に就役した航空機も数あるなかで、
最も名声を博したのは
スーパーマリン・スピットファイアである――
と断定しても、異議を唱えるイギリス人は
そうそういないだろう。
だが、それにしても、
スピットファイアだけがイギリス空軍の象徴
あるいは偶像にまで
祭り上げられるようになったのは何故か
という疑問は残る。
同等に実績を積んだはずの他の機種の存在が
一様に霞むほどに、
スピットファイアの名前だけが
人々の耳に残っている理由を
改めて問うてみることは無駄ではないだろう。

(Photo: Neil Bridges)

スピットファイアが、本土防空戦闘機というその開発意図にじゅうぶん応える機体であり、輝かしい成功をおさめたことに疑問の余地はない。レジナルド・ミッチェルの設計原案は、彼のきらめく才能の証といえるものだった。1937年、不治の病に冒されたミッチェルが惜しくも42歳の若さで世を去ったのち、彼に代わってスーパーマリン社の設計チームを率いることになったジョー・スミスは、その計り知れぬ可能性を引き出す仕事に取り組んだ。つまり、量産と同時進行で、際限のない改修要求に次々と対処しながら、スピットファイアを育て上げた功績は、スミスと彼の設計チームに帰するものだ。

　彼らの努力が実って誕生した戦闘機は、その後12年間にわたって継続的に生産されたわけだが、そのあいだには、技術面からいっても人類史上かつてなかったほど革新的な戦争が繰り広げられている。そして、この期間は、複葉機の時代からジェット機の時代に至る航空史の過渡期とも、みごとに重なる。およそスピットファイアほど積極的かつ徹底的に絶えず改良が試みられ、しかもそれに成功した機体は他に例がない。比喩的に言っても、また文字どおりの意味でも、そうした改修の原動力となったのは、ロールス - ロイス製『マーリン』および『グリフォン』エンジンである。これらの名作エンジンのパワー・アップとともに、スピットファイアもまた進化を遂げたのだった。

　たび重なる改修の効果は絶大だった。スピットファイア最初の量産型と、その進化の最終型とを比較したとき、たとえば、搭載するエンジンの出力は2倍余りになっている。同様に、最大離陸重量も2倍余りに増大しているほか、火力は5倍に強化された。最高速度は約25％向上し、上昇率も約2倍に伸びた。

　1949年1月に生産が終了するまで、スピットファイア／シーファイアの総出荷数は22,000機を超えた。海外にも広く輸出され、一例を挙げればソ連空軍には1,000機余りが提供された。アメリカ陸軍航空隊にも、それとほぼ同数のスピットファイアが就役している。

　とはいえ、スピットファイアが名声を確立するにあたっては、純然たる“時の運”というものも大きく作用した。RAF（イギリス空軍）は、スピットファイア以外に何種類の戦闘機を保有していただろうか。世界レベルの性能を誇りながらも、一度として実戦を経験することなく終わった——そういう戦闘機が、いったいどれほど存在したことか。つまりは時代の巡り合わせの問題であり、戦争がなければ、戦闘機もまた用のないものとして、世間一般には知られぬままに旧式化し、ひっそりと退役してゆくのが常だといえる。もしも第二次世界大戦が勃発しなかったら、スピットファイアも平和な航空ショーの花形として、大喜びの観客に曲技飛行を披露する「スマートな、格好良い飛行機」で終わったのではあるまいか。

　要するに、スピットファイアが傑出した戦闘機たり得たのは、その性能が優れていたからというだけではない。防空戦闘機としても、戦意高揚のシンボルとしても、いずれにせよイギリスが真にそれを必要としていたまさにそのとき、狙いすましたように登場したからでもあった。無論、スピットファイア以外の戦闘機についても同じことがいえる場合もある。だが、そのどれもスピットファイアほど世の人々を惹きつける魅力を振りまくことはなかった。実際、スピットファイアが偶像的地位を獲得するに至ったのは、これがイギリス国民の琴線に触れたからだ。1940年の夏から秋、あの試練の季節に、孤立し、敗北の危機に瀕したイギリスの抵抗の、ひいては勝利のシンボルとなったのがスピットファイアだった。そして、そのことは、イギリス国民共通の記憶から、決して抜け落ちることがなかった。

　時代は下って1957年6月某日、RAF常備軍で最後までスピットファイアを運用していたランカシャー州ウッドヴェイル駐屯の気象観測飛行部隊が、モスキートに装備変更した。同部隊所属のスピットファイアXIXのうち3機は、その翌日、ビッギン・ヒル基地に飛び、RAFが新たに創設したヒストリック・エアクラフト・フライトに加わることになった。この飛行部隊は、スピットファイアのような歴史的航空機を集め、できる

右：スピットファイアの設計チームを率いたレジナルド・ミッチェル。原型機が初飛行に成功したのち、自身の健康状態が悪化、1937年6月に惜しくも42歳という若さでガンのため死去した。
(Alfred Price Collection)

上：スピットファイアMk.II P7350は現存する飛行可能機体としてはもっとも古く、RAFに引き渡されたのが1940年9月のこと。折しも英国本土防空戦たけなわで、まず第266飛行隊に配属された。この写真に見られる部隊コード「UO」は、その当時の姿を再現したもの。本機は現在、BBMFによって運用されている。（Crown Copyright）

下：トニー・ビアーンキが操縦するスピットファイアMk.I AR213。本機は大幅な改修の途上にあり、本稿執筆時（原書）には、ほぼ飛行可能状態となっている。（Peter March）

上：スピットファイアXIX PS915はランカシャーのウッドヴェイルを基地とする気象観測部隊の所属機で、RAF正規部隊に配属された最後のスピットファイアのうちの1機だった。1957年6月、同部隊は解隊されるが、本機はRAFがビッギン・ヒル基地に新設したヒストリック・エアクラフト・フライトに移動。本稿執筆時（原書）現在はBBMF所属機として、今なお現役で飛び続けている。
(Alfred Price Collection)

下：横一線に並んだスピットファイア10機。手前の3機はハリケーン。いずれも飛行可能機である。1968年4月、ヘンロー基地。映画『空軍大戦略』出演を控えての光景。
(Robert Rudhall collection)

かぎり飛行可能状態を維持し、各種式典で儀礼飛行を実施する、あるいは、航空ショーで展示飛行を披露するのを主任務とした。

その一方で、耐空性を維持したスピットファイアの数は当時すでに激減し、世界じゅうを見渡しても限りなくゼロに近いところまで落ち込んでいた。1960年代半ばには、その数わずか10機を数えるのみとあって、スピットファイアの末路も定まったかに見えた。10機の内訳だが、まずは上記のヒストリック・エアクラフト・フライトが2機のスピットファイアMk.XIXを運用していた。また、ベルギーでは4機のMk.IXが――ベルギー軍の委託を受けた同国のCOGEA社により――対空砲部隊の演習時に標的曳航機として運用されていた。さらにイスラエル空軍保有のMk.IXが1機あり、これは時折飛んでいたようである。残る3機は私有されていたもので、ブリティッシュ・エアクラフト・コーポレーション社がMk.Vを、ジョン・フェアリーが複座式に改修したMk.VIIIを、そしてロールス-ロイス社がMk.XIVをそれぞれ1機ずつ持っていた。

こうして、飛行可能なスピットファイアの数は下降線をたどり続けるはずだったが、1969年の映画『バトル・オブ・ブリテン』（邦題『空軍大戦略』）がこれを救う形になった。この映画のために、製作会社と契約を結んだRAFのヘイミッシュ・マハディ退役大佐の指揮下、バトル・オブ・ブリテンに参加したのと同じ機種の航空機が集められた。その結果、かつてのスペイン空軍に配備されていたメッサーシュミット109"ブチョン"ならびにハインケル111"カサ"数機――ちなみに、これらの搭載エンジンはいずれもロールス-ロイス・マーリンだった――に加えて、スピットファイア19機が確保された。うち12機は飛行可能な機体であり、残る7機は滑走のみ可能で、こちらは地上シーンに活用されることになった。

映画『バトル・オブ・ブリテン』は大ヒットし、興行収入のほかに見逃せない余録をもたらした。つまりこの映画は、いわば瀕死の状態に置かれていたスピットファイアが息を吹き返すきっかけにもなったのだ。何といっても、それなりの規模を誇る航空ショーにはスピットファイアが欠かせなくなったというくらい、スピットファイアへの世間の関心を再び喚起したのが、この映画の最大の功績だろう。そして、経済的に相応の余裕があればという条件つきではあるが、原則として誰でもその気になればスピットファイアを持てることを示した点も大きい。しかも、それを自分で飛ばそうと思えば飛ばすことさえ不可能ではないと気づかせてくれたのが、この映画だった。

スピットファイアを修復し、再び空を飛べるようにする――。映画の効果で、これがあながち夢物語ではなく、現実味を帯びた発想として世の興味を惹いたの

は確かだ。さらに——これが肝心な点なのだが——莫大な資産を有する非凡な人物が、ここに参入したのが決め手となった。彼らは、スピットファイアの個人所有者になるという夢を実現させるのに必要な、決して馬鹿にならない金額を注ぎ込むだけの余裕と覚悟を備えた人々だった。

ブラックブッシュ空港のオーナーであるダグ・アーノルドもその一人だった。1976年、彼は、インド各地の飛行場に若干のスピットファイアが哀れな姿で残されていることを知る。スピットファイアの研究家であり、収集家でもあったピーター・アーノルド（同姓だが縁戚関係にはない）をともなってインドを訪れた彼は、彼の地で見るも無惨な状態に置かれていたスピットファイア4機を購入した。そして帰国後、それらを飛行可能な状態にもどすことを目指して、自身のチーフ・エンジニアのディック・メルトンとともに、ブラックブッシュに小規模ながら専用の整備・補修ラインを設置した。

1977年には、オーモンドとウェンズリーのヘイドン-ベイリー兄弟が、やはりインドに赴き、8機のスピットファイアを買い付けた。この"インド・コネクション"を通じて確保されたスピットファイアは、最終的には16機を数え、大半がその後の修復作業によって、飛行可能な状態を取りもどしている。

同じ時期、ロブ・ランブルーもイスラエルでスピットファイア探しを試み、3機のMk.IXを買い取ることに成功した。それらの機体は、20年から30年のあいだ、農業共同体の広場で野ざらしの遊具と化していたのだった。ランブルーは、最もコンディションの良好だった1機を修復目的で手もとに残し、残る2機を売却した。

だが、いずれのケースにおいても、いざ修復プロジェクトに乗り出してみると、これが一筋縄ではいかない、膨大な作業が要求される難事業であることが判明する。廃品同然のスピットファイアを再び飛行可能な状態にもどすまで数年がかり、いや、場合によっては10年、20年がかりの作業になることもあった。

さらに1984年、住宅建設会社チャールズ・チャーチ・ホームズのオーナーであるチャールズ・チャーチが、ますます勢いづくスピットファイア再生ブームの、また新たな立役者として登場した。ハンプシャー州ミッチェルデヴァー近郊の彼の豪邸には、スピットファイアの離着陸にちょうど良い長さの滑走路まで備わっていた。彼は趣味として軍用機の収集を始めたのだが、やがてそれは半ダースのスピットファイアと、かつてのスペイン軍配備のメッサーシュミット109"ブチョン"1機、ランカスター爆撃機——飛行は不可能だったが——1機を含む、堂々たるコレクションとなった。

上：野ざらしで傷んだスピットファイアMk.XIV SM832。一緒に写っている人物は、本機を購入したダグ・アーノルド。1976年2月、インドのデラドゥーン陸軍士官学校で。その後、本機は彼の手で海路イギリスに送られた。
(Peter R. Arnold)

下：20年近くを費やして、ようやく復元作業を終えたSM832が再び空を飛んだのは1995年5月のこと。操縦桿を握ったのはジョン・アリソンであった。機体に描かれたマーキングは、1945年に第17飛行隊で指揮を執っていた戦闘機エースの"ジンジャー"・レイシー少佐のものである。
(Peter R. Arnold)

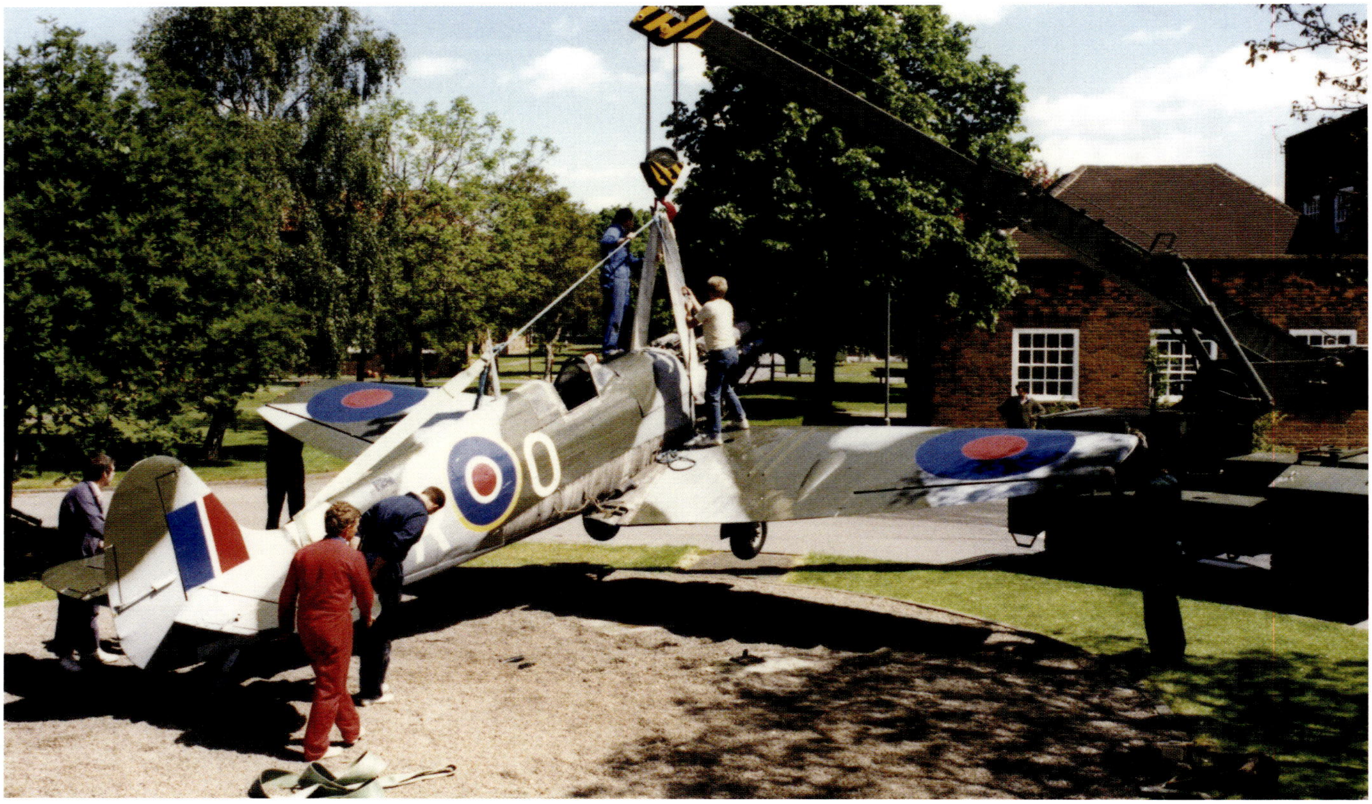

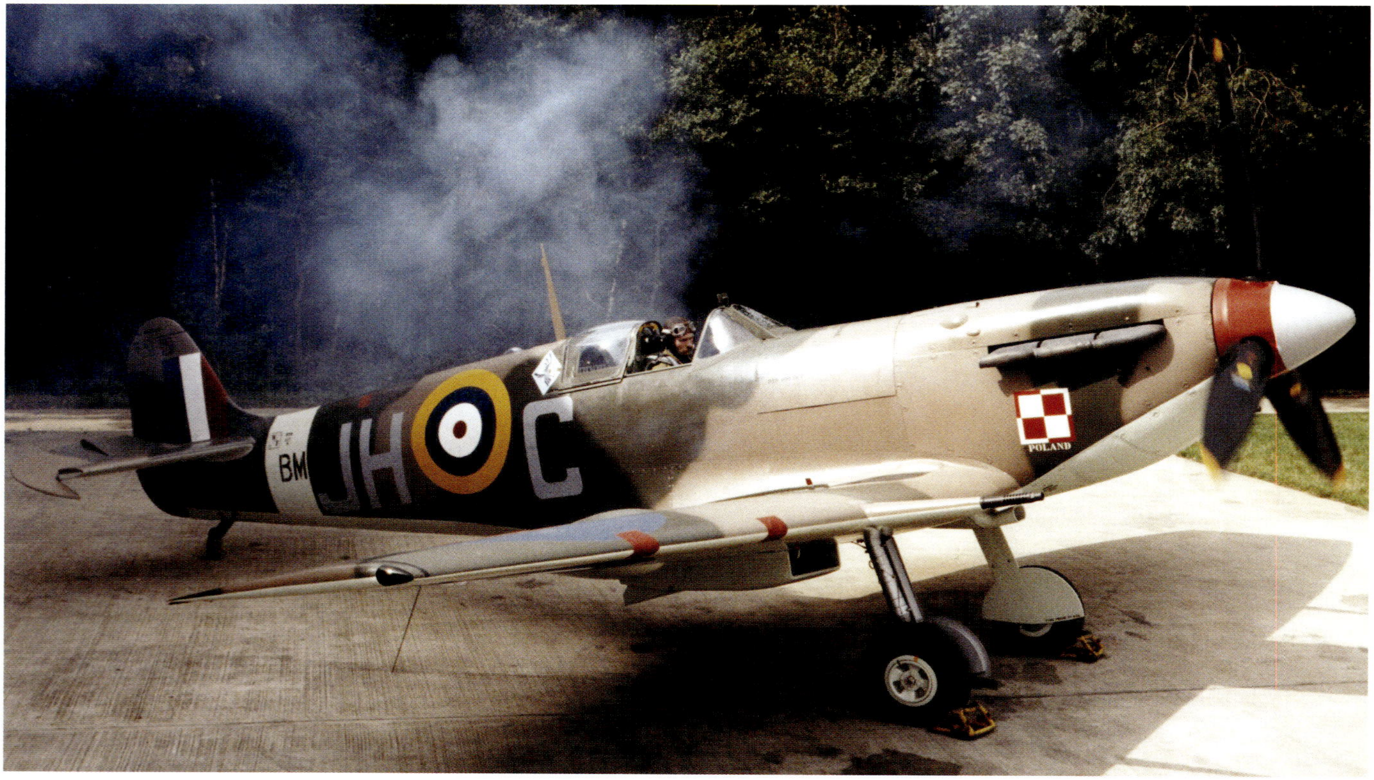
POLAND

ここで重要な点は、彼が自身の収集品の修復・復元に関連して、当時スピットファイアの部品を商業ベースで供給する事業を展開しつつあったいくつかの新興の会社に、潤沢な資金を提供したことだ。彼自身は、1989年に自ら操縦するスピットファイアがエンジン故障を起こして墜落した際、愛機と運命をともにするのだが、その頃には、彼が支援した会社の大半は、歴史的航空機の復元ビジネスを成功させ、経営を軌道に乗せていた。

　ところで、この当時、国内外の約40ヶ所のRAF駐屯地では、メイン・ゲート付近にスピットファイアを展示していた。だが、この人目を惹く無言の門衛(ゲートガード)は、いずれも数十年のあいだ雨に打たれ風雪に耐えつつ、そこにひたすら佇み、あとは朽ち果てるばかりの状態にあった。金属の地肌には腐食が認められ、キャノピーは素通しになり、排気管は錆び、タイヤは腐ったままという具合だった。メンテナンスは形ばかりで、多くは表面的な補修にとどまり、それらの機体をよみがえらせるどころか、劣化を食い止めることさえ、ままならなかった。

　1980年代後半、イギリス空軍博物館とつながりのある有限会社HFL（ヒストリック・フライング・リミテッド）のオーナーのティム・ルーツィスが、ロンドンの国防省に対し、次のような事業計画書を提出した。すなわち、空軍基地のゲートガードとして置かれているスピットファイア3機と交換という形で、同社が空軍博物館にブリストル・ボーフォートとカーティス・キティホーク各1機を納入するという提案である。後者はいずれもオーストラリアで復元され、そのまま展示可能な状態に整備された機体だった。あわせて、スピットファイアとハリケーンの精密な実物大レプリカを同社が空軍に大量に提供し、ゲートガードをこれに一新する案も示された。この種の、耐候性処理を施した強化プラスティック製の、いうなれば"究極の模型(エアフィックス)"は、いつまでも劣化することなく、半ば永久的に野外展示に耐えるだろう。ということで、国防省はルーツィス側の提案を受け入れた。こうして、ゲートガードを務めていたハリケーンとスピットファイアはすべて回収され、レプリカに替えられた。回収されたオリジナルの機体は、空軍博物館に下げ渡され、同館が先々コレクションの充実を図る際の交換材料として活用されることになった。

　そして1991年、HFL社の修復プロジェクトで、後部胴体を低く削って水滴状キャノピーを搭載したMk.XVI　シリアル・ナンバーRW382が飛行可能な状態を回復し、同社による再生スピットファイアの第1号となった。続く数年間で、さらに5機、ゲートガードから回収されたスピットファイアが、同社の再生工房から送り出された。この一連の国防省との取引を通じ、HFL社はスピットファイアの修復・再生ビジネスにおいて、確固たる地位を築いたかに見えたが、残念ながらそこに長くとどまることはできなかった。1990年代も終わる頃、同社は深刻な経営難に陥った。ここで救世主(ホワイト・ナイト)として登場したのが、ベルギー人の実業家で、熱烈なスピットファイア信奉者のカレル・ボウである。彼はHFL社を買い取って、その負債を肩代わりし、窮地を救うとともに、同社の本部をダックスフォード軍用飛行場の格納庫に移した。ここで同社はスピットファイアの再生ビジネスを精力的に続けて今日に至っている。

　このように、1980年代半ばから1990年代半ばにかけて、さまざまな修復プロジェクトが実を結ぶにつれて、少数ずつながら、再生スピットファイアが空に戻り始めた。そうした動きは、1996年5月5日、ある重要なイヴェントを迎えておおいに盛り上がる。つまりこの日、スピットファイア原型機の処女飛行から60周年という節目を記念して『サウサンプトンはスピットファイアに敬意を表す』のテーマで儀礼飛行が実施されたのだ。そのために、13機の飛行可能なスピットファイアが、同市近郊のイーストリー空港に集結した。そして、著名な展示飛行パイロットである"フーフ"プラウドフットに率いられ、全機離陸して編隊を組み、往年のスーパーマリン社の工場があったウールストンおよびイッチェン上空を経て同市西海岸沿いを飛行した。警察の発表によれば、約80,000人の観衆が、この一大スペクタクルを堪能したという。

　こうした試みは、その後も続けられ、再生を果たしたスピットファイアが観衆の前で飛行する機会も次々と訪れた。たとえば1998年5月3日、16機のスピットファイアが、ダックスフォード上空における儀礼飛行に参加した。その2年後、9月9日・10日の2日間に渡って開催されたバトル・オブ・ブリテン60周年記念のダックスフォード航空祭に際しては、21機のスピットファイアが同飛行場に集結し、20機が両日の儀礼飛行を実施した。

　筆者がこれを書いている現時点で、飛行可能なスピットファイアは国内外あわせて40機を超え、各地の修復プロジェクトも依然として好調であることを考えれば、その数はまだまだ増える見込みだ。気の早い話になるが、2036年3月5日には原型機の処女飛行から100周年を迎える。その日、スピットファイアの大編隊による儀礼飛行が、多くの観衆を集めて盛大に実施されるのは間違いないだろう。

左ページ上：ゲートガード救出作戦～1989年5月、英国防省の許可のもと、ヒストリック・フライング・リミテッド社のチームがRAFチャーチ・フェントン基地に到着、Mk.VBM597を回収する。
(Paul Coggan)

左ページ下：8年余りにおよんだ再生計画も完了し、1997年9月、チャーリー・ブラウンがBM597のエンジンに点火する。
(Peter R. Arnold)

上：1996年5月5日、13機の再生スピットファイアがサウサンプトンのイーストリー空港に揃った――当時としては記録的な数である――。スピットファイア初飛行60周年を記念する儀礼飛行に臨んだ折に撮影された一葉。
（C. J. Wallace）

記録は破られるもの：1998年5月3日、16機のスピットファイアがダックスフォード基地の航空ショー期間中、編隊を組んで儀礼飛行を実施した。
（Wojtek Matusiak）

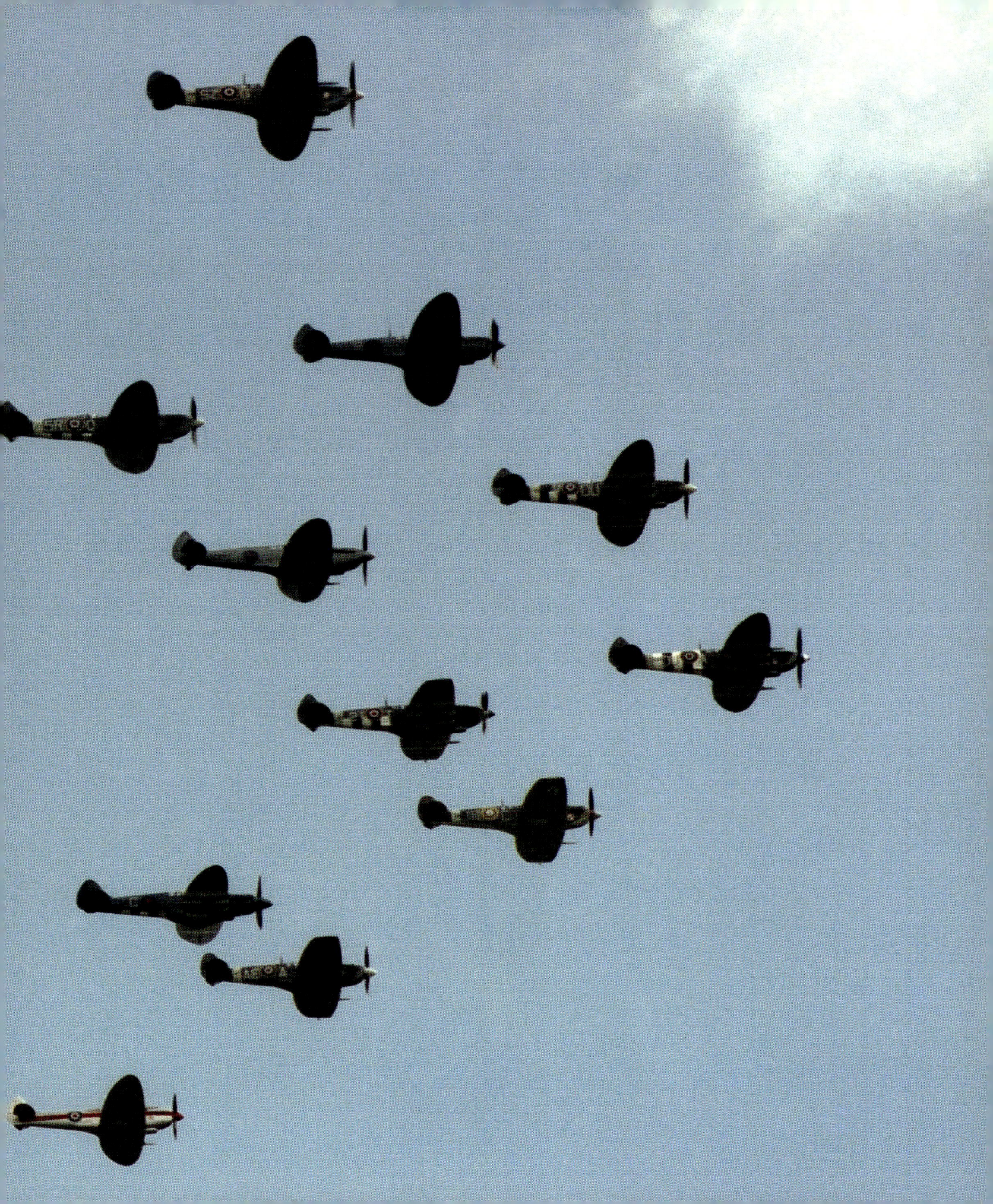

バトル・オブ・ブリテン・メモリアル・フライト
The Battle of Britain Memorial Flight

　2007年7月、リンカンシャー州のRAFカニングズビー基地に駐屯するBBMF（バトル・オブ・ブリテン・メモリアル・フライト）は、創設50周年を迎えた。この前身にあたるヒストリック・エアクラフト・フライトは、前節でも触れたとおり1957年7月、スピットファイアMk.XIX 3機とハリケーン1機をもって、ビッギン・ヒル基地を本拠地として発足した。部隊が今の名称に改められたのは、1973年、ランカスター爆撃機1機がこれに加わってからのことだ。

　現在、BBMFは飛行可能機11機を定数に数える。内訳は、スピットファイア5機（Mk.IIとMk.VおよびMk.IXが各1機、Mk.XIXが2機）、ハリケーン2機、ランカスター1機、ダコタ1機、チップマンク2機である。ちなみに、チップマンクは、BBMFの戦闘機パイロットが尾輪装備のピストン・エンジン機に慣れるための練習機として使用されている。

　2000年、BBMFは、RAFのなかにあって独自の指揮系統を確立し、専属の技術兵（エンジニア）を擁する、半ば自主独立の部隊という地位を享受できるようになった。現在の指揮官アル・ピナー少佐のもとには、4名の管理スタッフと、25名のエンジニア・チームが控えている。飛行計画を実施する場合、彼は24名の志願者──全員がRAFの実戦部隊から出向の現役パイロットである──の協力を要請する権限を持つ。

　BBMFの主任務のひとつは、イギリス国民の遺産ともいうべき一群の所属機を長く保存することである。大戦期に活躍したようなオールド・スタイルのピストン・エンジン機は、BBMF以外の部隊では、すでに運用中止となって久しい。だからこそ、BBMFは所属機の扱いには細心の注意を払い、その飛行可能状態を少しでも長く維持しなければならない。

　そのためには、モノと技術という二つの側面からの

BEMF観閲式：ランカスターの先導により、4機のスピットファイアが編隊飛行する。その外翼位置を固めているのは2機のハリケーン。（Crown Copyright）

支えが重視されている。まずは、モノすなわちマテリアルの問題だが、これは要するに予備部品と再生エンジンを入手する努力が常に必要ということだ。そして、同じように重要なのが、エンジニア・チームを訓練し、歴史的航空機の整備・補修の技術を伝えることである。BBMFのエンジニアは全員が志願者だが、BBMF勤務となるまで、ここで必要とされるような種類の技能を身につける機会は誰にもなかったはずだ。現用機に関しては、メンテナンス作業のほとんどがユニット交換という形で実施される。何らかの不具合が認められれば、関連するユニット・ボックスごと新品に交換し、不具合の生じたユニット・ボックスは専門のサービスセンターに送られて修理されるのが普通だ。それとは対照的に、BBMFにおいては、通常のメンテナンス作業の大半が部隊内で実行される。

エンジニア・チームを現場で取り仕切るのは准尉であり、その指揮下にある曹長（チーフ・テクニシャン）2名および伍長2名と同様、RAF志願予備役の常勤人員である。BBMFの技術部門の土台を支えている彼ら予備役人員は、組織の根幹となる階級的枠組みが崩れることのないよう、人事異動の対象外とされ、転属させられることがない。彼らのほかには、（予備役でない）現役の軍曹2名と、兵卒18名でエンジニア・チームが構成される。

BBMFの長期的な所属機保存計画は、多岐にわたる機体整備の特殊技能が、部隊のエンジニアのあいだで維持・伝達できていることを大前提とする。そのため、上記の予備役准尉らの指導のもと、技術兵の育成と訓練を目的としたハイ・グレードな現場実習プログラムが組まれ、部隊内で実施されている。

ヴィンテージ級の機体のメンテナンスは、大がかりなものになると、6ヶ年計画ないし8ヶ年計画となる。場合によっては、6ヶ年計画を2回繰り返してまだ足らず、13年がかりなどという例もあるほどだ。BBMFにおけるヴィンテージ機のメンテナンス計画とは、いってみれば延々と続くリレー競技のようなもので、次から次へと、修復を必要とする機体が待ち受けているのが常である。部隊のスケジュールは向こう数年にわたって決められており、メンテナンス計画もすべてそのなかに組み入れられている。BBMFのスピットファイアの年間あたりの飛行時間は延べ200時間に達する。同部隊のスピットファイアは5機あるので、1機あたり年間40時間ほど飛んでいるという計算になる。

アル・ピナー少佐の言葉を借りれば、BBMFのおおまかな戦略目標は、4つのキー・ワードでまとめられるという。すなわち"記念""儀礼""宣伝""鼓舞"である。このうち、"記念"と"儀礼"は常にセットになる。そもそもBBMFは、毎年のVEデイ——ヨーロッパ戦勝記念日——にスピットファイアとハリケーンを飛ばしてこれを祝うという習慣を、公的・正式な行事として維持すべく創設されたという経緯がある。もっとも、このVEデイの儀礼飛行は、もはや毎年の恒例行事ではなくなった。だからこそ、現在のBBMFは、女王の公式誕生日——6月第2土曜日——を祝って実施されるバッキンガム宮殿上空の儀礼飛行の先頭に立つのを重要な任務のひとつとしている。ヴィンテージの希少性と表裏一体をなす明らかな危険性を理由に、BBMFの単発機がロンドン中心部上空の飛行を許されるのは、国家の重要な節目を記念する場合に限られているのだ。

こうした"記念"任務は、国民に歴史とのつながりを折々に意識させる狙いもある。観衆はスピットファイアやハリケーンが飛ぶ姿を見て、かつて命がけで戦った人々のことを思い出し、彼らがいてくれたからこそ、自分たちが今こうして自由の国に生きていられるのだと改めて気がつく——これぞBBMFの意図するところだ。また、彼らのもとには、退役軍人会やRAFの戦友会の催しなどにあわせて、無償の低空航過の依頼が頻繁に届く。BBMFは、たとえ観衆が30人ないし

BMFの現指揮官アル・ピナー少佐。1983年、RAFに入隊し、訓練終了後は英国内およびドイツで各型式のハリアーに乗務。カナダとの交換人事によってCF-18ホーネットに乗っていたこともある。志願パイロットとしてBBMFで航空ショーを3シーズン経験し、2006年初頭に同部隊の指揮官に任命された。（Crown Copyright）

第一級のエンジニアリング
It's gold standard engineering

　BBMFのエンジニア・チームは、今やイギリス国民の遺産ともいうべき同部隊の航空機コレクションを維持管理していくうえで、欠かせない存在だ。同部隊指揮官のアル・ピナー少佐も彼らを非常に高く評価し、次のように語っている。

　「我がエンジニア・チームは、紛れもない情熱をもって働いてくれている。彼らの仕事は信じられないほどハードだ。おそらく、普通に期待される以上の長時間労働を彼らは強いられている。それに、春夏の航空ショーのシーズン中ともなれば、5回の週末のうち3回は犠牲にすることになる。早朝出勤や残業など、不規則勤務も多い。何か故障が発生すれば、それが解決するまで帰れない。私たちは、出演をキャンセルするのを何よりも避けたいと思っているからだ。

　あれは第一級のエンジニアリングだ。ほかに歴史的航空機を扱うところも数あるなかで、我が部隊の工学技術は群を抜いており、目標とされるに足るものだろう。我が部隊が所属機を半永久的に維持していられる理由はそこにある。」

機体整備士のレイチェル・ウォーンズ伍長がスピットファイアMk.IXの主脚取り付けピントルを点検する。
(P. Blackah/ Crown Copyright)

40人程度であっても、この種のイヴェントをも非常に重視している。その他の各種行事や展示飛行に花を添える形で参加するという場合も、同様である。

　BBMFに期待される"宣伝"任務とは、すなわちRAFそのものを宣伝することだ。それが意図するところは、今の時代のパイロットも昔日のパイロットと同様の熱意と勇気をもって操縦席に座り、その精神とプロ意識を受け継いでいることを示す点にある。また、その目的は、RAFのイメージ・アップと、さらにはBBMFと一般支援者との絆を確立することにある。BBMFは、それが可能であれば常に、展示飛行の会場となる飛行場に所属機を直接乗り入れる。トレーラー仕立ての自前の関連商品販売所も備え、展示飛行に訪問する先々に同行させる。これは機体にかかる諸経費などを多少なりとも稼ぎ出すほか、BBMFとその所属機に関心を示す参観者に向けた目玉企画としても有効だ。こうした人々は、多くが航空機に詳しく、機体の傍らに待機するBBMFのパイロットや地上員と親しく会話するのを好む。だが、彼ら一般の航空機ファンの継続的なサポートを、決して当然のことのように受けとめるべきではない。それをピナー少佐はじゅうぶんすぎるほど承知している。つまり、一般からの支援は

黙っていて得られるものではなく、そうした地道な宣伝活動によって獲得してゆかねばならないということなのだ。

そして、4つのキー・ワードの最後の"鼓舞"とは、青少年層に対し、RAFでキャリアを積むことを考慮してみるよう鼓舞推奨するという意味であるとのことだ。これについては、ピナー少佐が自身の個人的体験を絡めて説明してくれた。スタンフォードの小学校に通う10歳の少年だったとき、彼は、校舎の上空を横切るBBMFの編隊を——展示飛行の行き帰りだったのだろう——夢中で眺めた記憶があるという。スピットファイアやハリケーンの姿、またそのエンジン音に、彼は心を揺さぶられた。この体験は、長じて彼がRAFのパイロットへの道を選んだとき、その決意を促す大きな要因となった。

2006年の年間計画によれば、BBMFは、延べ783機を410件のイヴェントに——散見される例では1件につき3機——出演させている。1機あたり、1回の出動で、ひと通りの展示飛行を1件・低空航過を4件といった、計5件のイヴェントを実施するのが一般的なところだろう。

たとえば、RAFの現用ジェット機が、BBMFの所属機と同じように——行き帰りは高度3,000フィートで飛行し、イヴェント開催地で一気に100フィートに降下して——パフォーマンスを繰り広げたならば、その凄まじい騒音に、観客はもとより周辺住民からも苦情が殺到するのは間違いない。だが、BBMFに関しては、そうした心配も無用だ。彼らの活動に際して、苦情を訴えようなどとは誰も思わないだろう。BBMFの所属機が頭上を飛び去るとき、人々は何をしていてもその手を止め、ただ一心に空を見上げ、「ああ…！」と感嘆の声をあげるだけだ。

スピットファイアの展示飛行には、単機で実施する・2機が相前後して実施する（デュオ）・2機が同調的に実施する（ソーティ）という、3タイプのプログラムが用意されている。依頼者は、単機での展示飛行1件につき500ポンドをRAFに支払うほか、保険費用として220ポンドを負担するきまりになっている。2機以上の展示飛行になれば、費用も相応に上乗せされる。ただし、上述のように、低空航過は無償である。

BBMFの将来は、彼らの存続を望む声が途絶えぬ限り、末永く安泰だろう。アル・ピナーと彼の部隊は、そうした一般市民の声援に応えるべく、今日も任務に励んでいる。

カニングズビーのBBMF格納庫に並んだスピットファイアの列。年次点検のため分解されている。（Alfred Price Collection）

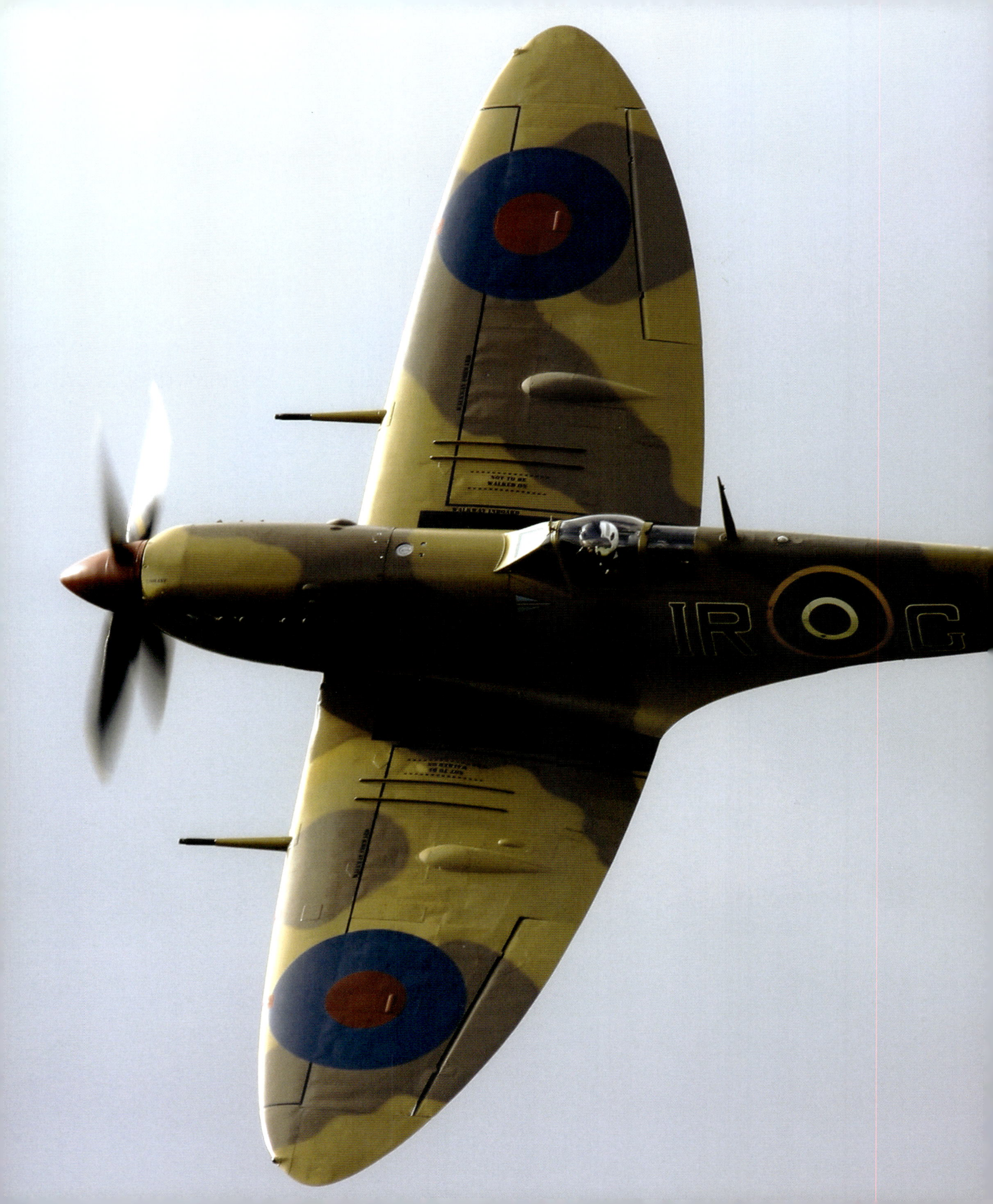
NOT TO BE
WALKED ON
IR
C

第1章
スピットファイア物語
The Spitfire Story

そもそもスピットファイアは、
もっぱら近距離防空戦闘機として構想された
機体である。
だが、実際に就役すると、その汎用性は伝説と化した。
爆弾架を装備すれば、有能な戦闘爆撃機となった。
大容量の燃料タンクを翼内に追加した
長距離偵察機型は、
ドイツ占領下のヨーロッパを縦横に飛び回り、
シーファイアと改称された艦載機型は、
空母のデッキから飛び立った。
スピットファイアのような飛行機は、
今後二度と出現しないだろう。
もっとも、その必要もまた二度とないであろうことを
私たちは祈ろうではないか。

「スピットファイアは、ほっそりした胴体然り、楕円翼然り、さらには水平尾翼までもが優美なラインを描き、空にあっても地にあっても、見るべき価値ある一個の美的存在だった。それはひとりの戦士のように見えたし、また、その言葉の最大限の意味で、まさしくそうであることを実証した。特有の個性にあふれ、時には従順、時には獰猛、敏捷で、つまりは最優秀の戦闘機械だった。」
——ウィリアム・ダン、アメリカ合衆国空軍中佐／旧第71"イーグル"飛行隊員

(Photo: Andrea Featherby)

スピットファイア：
ある戦闘機の物語
Spitfire: The story of a fighting aircraft

　1936年3月5日午後、真新しい1機の戦闘機が、スーパーマリン製作所の付属イーストリー飛行場（現サウサンプトン空港）から颯爽と飛び立った。航空省の要求仕様書F37/34に沿って開発された新型戦闘機の、これが処女飛行だった。設計者レジナルド・ミッチェルは、若くしてスーパーマリン社デザインチームを率い、世界が憧れるシュナイダー杯エア・レースの優勝トロフィーをイギリスにもたらした一連の競速水上機を手がけたことで、当時すでに国際的な名声を得ていた。そして、高速機の設計開発で培った豊富な経験を、この流線型の新型戦闘機に注ぎ込んだのだった。

　未だ羽布張り複葉機が大活躍の時代である。着陸脚は固定式、コクピットは開放式であり、RAFでも各国空軍でも、そうしたスタイルの戦闘機が主流だった。そのなかで、ほぼ全金属製の流線型単葉機、コクピットは密閉式、着陸脚は引き込み式のミッチェルの作品は、ひとつの啓示ともいえた。エンジンは、後日『マー

上：飛行試験計画の初期に撮影された原型機K5054。
（Alfred Price Collection）

右：どのような種類の航空機にもいえることだが、とりわけ戦闘機の設計は、本質的に折衷案の長いリストになる。たとえば、必要以上に頑丈に作ろうとすると、性能をじゅうぶんに発揮するには機体重量が重くなり過ぎる。作りが脆弱過ぎると、急旋回に入ったとたん機体構造が潰れるかもしれない。右の一連のイラストは、設計チームが目指すべき数々の方向性が、いかに相矛盾するものであるかをわかりやすく描いたもの。
（Alfred Price Collection）

SERVICEABILITY 実用性　　STRESS 強度　　EQUIPMENT 装備

PRODUCTION 生産性　　HYDRAULICS 油圧　　WEIGHTS 重量

ELECTRICS 電装　　AERODYNAMICS 空力特性　　ARMAMENTS 武装

リン』の名で知られることになるロールス‐ロイス製のPV XIIで、出力は990hpだった。

その処女飛行から間もなく、ミッチェル作の新型戦闘機は、スーパーマリン社の親会社であるヴィッカーズ社の役員会によって"スピットファイア～かんしゃく持ち～"と命名された。もっとも、それを聞かされたミッチェル本人は、そのあまりに安直な発想に、嫌悪感を露わにしたという。「いかにも連中が考えつきそうな、馬鹿げた名前だ」と彼がつぶやくのを周囲の人間が耳にしている。

だが、名前の是非はどうあれ、彼の新型戦闘機があらゆる関係筋にセンセーションを巻き起こしたことは確かだ。1936年5月末、この原型機はマートルシャム・ヒースに所在するRAFの試験場に飛び、性能審査を兼ねた実用試験に臨んだ。その結果、高度16,800フィートで最高速度349マイル毎時を記録したばかりか、すばらしい操縦特性を示し、試乗したRAFの現役パイロットたちの絶賛を浴びることになった。彼らの声に押されるように、RAFはただちにスピットファイア310機の発注を決定した。

7月11日、のちに空軍中将となり"サー"の称号を得るハンフリー・エドワーズ‐ジョーンズ大尉（当時）がスピットファイアに試乗し、37分間にわたって上昇を続けたすえ、それまでの最高高度である34,700フィートに到達した。ところが、あるショッキングな事態が彼を待ち受けていた。突如として機体から濃い白煙が噴きだし、宙に長々と尾を引いた。エドワーズ‐ジョーンズは一瞬ぞっとしたものの、計器類を徹底的にチェックするうちに冷静を取り戻し、どこからも出火していないことを確認した。つまり、彼はこのとき初めて航跡雲（コントレイル）を見たというわけだ。降下しはじめると、航跡雲も消えた。マートルシャムに帰着後、彼はその体験を饒舌に語らずにはいられなかったとのことだ。

スピットファイアの実用試験は、性能限界の飽くなき追求を含めて、以後も続けられた。1937年初頭には、武装——ブローニング.303インチ機銃8挺——の効果を確認する、戦闘機にとって極めて重要な火器試験が北海上空で実施された。低～中高度での試射の結果は申し分なかった。機銃はいずれも完璧に作動し、1挺あたり300発を難なく撃ち尽くした。

続いて3月10日、最終的な火器試験として、高度32,000フィートでの試射が実施された。しかし、結果は大失敗だった。たとえば1挺の機銃は171発を撃ったところで弾詰まりを起こした。別の1挺は8発、また別の1挺は4発でやはり作動不良となり、残る5挺は、最初からまったく作動しないという体たらくだっ

1939年5月4日、ダックスフォード基地にて。この日は報道陣公開日で、第19飛行隊が新品のスピットファイアMk.Iを誇らしげに披露した。（Alfred Price Collection）

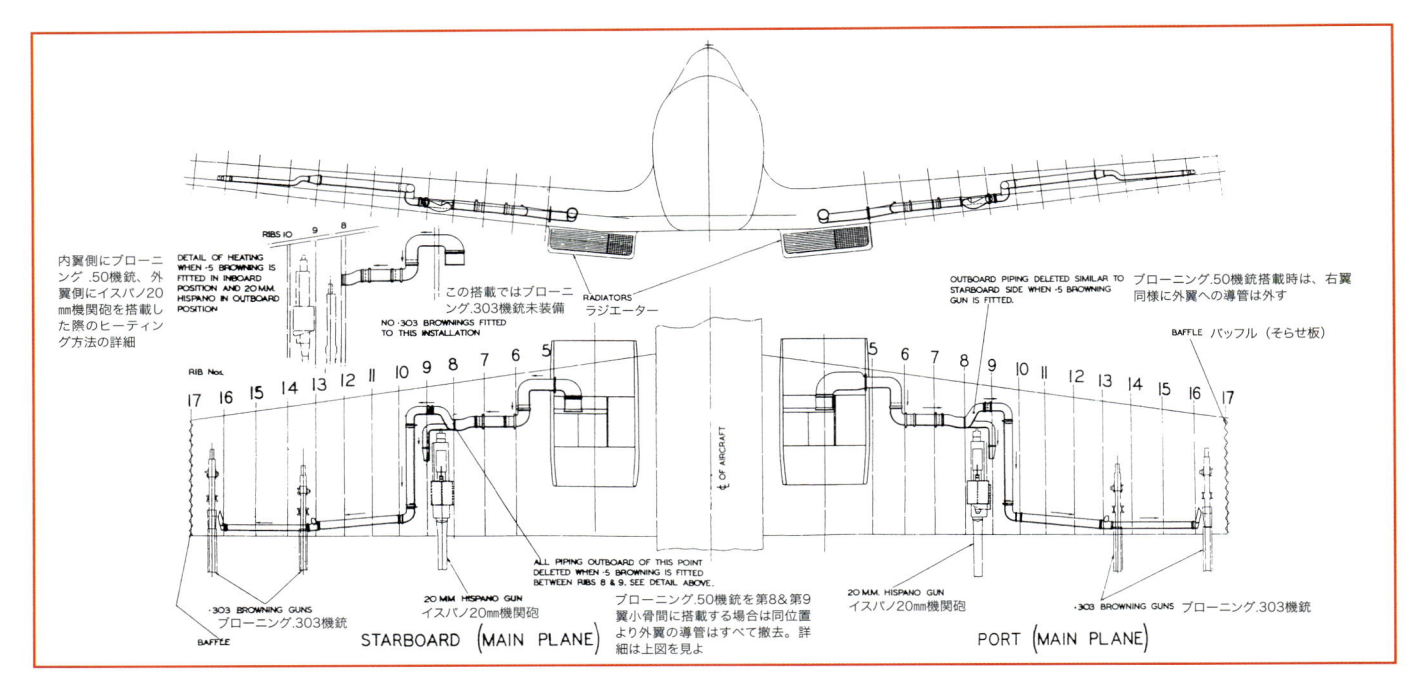

図中ラベル:
- 内翼側にブローニング.50機銃、外翼側にイスパノ20mm機関砲を搭載した際のヒーティング方法の詳細
- DETAIL OF HEATING WHEN .5 BROWNING IS FITTED IN INBOARD POSITION AND 20 M.M. HISPANO IN OUTBOARD POSITION
- この搭載ではブローニング.303機銃未装備
- NO .303 BROWNINGS FITTED TO THIS INSTALLATION
- RADIATORS ラジエーター
- OUTBOARD PIPING DELETED SIMILAR TO STARBOARD SIDE WHEN .5 BROWNING GUN IS FITTED.
- ブローニング.50機銃搭載時は、右翼同様に外翼への導管は外す
- BAFFLE バッフル（そらせ板）
- RIBS Nos. 17 16 15 14 13 12 11 10 9 8 7 6 5
- ALL PIPING OUTBOARD OF THIS POINT DELETED WHEN .5 BROWNING IS FITTED BETWEEN RIBS 8 & 9. SEE DETAIL ABOVE.
- ℄ OF AIRCRAFT
- .303 BROWNING GUNS ブローニング.303機銃
- BAFFLE
- 20 M.M. HISPANO GUN イスパノ20mm機関砲
- STARBOARD (MAIN PLANE)
- ブローニング.50機銃を第8＆第9翼小骨間に搭載する場合は同位置より外翼への導管はすべて撤去。詳細は上図を見よ
- 20 M.M. HISPANO GUN イスパノ20mm機関砲
- .303 BROWNING GUNS ブローニング.303機銃
- PORT (MAIN PLANE)

上：図は、搭載火器が凍結するのを防止するためラジエーターから武装搭載区画へと暖気を送る導管の配置と部品構成を示すもの。
(Crown Copyright)

た。これだけでもじゅうぶんに憂慮すべきところ、さらに追い打ちをかけるような事故が待っていた。マートルシャム・ヒースに帰着した際、接地の衝撃によって、まるで作動しなかった機銃のうちの3挺の閉鎖機が解放されて、四方八方に銃弾がまき散らされたのだった！

作動不良の原因は明らかだった。機体が高高度空域に突入した際に、機銃と弾帯ともに凍結したのだ。RAF上層部が事態を重く見たのは当然のことだ。航空省の秘密会議で、空軍参謀長サー・シリル・ニューオールは「そもそも敵の爆撃機との遭遇が見込まれる高度において、搭載火器が作動しないとなれば、スピットファイアは戦闘機として用をなさないということになる」と語気鋭く指摘した。

スーパーマリン社の技師たちは、さっそく問題解決に着手した。そして、ラジエーターからダクトを通じて暖気を機銃搭載区画に送るための図面が何度も引きなおされた。ダクトのレイアウトが手直しされるたび、状況は少しずつ改善されていった。だが、問題が完全に解決されたのは翌1938年に入ってからのことだった。

右：偵察型スピットファイアMk.IC。貴重な撮影済みフィルム・マガジンを外すため、カメラドアが開かれているのが見える。
(Gordon Green)

1938年5月、量産スピットファイアの第1号機が処女飛行に臨んだ。7月にはRAFへの納入が始まり、翌8月、ダックスフォード駐屯の第19飛行隊が、スピットファイアを装備する最初の実戦部隊となる。1939年9月、第二次世界大戦が勃発した時点で、RAFは306機のスピットファイアを受納しており、それらを10個の戦闘機飛行隊に配備済みだった。ただし、この時期のスピットファイアは、もっぱら本土防空戦闘機という役割にとどまるように思われた。

新たな役割
A new role

　ところが1939年11月、スピットファイアに本土防空以外の新たな役割が課せられることになった。すなわち写真偵察機である。まずは改修対象に選ばれた2機のスピットファイアから、機銃および携行弾その他不要な装備がことごとく撤去され、空いたスペースに空撮用カメラが搭載された。

　そして11月18日、"ショーティ"・ロングボトム大尉が、フランスのスクラン飛行場からスピットファイアによる初の偵察任務に飛び立った。以後6週間は、雲の影響で高高度からの敵陣内の写真撮影は不可能だったが、12月末には晴天に恵まれて、任務が再開された。写真偵察機型スピットファイアは、短期間でアーヘン、ケルン、カイザースラウテン、ヴィースバーデン、マインツ、その他ルール地方の一部などの空撮に成功した。ここで注目すべきは、任務遂行に際して、敵戦闘機や高射砲による妨害も受けず、被害も出さなかったことだ。このときの一連の任務飛行によって、スピットファイアを偵察機として運用することの正当性が立証され、スクラン駐屯の部隊は第212飛行隊として強化された。

　1940年5月10日、ドイツ軍がフランス〜オランダ〜ベルギー侵攻作戦を開始した。彼ら言うところの電撃戦である。続く数週間が目まぐるしく過ぎるあいだに、第212飛行隊は数々の任務飛行を実施し、フランスを蹂躙するドイツ戦車隊の動きを逐一追って、それを写真におさめた。周知のとおり、ドイツ戦車隊は瞬く間にイギリス海峡に至り、連合軍をふたつに分断した。

　電撃戦の期間中、スピットファイアは戦闘地域上空をくまなく飛び続けた。確かに、その定期的な偵察任務は──任務それ自体は成功したといえようが──連合軍の敗北を回避する何の役にもたたなかった。だが、よく引用される例の軍隊的格言すなわち「偵察に時間をかけて、かけすぎることなし」が、ここでもまた当てはまる結果となったのは見落とせない。スピットファイアが持ち帰った数々の写真によって、連合軍の各司令官は、自分たちが大変な窮地に陥りつつあると気づいたのだ。だからこそ彼らは、あのダンケルク撤退の準備に、タイミングを逃さず取りかかることができた。連合軍のフランスにおける敗北が、取り返しのつかぬ破局にまでは至らなかったことを確認するうえで、このとき写真偵察機が果たした役割は決定的だったと言っても過言ではない。

　撤退作戦が開始されると、第212飛行隊もイギリスに引き揚げ、新設のPRU（写真偵察隊）に吸収されることになった。

英国本土防空戦
The Battle of Britain

　1940年7月1日、英国本土防空戦（バトル・オブ・ブリテン）が幕を開けたとき、RAF戦闘機軍団（ファイター・コマンド）が前線に展開させていたスピットファイア飛行隊は19個、計286機を数えた。また、その数字の約半数に相当する機体が、補充の必要に備えて各整備部隊に控置されていた。ちなみに、スピットファイア装備の飛行隊と並んで、最新鋭の単座戦闘機戦力を形成したハリケーン装備の飛行隊は32個、計463機である。このふたつの"英国種"の戦闘機を比べてみれば、スピットファイアの方がハリケーンに大差をつけて速かったのは事実だ。何より、スピットファイアは、ドイツ空軍のメッサーシュミットBf109Eと互角に渡り合える唯一のイギリス戦闘機だった。

　本土防空戦が最高潮に達したのは、9月15日午後のことだった。ロンドンの東、ロイヤル・ヴィクトリア埠頭〜ウェスト・インディア埠頭〜サリー商業埠頭の連なる港湾地域を狙って、ドルニエとハインケル

第65飛行隊所属のスピットファイアMk.I 編隊。開戦直後の撮影。いちばん手前"FZ◎L"は、後に戦闘機エースとなるロバート・スタンフォード・タックが操縦している。（RAF Museum/ Charles Brown）

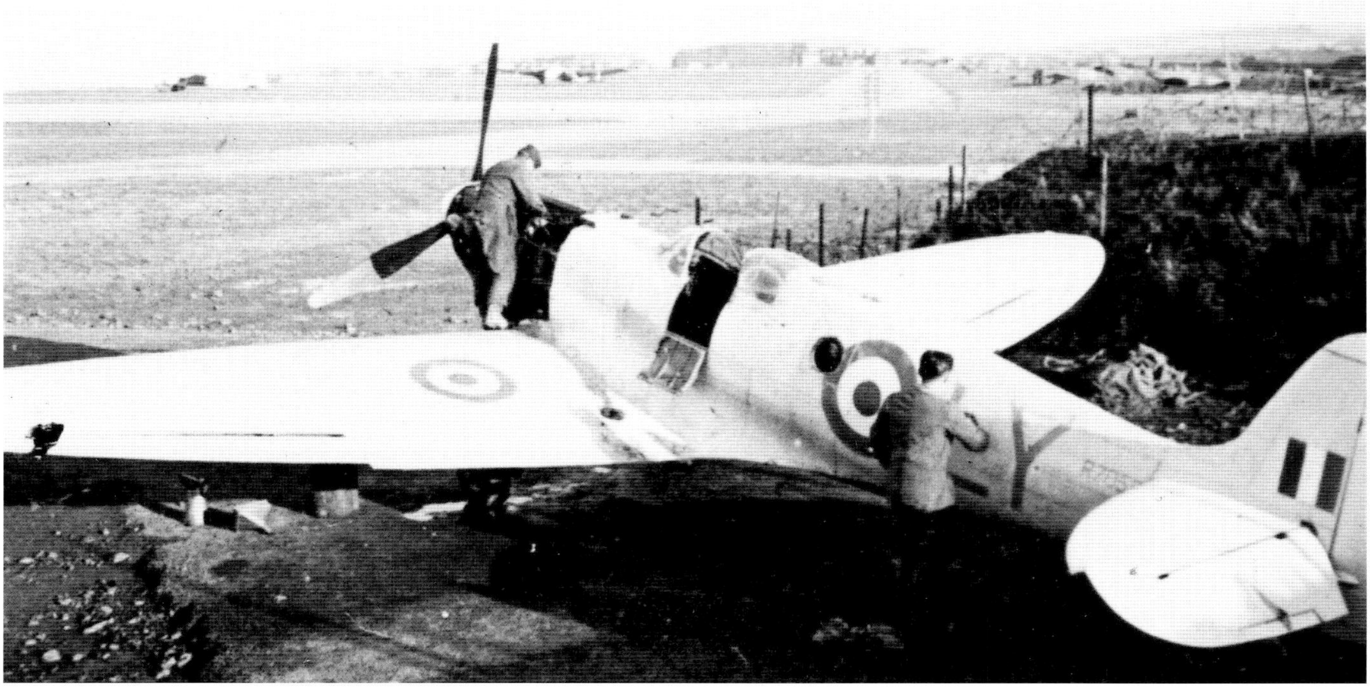

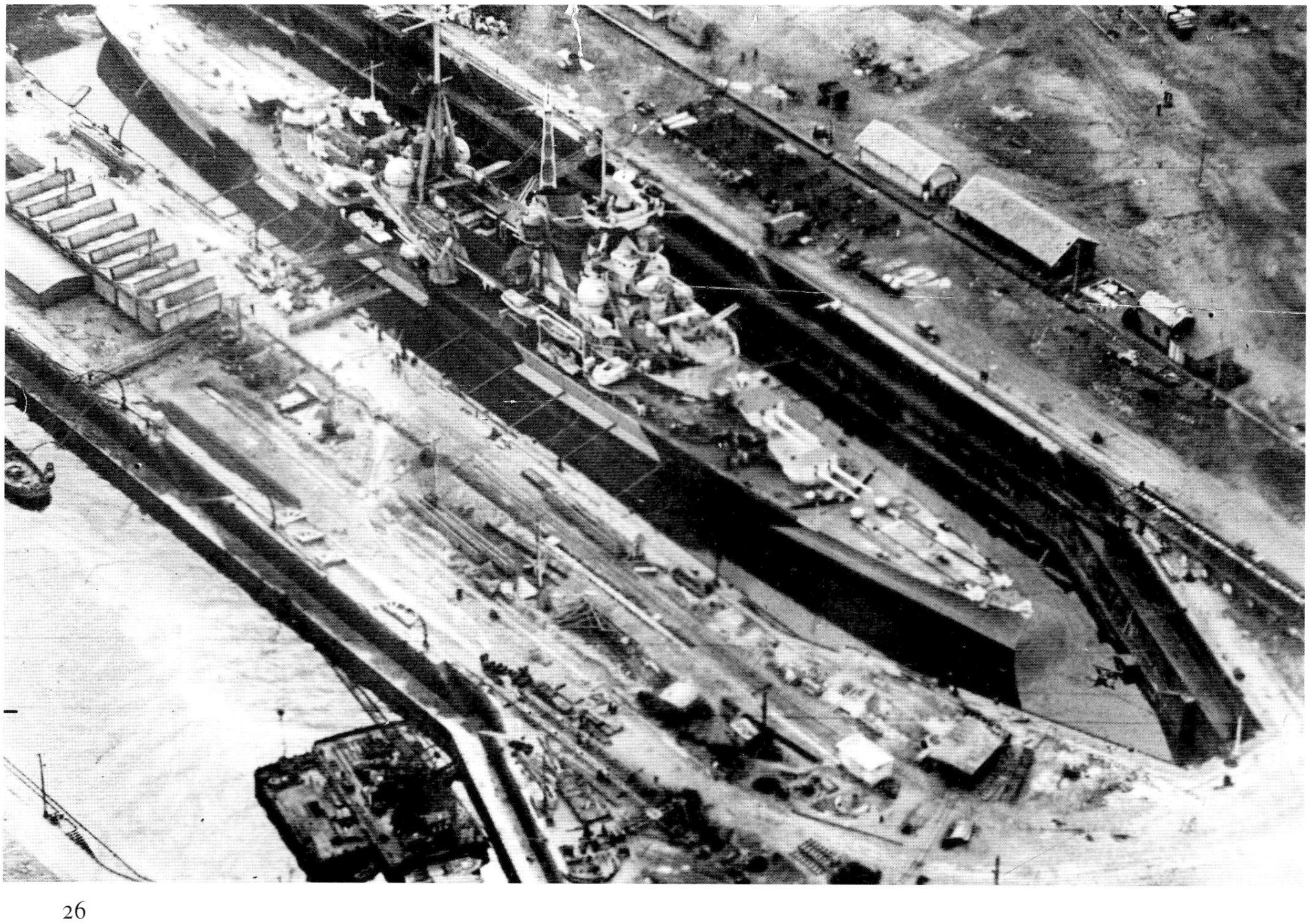

あわせて114機が来襲した。これを護衛するメッサーシュミットBf109が約360機という、大規模な空襲部隊である。戦闘機軍団第11群の司令官キース・パーク少将は、ただちに指揮下のスピットファイアあるいはハリケーンの21個飛行隊全隊に緊急発進を命じ、迎撃に向かわせた。隣接する戦闘機群管区からも7個飛行隊が発進した。これは、本土防空戦の正念場を迎えて、ロンドン防空圏内に待機する飛行隊が、1個の予備も残さず一斉に投入されたということだ。また、この日のRAFの戦闘機管制官が、いずれもみごとな腕前を披露して、すべての飛行隊を確実に会敵させた。主戦場はロンドンのすぐ東である。そして、爆撃機の撤収にあわせて、戦闘はそれを追う形で海岸沿いでも展開された。結果、来襲した爆撃機の18％に相当する21機の爆撃機が撃墜された。

この日、ルフトヴァッフェことドイツ空軍の損失は、上記ロンドンの港湾施設以外を目標とした戦闘機・爆撃機も含めれば、56機にのぼった。一方、RAFの損失は、スピットファイア8機（迎撃に投入されたうちの4％）、ハリケーン20機（同6％）と集計された。単純計算で、スピットファイアの被撃墜率は、ハリケーンの2/3にも達しないということになり、この点からもスピットファイアの性能の良さが証明されたわけだ。しかも、この比率は、1940年夏に展開されたその他の大規模な空戦においても再確認されている。

そして、この9月15日のドイツ空軍の損失は、実際の数字以上の意味があった。出撃前の要領説明（ブリーフィング）に際して、爆撃機の搭乗員（クルー）は「イギリス空軍の戦闘機軍団は壊滅寸前であり、今や迎撃戦力も出尽くして、残りは50機かそこらに過ぎない」と告げられていた。ところが、いざ出撃したところ、彼らは相手の機敏かつ積極的な迎撃に直面する。つまり、RAF戦闘機軍団が息も絶え絶えの状態にあるなどというのは、まったくのナンセンスであることが、はっきりと暴露されたのだった。ドイツ空軍の情報収集能力の限界がここに露呈し、その信頼性が自壊した瞬間だった。RAF戦闘機軍団が敗北から未だ遠い位置にとどまっているのは明らかで、ドイツ空軍上層部が思い描いたイギリス侵攻計画の厳密な日程表に、狂いが生じたのは確かだった。というわけで、早くもその2日後にはアードルフ・ヒットラーが命令をくだし、彼らの対英侵攻作戦は翌年まで延期されることになったのだった。付言すれば、結局それが再発動することはなかったのだが。

バトル・オブ・ブリテンは、RAF戦闘機軍団にとって"最良のとき"（ファイネスト・アワー）だった。そしてまた、スピットファイアという戦闘機にとっても。ドイツ空軍の搭乗員がまたスピットファイアの名声を高めるのに——彼ら自身はそれと意識せぬまま——ひと役買っていた。というのも、彼らはほとんど習慣的に、相手の戦闘機をスピットファイアと思いこみ——実際には、ハリケーンだった事例も多かったはずなのだが——そのように報告するのが常だったからである。つまり、このレジナルド・ミッチェル作の小柄な戦闘機は、味方の喝采を浴びたばかりでなく、敵からも大変な畏敬の念で見られていたということになるだろう。

他方、バトル・オブ・ブリテン期間中、偵察機型スピットファイアも毎日のように出撃し、イギリス海峡対岸の北フランス〜ベルギー〜オランダの主要な港の監視を怠らなかった。彼らが持ち帰った写真から、ドイツ海軍が多数の艦船を海峡対岸の要港に集結させて対英侵攻の準備を進めていることが証明された。さらに、9月15日の空戦を経て、ヒットラーの作戦延期命令が出るとともに、それらの艦船はドイツ本国に引き揚げはじめたのだが、こうした敵の動きも、スピットファイアによる偵察写真から裏付けられた。

続く数ヶ月のあいだに、偵察機型スピットファイアには大容量の内部燃料タンクが増設されるようになった。その結果、彼らはドイツ本国のみならずドイツ占領下のヨーロッパ全域を縦横に飛びまわるだけの航続距離を確保するにいたり、1940年10月には、バルト海沿岸シュテッティーン（現ポーランドのシチェチン）の港湾施設を写真におさめることに成功した。翌月には、南仏マルセイユ、ノルウェーのトロンヘイムが、偵察機型スピットファイアの前にいわば秘密のヴェールを脱いだ。偵察部隊は、スピットファイア戦力としては微々たる規模と言うしかなかったが、彼らのもたらす情報は、その規模からは想像もつかぬほど絶大な価値をもっていたのだ。

戦闘機パイロットの任務には、興奮と達成感が用意されている。敵機が墜落してゆくのを見届ける機会があれば、確かな手応えをそこに感じることもできるだろう。その華々しさとは対照的に、長距離偵察機のパイロットは、たとえば攻撃実施の何週間か前に、目標地域を撮影するため、ひそかに単機で任務におもむく。さらには攻撃実施のあとも戦果確認の撮影に飛ぶのだが、いずれにせよ彼らの活動はどちらかといえば軽視されがちである。もちろん、それは不当な見方と言わざるを得ない。事前の偵察が成功しなければ、効果的な攻撃は期待できない。偵察機がもたらす正確な情報なしでは、目標地域のどこが弱点か、あるいはどこに対空砲が布陣しているかといったことを、ただ攻撃立案者の推測に任せるしかないからだ。同様に、事後の偵察が実施されなければ、攻撃が成功したか、それとも再攻撃の必要があるかの判断がつかない。しかも、パイロットにとって、偵察は決して容易な任務ではなかった。単独で敵の領空内に数百マイルも侵入し、あ

左ページ上：写真偵察部隊の"ピンク色"のスピットファイア。胴体国籍標識の左に、側方観測カメラの収容孔が見えている。だが実際のところ、この機体は正真正銘のピンクというのではない。わずかにピンク味を帯びたオフホワイトというところで、曇天の日に地上から見上げたとき、雲底に紛れる色調を目指したものだ。これらの機体は終日雲に覆われているような日に限って、任務に出ることになっていた。そして、雲底からつかず離れず縫うように飛びながら、目標に肉薄して撮影を敢行し、敵戦闘機や対空砲の攻撃を受けると、急上昇して雲の中に逃げ込んで対処した。
(Gordon Green)

左ページ下：死と隣り合わせの谷へ〜1941年1月、ブレストの乾ドックに入ったドイツ重巡洋艦『アドミラル・ヒッパー』を捉えた劇的な低高度斜角撮影写真。J.チャンドラー少尉が写真偵察部隊のスピットファイアから撮影した。ブレストはフランス随一の重厚な防御態勢を誇った軍港であり、ここの撮影に成功したというのは、パイロットの格段の勇気の証となった。
(Crown Copyright)

この機体が次に降り立つ先は、包囲下のマルタ島となる。1942年4月、グラスゴーのキング・ジョージV世ドックで、クレーンによって空母『USSワスプ』へ積み込まれるスピットファイアMk.V。その胴体下面には90ガロン入り落下式増槽が装着されている。4月20日の朝、同空母はアルジェリアの沖合、艦載機発進地点に到達した。そこからスピットファイア47機全機が矢継ぎ早に発艦、マルタ島に向かって660マイルを飛行。1機を除く46機が同島に到着した。5月9日にはさらに47機がマルタに向け『ワスプ』から飛び立ち、第一陣と合流。これら2つの大規模増強部隊は、同島への枢軸軍の猛烈な空爆を終わらせるのにじゅうぶんな戦力となった。(US Navy)

らゆる危険を冒しながら写真撮影を敢行して帰還するというのは、それ自体、特別な種類の勇気が要求される仕事だったはずだ。

マルタ島へ
Spitfires to Malta

　大戦が勃発してから２年半のあいだ、スピットファイア装備の戦闘機部隊は、もっぱら本土防衛に従事すべく、すべてイギリス国内にとどまっていた。だが、1942年春になって、彼らの一部を海外派遣しなければならない緊急事態が生じた。地中海戦域における連合軍の戦略拠点たるマルタ島が、猛烈な空爆にさらされて、陥落の危機に瀕していたのだ。マルタ島守備隊は、早急に防空戦闘機スピットファイアを必要としていた。ただ、派遣の方法が問題だった。マルタ島に最も近い友軍飛行場は、ジブラルタルにあった。しかし、最短といっても、そこからマルタ島までの距離でさえスピットファイアの自力空輸距離をはるかに超えていたのだ。そのうえ、枢軸軍が強力な海上封鎖態勢を敷いていたため、船による輸送も問題外だった。

　RAFの緊急要請に応えて、スーパーマリン社の技師たちは、さっそく改修作業に乗り出した。ほどなく、胴体下面に容量90ガロンの落下式増槽（ドロップ・タンク）を装着できるようになった一群のスピットファイアが貨物船でジブラルタルまで運ばれ、さらに同地の埠頭で、クレーンを使って航空母艦『HMS イーグル』のデッキに搭載された。こうして1942年３月、派遣第一陣のスピットファイア15機が、空母イーグルでアルジェリア沖へと運ばれた。そこで彼らはイーグルから発艦し、残る航程を自力空輸して、マルタ島へ到着したのだった。その距離660マイル──といえば、ロンドンからプラハまでに相当する。しかも、新しい駐屯地まで、ただ飛んでゆけばいいというわけではなかった。敵機の妨害も当然ながら予想される。となれば、格闘戦に備えて、そのための予備燃料も用意しておく必要があった。

　続いて４月と５月には、アメリカの大型空母『USSワスプ』による最大規模のスピットファイア輸送作戦が２度にわたって敢行され、各回47機ずつのスピットファイアが同艦の飛行甲板からマルタ島へと飛び立った。同じ方法によるマルタ島航空戦力の増強作戦は、この年の３月から10月にかけて計13回におよんだ。空母のデッキからマルタ島へ向けて発進したス

上：戦闘爆撃任務のため改修されたスピットファイアMk.IX。両翼にそれぞれ250ポンド爆弾を懸吊している。
(Crown Copyright)

下：ドデカネス諸島での軍事作戦に投入する目的で、フロート付き水上機に改造されたスピットファイア。フロートの設計はアーサー・シャーヴォール。戦前に人気を博したシュナイダー杯エア・レースの競速水上機用フロートの設計を手がけた人物である。ただし作戦自体は実現に至らず、改造もわずか５機で打ち止めとなった。
(Alfred Price Collection)

上：1944年にオックスフォード近郊マウント・ファームを基地としていたUSAAF（米陸軍航空隊）第7写真偵察航空群第14写真偵察飛行隊所属のスピットファイアMk.XI。同部隊は、重爆部隊による攻撃前・攻撃後の目標地点撮影の任に従事していた。(Weitner)

ピットファイアはあわせて385機、そのうちの367機までが無事に同島へ到着している。彼らは、その後展開された激しい空戦に次々と投入され、枢軸軍の空爆の矛先を鈍らせて、マルタ島の封鎖解除に大きく貢献した。

さらに新たな役割
The Spitfire finds further new roles

その頃——すなわち大戦も中盤の1942年秋に至って、イギリス海軍は、最新鋭の敵戦闘機と互角に戦える艦載機が見あたらないという由々しい事態を迎えていた。これを受けて、スーパーマリン社は、スピットファイアに空母着艦用の拘束フックを取り付けるなどの改修作業を実施した。この艦載機型は"シーファイア"と命名され、スピットファイアと並んで進化発展してゆくことになる。1943年9月、連合軍のイタリア本土上陸作戦に際しては、海岸地帯に戦闘機の滑走路が確保されるまで、5隻の小型空母から発艦した約100機のシーファイアが上空掩護を務めた。

また、スピットファイアに爆弾架が装備され、主翼下面に250ポンド×2個、あるいは胴体下面に500ポンド×1個の爆弾を懸吊できるようになったのも、やはり大戦中期のことだった。以降、どの戦闘地域においても制空権は連合軍側に移り、それにともなって、スピットファイアも戦闘爆撃機として飛ぶ機会が増える一方となる。

さらに、この時期には、スピットファイアの多様な進化型の一端として、フロート付きの水上戦闘機型が非常に少数ながら誕生している。これは、滑走路の設けられないドデカネス諸島の基地に、支援潜水艦とともに配備される予定で開発された。配備の目的は、同地域の島々への物資輸送に飛ぶ枢軸軍の輸送機を襲撃し、その補給線を断つことにあった。結局、これは構

右：Mk.XIIはグリフォン・エンジンを最初に搭載したスピットファイア系列機である。低高度における作戦に活用されるも、生産機数はごく少数にとどまっている。
(RAF Museum/ Charles Brown)

上左：『HMSイラストリアス』に着艦しようとするスピットファイアMk.47。拘束ワイヤーを引っかけたあと、機体は空中から引き戻され……
(RAF Museum/ Charles Brown)

上右：……そしてデッキに叩きつけられるように着艦。主脚柱のオレオ式緩衝装置がいっぱいに縮んでいるのに注目。1947年。
(RAF Museum/ Charles Brown)

中：シーファイアが完全に停止したところで、拘束ワイヤーからフックを外すべく、デッキ作業員が素早く動き出す。拘束を解かれた機体は、低く下げたクラッシュバリアを自力滑走で越えて前進、次機のために着艦スペースを空ける。なお、これら3葉の写真は同一機体であるかのような印象を受けるが、実際は別個の3機体で連続写真のように構成したもの。(RAF Museum/ Charles Brown)

下：着艦が常に上手くいくとは限らない。この第807飛行隊のシーファイアIIIは、微風のインド洋上で『HMSハンター』に着艦しようとした。ところが進入速度が速すぎ、拘束ワイヤーを次々と跳ね越え、両主脚と尾輪をもぎ取られながらクラッシュバリアをも飛び越えてしまった。挙げ句、この写真にあるように機首で逆立ちする格好でようやく停止したが、それも重力の法則が作用するまでの一瞬のことだった。このあと、尾部は激しくデッキに叩きつけられ、より大きな損傷を被ることになる。この機体は"修復不能"と判定され、再利用可能な装備だけを剥ぎ取られてから、いわゆる"浮力試験機"となった（とは、つまり洋上投棄の海軍風の言い方である）。
(Alfred Price Collection)

想だけに終わって、フロート付き水上戦闘機型は量産化には至らなかったものの、スピットファイアの汎用性がここでも証明されたのだった。

スピットファイアMk.XIIとMk.XIVは、より大型化・強力化した『グリフォン』エンジンを搭載する制空戦闘機だった。長距離偵察機型スピットファイアの決定版というべきMk.XIXも、同じく『グリフォン』を搭載した。これは従来の偵察機型をはるかに凌ぐ高性能を実現した機体で、巡航高度は45,000フィートを上回った。この高高度で通常の活動が可能であったということは、Mk.XIXが安全性にかなりの——たとえばドイツ軍のジェット戦闘機の迎撃に遭ってもこれを振り切れるほどの——余裕を保証されていたということだ。

スピットファイア系列機の最終型であるシーファイアMk.47は、1946年4月に生産が開始され、最後の1機がサウス・マーストンの組み立てハンガーを出た

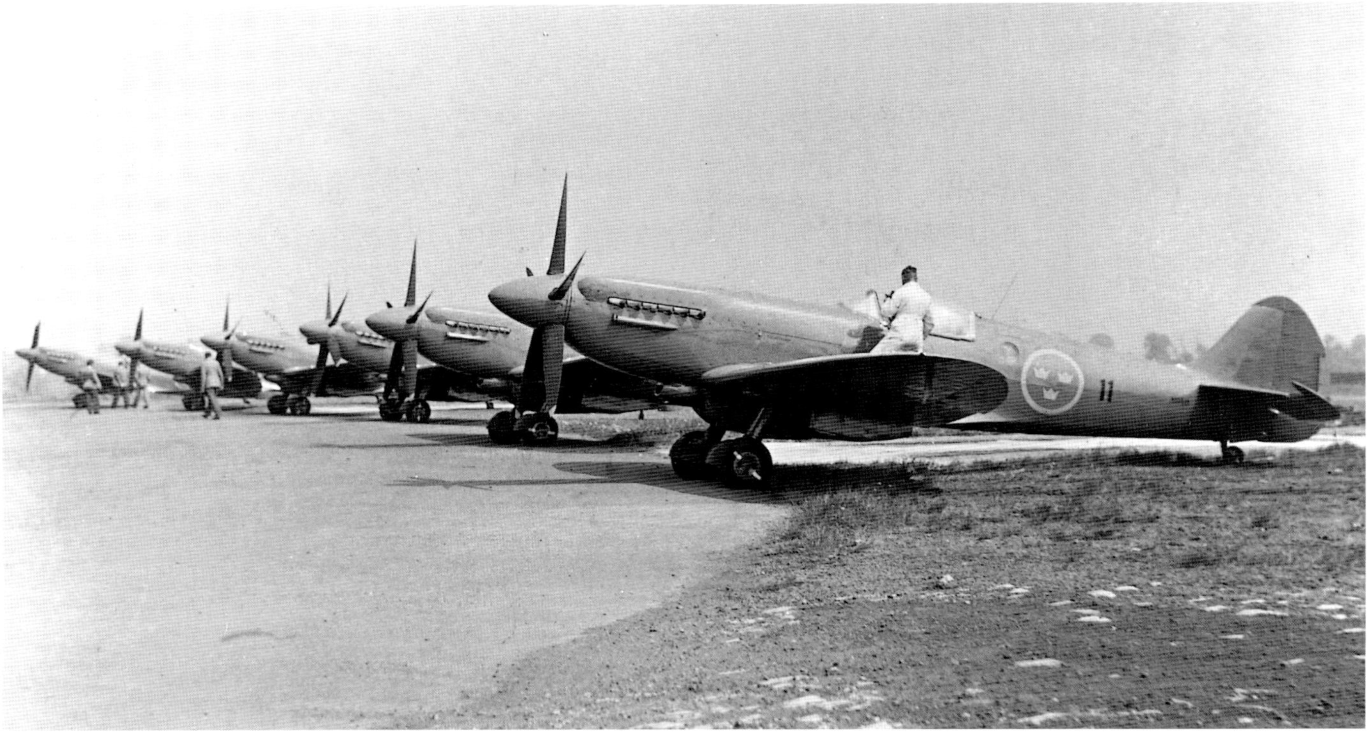

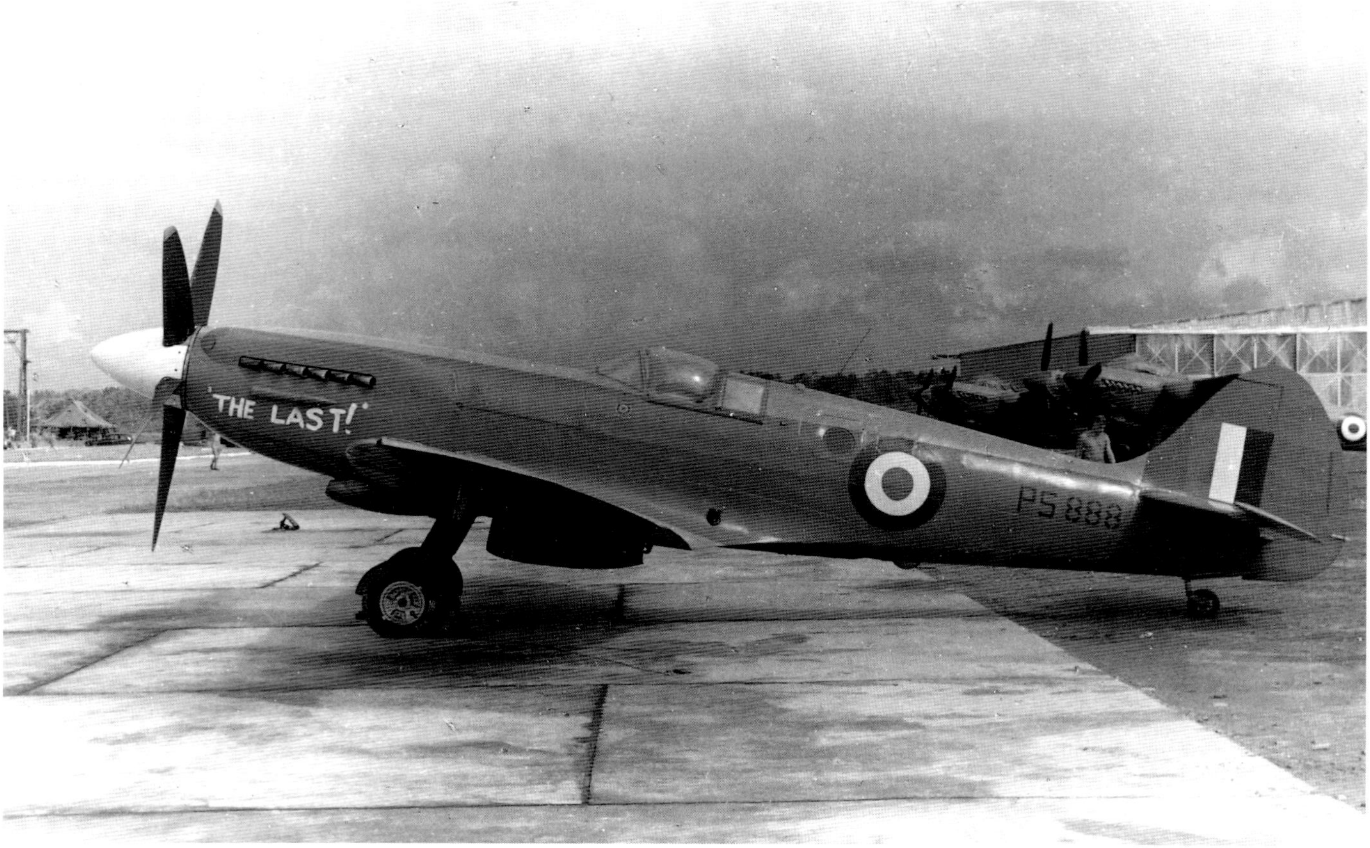
'THE LAST!'
PS888

のは1949年1月のことだった。これをもって、11年間におよぶスピットファイアの生産期間は終了する。総生産機数22,000機という大事業だった。

戦後、スピットファイアは広く海外に輸出され、27ヶ国で一線級の戦闘機・偵察機として就役している。つまり、スピットファイアは第二次大戦の終結をもって、その戦歴を閉じたわけではなかった。たとえば、1948年の第一次アラブ-イスラエル戦争においては、両陣営からスピットファイアが投入された。また、1950年の朝鮮戦争で、イギリス海軍はスピットファイア1個飛行隊を載せた空母『HMS テーセウス』を派遣している。

長年にわたって公表されることはなかったが、冷戦期間中、偵察機型スピットファイアが秘密裡に任務出撃を実施していたのは事実だ。1951年から`52年にかけて、RAFのスピットファイアMk.XIXが、中華人民共和国の港や軍事施設を撮影していた。さらに、西ドイツ駐留のRAF偵察部隊も、東欧諸国を対象として同種の任務飛行を実施していたのは、ほぼ確実である。

スピットファイアをこうした任務に送り出していたのはRAFだけではない。1948年10月、スウェーデン空軍は50機のMk.XIXを受納した。非武装の偵察機をそんなに多く配備して彼らは何をするつもりかと、誰もが首をかしげた。その答えも今ならわかっている。最近明らかになったことだが、これらのMk.XIXは、ソ連やポーランド、東ドイツの港湾施設その他を撮影する任務に投入されていたのだった。機体の国籍標識は塗りつぶされ、パイロットは私服で操縦席に座った。カメラのフィルム巻き取り枠には手が加えられていて、捕捉されそうになった場合、パイロットはスパイ行為の決定的証拠となるフィルムを破棄できるようになっていた。

RAFのスピットファイアの作戦出撃としては、1954年4月1日、シンガポールのセレター駐屯第81飛行隊のMk.XIXが単機で飛び、共産ゲリラが潜伏すると見られていたマレー半島の熱帯雨林の一部地域を撮影したのが最後である。

また、スピットファイアおよびシーファイアによる攻撃任務は、1955年から`56年にかけて、ビルマ(現ミャンマー)空軍が反政府組織を相手に実施したのが最後の例となる。

そして、RAF常備軍におけるスピットファイアの任務飛行は、1957年6月、THUM(気温・湿度観測飛行部隊)のMk.XIXがランカシャー州ウッドヴェイル基地から気象観測に飛んだのを最後に終了する。

スピットファイアは、単に傑出した戦闘機械というだけでなく——そのこと自体も重要ではあったろうが——むしろ、それ以上の存在だったといえる。1940年の受難の夏、イギリスが敗北を免れたのはスピットファイアのおかげだと、多くの国民が信じている。あの試練の時代を経験した人々は、今でもスピットファイアの均整のとれた機体を目にし、くぐもったエンジン音を耳にすれば、たちまち深い懐旧（ノスタルジア）の念にとらわれる——スピットファイアとは、それほどまでにイギリス国民の心のなかで特別な、唯一無二の地位を占めているのだ。スピットファイアのような飛行機は、二度と現れないだろう。無論、その必要もないことを祈りたいものだが。

発展のパターン
The pattern of development

その初飛行のときから、スピットファイアは最先端の戦闘機であり続けるため、改修に継ぐ改修を重ね、絶えず緩やかな進化を遂げてきた。それを可能にしたのが、ロールス-ロイス製『マーリン』および『グリフォン』エンジンの存在である。つまり、ロールス-ロイス社は、これら一連のエンジンの改良に取り組み、段階的にパワー・アップを図ることで、スピットファイアの進化を促進したことになるだろう(その詳細については、後述する)。同様に、スピットファイアの海軍仕様であるシーファイアも並行して発展を遂げた。

一般に、航空機の設計開発においては、何かを得ようとすれば別の何かを犠牲にせざるを得ないと言われている。スピットファイアの進化発展も、そのパターンを踏襲した。たとえば、エンジンのパワー・アップが実現すれば、エンジンの重量も相応に増加する。また、過度の出力を期待すれば、燃料の消費率も格段に上がる。したがって、それまでどおりの航続距離を確保したければ、容量の大きい——その分だけ重量もかさむ——燃料タンクが必要となるわけだ。

増えたパワーを推力に置き換えようとすれば、プロペラのブレードも増やすことになる。スピットファイアの進化史を眺めると、最初は2翅プロペラに始まって、3翅から4翅、最後には5翅プロペラが登場する。ブレードの枚数が増えれば、プロペラ全体の重量も増える。のみならず、エンジンを全開にしたときの回転トルクも大きくなる。スピットファイアの発展の全期間を通じて、尾翼面積の漸増が図られているのは、増大する回転トルクを補正しつつ、尾翼の効きを維持するためだった。スピットファイアMk.22およびMk.24、シーファイアMk.46およびMk.47に至ると、再設計された尾翼の面積は目立って拡大している。さらに後者に採用された3翅二重反転プロペラは、回転トルクを効果的に相殺するとともに、操縦を著しく楽にした。

左ページ上:1948年、スウェーデン空軍へ自力空輸による納入のため、離陸する直前のスピットファイアMk.XIX偵察機。ごく最近明らかになったことだが、初期冷戦時代、これらのスピットファイアは、ソ連および周辺の東欧諸国に対する写真偵察の極秘任務に投入されていた。(Vickers)

左ページ下:シンガポールのセレターに駐屯する第81飛行隊所属のスピットファイアMk.XIX PS888。本機は1954年4月1日、共産ゲリラが潜んでいると考えられるジョホールのジャングル地帯を偵察するため飛び立った。これがRAF実働部隊によるスピットファイア最後の作戦飛行となった。この特別な瞬間を記念して、地上員が機首に"THE LAST!〜最後だ!〜"と描き入れている。(Brian Rose)

エンジンやプロペラに限らず、苛酷な実戦を経て得られた教訓を活かそうとすれば、結果として、機体のさまざまな部位で重量は増加することになる。RAFの要請で、被弾に弱い箇所を守るため、また何よりパイロットの生命を守るため、機体に装甲防弾板が追加されるようになったのも、その一例だ。戦争の進展につれて、装甲板は厚く——必然的に重く——なった。

そうした機体の重量増加も、直線水平飛行をするだけなら、さほど問題にはならない。だが、いざ格闘戦となり、機体を縦横に振りまわさねばならなくなったら、話は違ってくる。仮に重力加速度6Gがはたらく急旋回を実施したとすると、各パーツは6倍の重さに

左上：固定ピッチ2翅プロペラを装備する、スピットファイアMk.Iの初期生産型。(Crown Copyright)

左：3翅定速プロペラはMk.Iの後期生産型と、Mk.II・IV・V・XIIIに装着された。(Crown Copyright)

左下：4翅定速プロペラはMk.VI・VII・VIII・IX・X・XI・XII・XVIに装備された。(Crown Copyright)

左最下：5翅定速プロペラを採用したのはスピットファイアMk.XIV・XVIII・XIX・21・22・24とシーファイアMk.45である。(Crown Copyright)

下：3翅定速プロペラを2重に取り付けた6翅反転プロペラは、量産型のシーファイアMk.46および47と少数のスピットファイアMk.21で使用された。(Crown Copyright)

なる。つまり、機体はその重量の6倍の重さに耐えねばならない。耐えられなければ、空中分解するだけだ。というわけで、重量の大幅な増加に対処するためには、強度の確保とともに、安全な荷重倍数(ロード・ファクター)の維持を目指して、機体を再設計する必要があった。そして、機体の強度を上げれば重量が増すというスパイラルの構図が、ここでまた一巡りすることになるのはいうまでもない。

とはいえ、さまざまな改修を加えるたびに、スピットファイアの戦闘能力には絶大な効果が現れた。たとえば、スピットファイアMk.Iのエンジン出力1,050hpに対して、シーファイアMk.47は2,350hpである。前者の最高速度362マイル毎時に対して、後者は452マイル毎時、最大上昇率は前者が2,195フィート毎分、後者が4,800フィート毎分まで伸びた。Mk.Iの8挺の機銃が吐き出す弾丸は、3秒間の連射で8ポンドだった。対するにシーファイアMk.47の20㎜機関砲4門からは、同じく3秒間で40ポンドの弾丸が吐き出された。その一方で、最大離陸重量も前者の5,280ポンドから、後者の12,500ポンドと、不気味ほどに増加している。言い方を変えれば、シーファイアMk.47は、スピットファイアMk.Iに、標準的な航空路線で許可している上限重量にあたる44ポンドの手荷物を持った体重12ストーン（≒75～76kg）の乗客34人を加えた重量で飛んでいたということになる。

ロールス・ロイス・マーリン
The Rolls-Royce Merlin

1930年代初頭、ロールス‐ロイス社の取締役会は、同年代末には戦闘機に搭載するための強力な新型エンジンが必要とされるだろうとの認識に到達していた。当時、RAFで就役中のニムロッド、フューリー、デーモンといった複葉戦闘機の駆動装置として広く採用されていたのは、21リットルRR『ケストレル』V型12気筒エンジンである。だが、ケストレルはすでに改良され尽くし、出力700hpあたりを限界として、もはやそれ以上の発展の余地はなさそうだった。

そこでロールス‐ロイス社は、出力1,000hpを目標に、27リットルV型12気筒のエンジンを新規に自主開発することに決定した。この新型エンジンは、ひとまずPV12の名で呼ばれ、これを搭載することを前提として、やがてはスピットファイアやハリケーンとなるはずの新しい戦闘機が設計されたのだった。1934年、PV12改め『マーリン』と命名された新型エンジ

左：レトロ・トラック・アンド・エア社によって分解修理を終えたばかりのパッカード社製マーリン266エンジン。2段2速過給器付きの、スピットファイアMk.XVIの動力源である。
（P. Blackah/ Crown Copyright）

右：BBMFのスピットファイア Mk.IX MK356。1944年のノルマンディー上陸作戦時のRCAF（カナダ空軍）第433飛行隊のマーキングを再現している。
(Crown Copyright)

ンは、790hpで100時間の運転試験に成功し、1936年には975hpでの型式試験をクリアした。

大戦期間中も、マーリンの名のもとに、驚くべき数の改良型、発展型が生み出されたが、スピットファイアとの関連でいえば、おおむね3系統に分類できる。まずはスピットファイアMk.Iに搭載されたマーリンIIIだが、これは離陸時に890hp、高度15,000フィートで1,000hpを出力した。続いては、スピットファイアMk.VおよびMk.VIに搭載されたマーリン45系であり、離陸時に1,230hp、高度17,500フィートで1,200hpを出力した。そして、2段2速式過給器を備えるマーリン61系だが、これはスピットファイアMk.IX、Mk.XI、Mk.XVIに搭載されたタイプであり、海面上で1,450hp、11,000フィートで1,550hp、24,000フィートで1,370hpのパワーを発揮した。

マーリンIIIに取り付けられた過給器は1段1速方式だった。大戦初期の頃は、オクタン価85程度の燃料しか供給されなかったので、シリンダー内でのデトネーション（ノッキング）の発生を避けるため、最大ブースト圧（吸気圧）は＋6ポンドに制限された。

マーリンIIIから発展したマーリン45では、空気取入システムが再設計されるとともに、さらに効果的な過給器が取り付けられた。こうした改良策によって、エンジン出力は900hpから1,100hpに増えた。と同時に、オクタン価100の燃料が安定供給されるようになったことから、ブースト圧は最大で＋12ポンドまで加圧可能となり、離昇出力1,230hpが実現した。

マーリン・エンジンは、61系をもって進化発展の最終段階に達した。過給器は2段2速で、シリンダーとの間に中間冷却器が設けられていた。本来このエンジンは、ウェリントン爆撃機の高高度型への搭載を想定して開発されたのだったが、ロールス・ロイス社の試作課主任技師だったアーネスト・ハイヴズが「これをスピットファイアに搭載したらどうなるだろう？」と言い出したのがきっかけとなり、その方向に話が進んだという。当初は数々の困難が予想され、それらはとても克服できないように思われた。新型エンジンは、追加された中間冷却器用のラジエーターを含め、冷却システムが複雑化しており、マーリン45よりも全長が9インチ長くなっていたのが難題だったようだ。しかし、ダービーのエンジニアたちは、ものの数週間で設計作業と取り付け作業までを終えてしまった。

1941年9月、実験的に新型マーリンを搭載したスピットファイアの飛行テストが実施され、驚嘆すべき性能の向上が認められた。2段式過給器は、高度30,000フィートまで＋9ポンドのブースト圧を維持し、マーリン45では500hpどまりだったその高度で、出力1,000hpが実現した。しかも、新型エンジンによっ

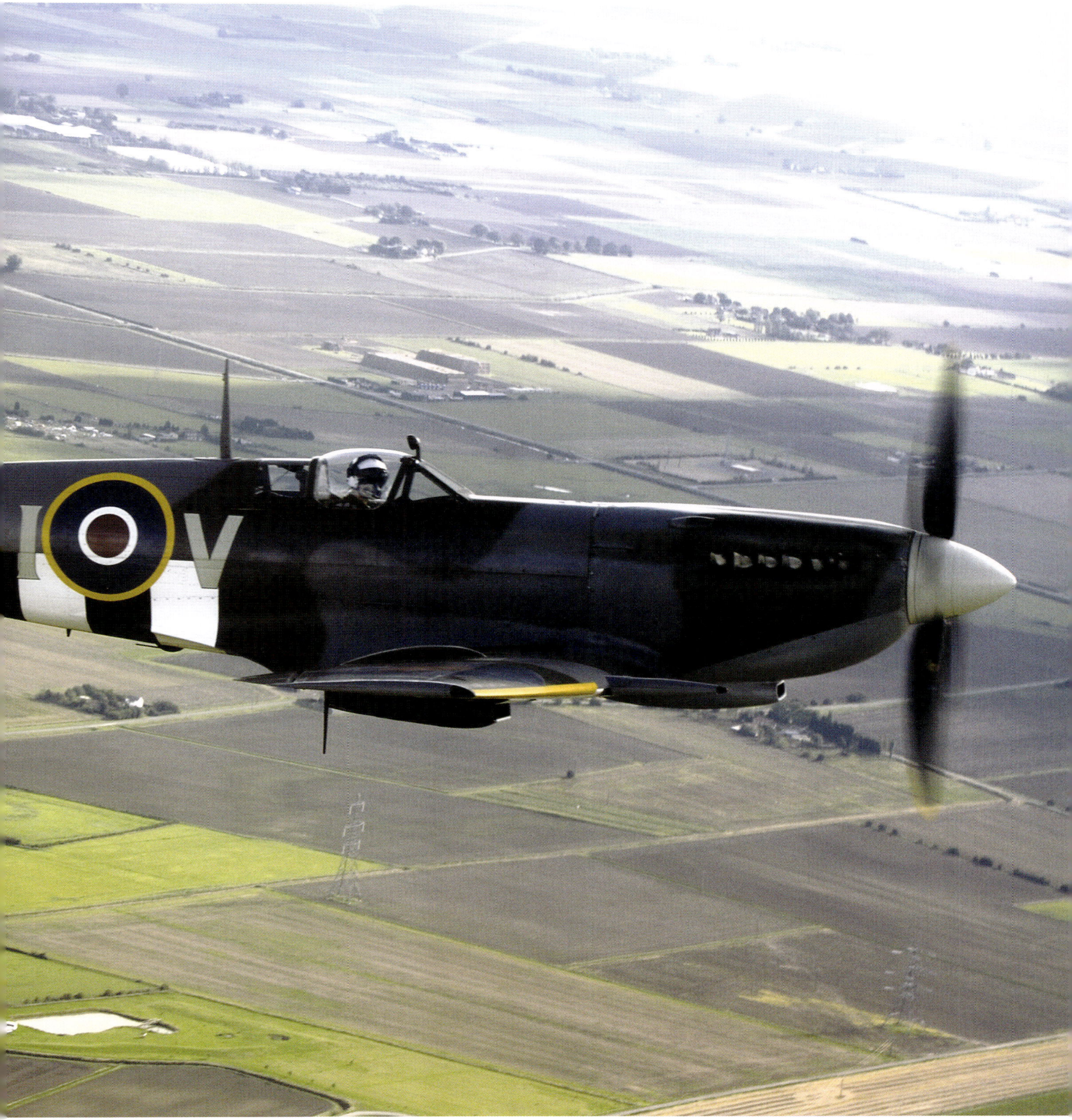
V

右ページ：本稿執筆時点（原書）で、このシーファイアMk.47 VP441は、現存するスピットファイア／シーファイア系列機のなかで、初飛行が1947年11月という、もっとも若い機体である。同型式では今のところ唯一の飛行可能機でもあり、修復後の初飛行は2004年4月に実施された。
(Bobby LeBlanc)

て、スピットファイアの戦闘高度は約30,000フィートから約40,000フィートへと、10,000フィートも上昇した。さらには、最高速度も40マイル毎時余り上乗せされた。

スピットファイアに搭載するため手を加えられた新型エンジンは、マーリン61の名称を付与され、1942年7月就役のMk.IXの動力装置に採用された。Mk.IXは、当時Mk.V装備の飛行隊を苦しめていたドイツ空軍のフォッケウルフFw190に対する切り札として、就役が急がれていたのだった。捕獲されたFw190との模擬戦闘の結果、スピットファイアMk.IXの性能は、相手とまさしく互角であることが確認されていた。

ちなみに、次のような事実には注意しておきたい。すなわち、今日飛んでいるスピットファイアの多くが、多分に実用性の問題から、オリジナル装備のマーリン・エンジンを積んでいるわけではないということだ。大半の復元機が、その型式にとっては"真正品"ではない後期マーリンを——たとえば、BBMFのMk.VbコードレターAB910は、この型式本来のマーリン45に代えて、マーリン35を——利用している。

ロールス-ロイス・グリフォン
The Rolls-Royce Griffon

1939年の開戦を受けて、政府はロールス-ロイス社に対し、レイアウトはマーリンを踏襲しつつも、より強力な新しいV型12気筒液冷エンジンを開発するよう指示した。マーリンを搭載している既存の航空機のどれにも換装可能であることも譲れない条件とされ

た。こうして誕生した新型エンジン『グリフォン』は、総容積36.7リットル——マーリンの25％増となった。しかも、周辺機器の巧妙な配置によって、正面面積はマーリンより6％増に抑えられ、全長も3インチばかり長くなっただけで済んだ。

グリフォン系列のエンジンで初めてRAFに制式採用されたのは、スピットファイアMk.XIIに搭載のグリフォンIIIである。これは高度750フィートで最大1,730hp、14,000フィートで1,490hpを出力した。スピットファイアMk.XIIに期待されていたのは低高度における制空任務であり、この初期グリフォンは1段過給器装備の、低空性能に主眼を置いたエンジンだった。シーファイアMk.XVおよびMk.XVIIも、このエンジンを搭載した。

これに続くグリフォンの発展型は、スピットファイアとの関連でいえば、マーリン61と同様に2段2速の過給器を備えたグリフォンMk.61である。1944年初頭に、スピットファイアMk.XIVの搭載エンジンとして実用化されたもので、離陸時に1,540hp、高度7,000フィートで2,035hp、21,000フィートで1,820hpのパワーを生み出した。その他グリフォン61系列は、スピットファイアMk.XVIII、XIX、21、22、24と、シーファイアMk.45にも搭載された。

スピットファイア／シーファイア系列機の最後を飾ったシーファイアMk.46とMk.47の搭載エンジンは、グリフォン87である。これは3翅二重反転プロペラにあわせてギアボックスに改修が加えられていたほかは、グリフォン61と変わらなかった。

右：燃料補給を受けるスピットファイアMk.XIV。大型化し、重量も増したグリフォン・エンジンに合わせて、エンジン架が改設計されている点に注目。(Costain)

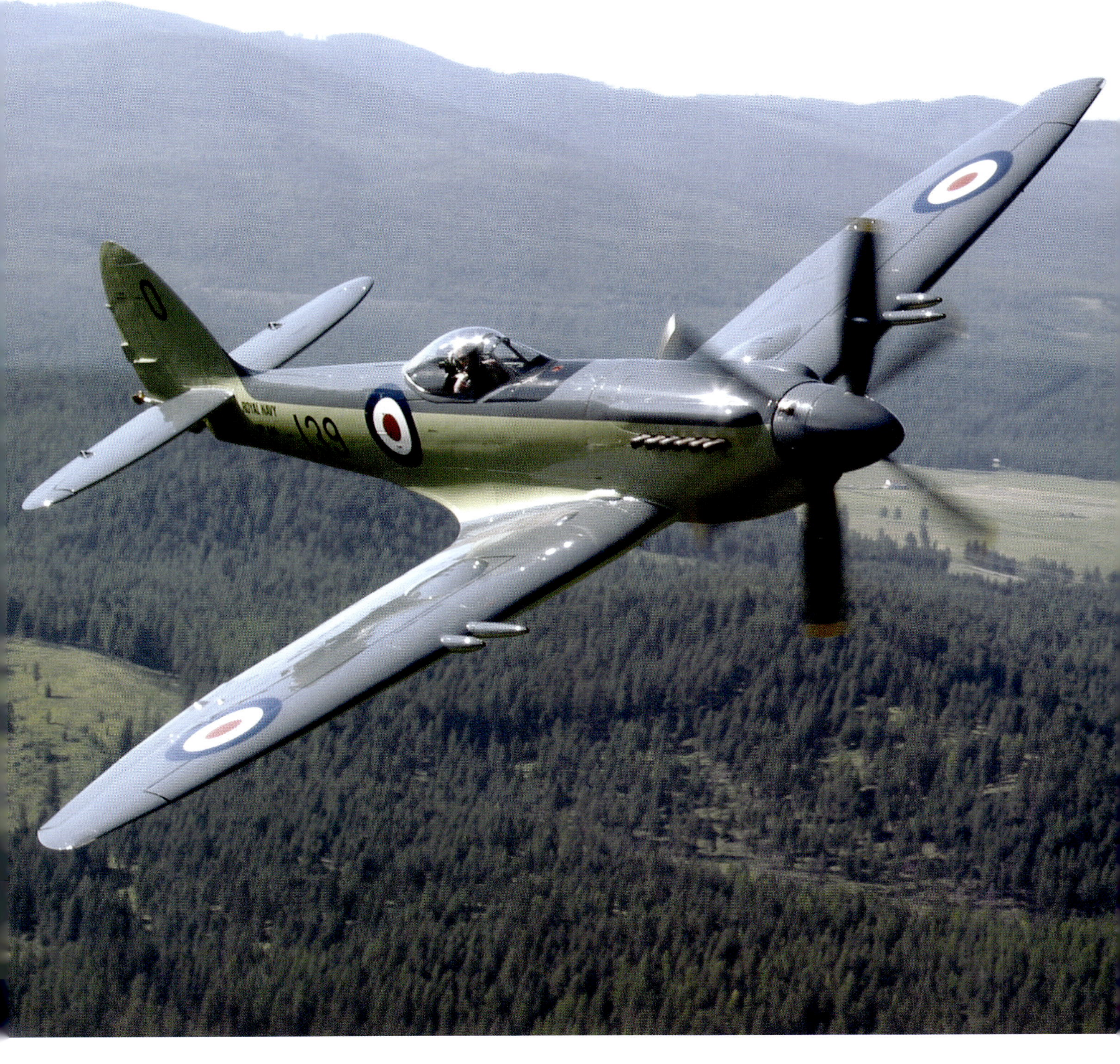
ROYAL NAVY

敵に立ち向かって
Squaring up to the enemy

　大戦序盤の2年間、スピットファイアMk.Ⅰ、Ⅱ、Ⅴは、空戦性能という点に関して言うなら、ルフトヴァッフェの同格に相当するメッサーシュミットBf109Eおよび109Fとみごとに競り合っていた。ところが、1941年秋、ルフトヴァッフェがフォッケウルフFw190を繰り出してきたとき、状況は一変する。Fw190は、明らかにスピットファイアMk.Ⅴを性能面で圧倒していたからだ。1942年6月になって、RAFは1機のFw190を無傷のままで確保し、連合軍の戦闘機各種との模擬戦にこれを投入、一連の評価試験を実施した。結果は、RAF戦闘機軍団の前線パイロットたちの訴えを裏付けるものとなった。すなわち；Fw190は、2,000フィートから21,000フィートまでのどの高度においても、スピットファイアMk.Ⅴより25〜30マイル毎時の優速が確認された。また、あらゆる高度において、上昇性能・ダイヴ性能・加速性能でスピットファイアMk.Ⅴに勝り、横転率でも優位を示した。実のところ、スピットファイアMk.Ⅴの唯一のアドヴァンテージは、Fw190より急な旋回が可能だった点に尽きるのだった。

　1942年7月、2段式過給器を備え、高度11,000フィートで出力1,550hpというマーリン61を搭載するスピットファイアMk.Ⅸが就役した。本機と、捕獲されたFw190との模擬戦の結果、戦闘性能を表すどの要素をとりあげても、両者はほとんど互角であることが確認されていた。また、メッサーシュミットBf109Gに対しては、Mk.Ⅸがおおむね優位に立っていた。

　1944年初頭には、やはり2段式過給器を備え、高度7,000フィートで2,035hpというハイ・パワーのグリフォン61を搭載したスピットファイアMk.XⅣが就役する。Fw190AおよびBf109Gとの模擬戦では、本機が明白な優位を確保していた。ダックスフォードのAFDU（空戦技術開発隊）が作成したその報告書の抜粋を、次に引用する。

スーパーマリン社テスト・パイロットのジェフリー・クィルがスピットファイアMk.XⅣを撮影機にそろそろと近づけてくる。彼によれば、スピットファイア全系列機のなかでもグリフォン搭載のMk.XⅣがもっとも有効な戦闘機だという。
（RAF Museum/ Charles Brown）

スピットファイアXIVの
対Fw190戦闘性能試験
Combat trial of Spitfire XIV against the Fw190

最高速度：高度0～5,000フィートおよび15,000～20,000フィートでは、スピットファイアXIVがFw190Aに対し、わずか20マイル毎時ながら優速。その他のあらゆる高度帯においては、最高60マイル毎時の優速。

最大上昇率：Fw190Aに対し、本機の上昇率が相当程度に優れる。

急降下性能：急降下の初期段階では、Fw190にわずかながら遅れを取るも、それ以降は本機が僅差で有利。

最小旋回円：本機は、いとも簡単にFw190の内側を旋回可能である。ただし、右旋回の場合、その差は特に際だつものではない。

横転率：Fw190が断然有利。

結論：防御において、スピットファイアXIVは、その目覚ましい上昇性能と旋回性能を駆使すべきと考える。攻撃においては、いわゆる格闘戦もじゅうぶんに可能だが、相手の急横転、急降下には注意が必要である。Fw190がこれらの機動を実行した場合、それに追随しても、相手が引き起こしにかからぬ限り射程を詰めることはまず不可能と思われる。

スピットファイアXIVの
対メッサーシュミット109G戦闘性能試験
Combat trial of SpitfireXIV against the Messerschmitt 109G

最高速度：どの高度においてもスピットファイアXIVが40マイル毎時の優速。例外として16,000フィート付近では、本機が優速とはいえ、彼我の差わずか10マイル毎時となる。

最大上昇率：上記に同じ。高度16,000フィート付近では彼我の差ほとんど無し。それ以外は、本機がMe109Gを上回る上昇性能を示す。ズーム上昇は、スロットルを開かずにこれを実施する場合、やはり彼我の差ほとんど無し。スロットル全開で実施するならば、本機でMe109Gを引き離すのは至って簡単である。

急降下性能：急降下の初期段階では、Me109Gが本機をわずかに引き離すが、速度380マイル毎時に到達した時点で、本機が優位を示すようになる。

最小旋回円：左右いずれの旋回においても、本機が有利。

横転率：本機がはるかに素早い横転を実施する。

結論：あらゆる点から見て、本機はMe109Gの優位に立つ。

［原注］メッサーシュミット109の正しい略号は"Bf109"である。しかしながら、第二次大戦当時のRAFの公式文書には、この略号は見あたらない。上記の1944年の公式リポートでも一貫して使用されているのは"Me109"という表記であり、原典に忠実な引用という点に重きを置いて、ここでは特に訂正を加えていない。

このリポートを読む際に留意すべきは、1944年当時のRAFにフォッケウルフ190あるいはメッサーシュミット109の最新鋭機は入手できていなかったという事実だ。ましてやジェット推進式のメッサーシュミット262も確保されていなかった。それでも、本報告書には、スピットファイアの戦闘力を向上させるため大戦全期間を通じて実行された種々の改良策の劇的な効果がみごとに浮き彫りにされている。

上：スピットファイアMk.XIVの戦闘能力は、横転率を除くすべての点で、フォッケウルフFw190Aを凌駕していた。(Romm)

下：メッサーシュミットBf109Gに対しては、スピットファイアXIVの戦闘性能が、ほぼすべての点で著しく優位に立っていた。(Schliephake)

スピットファイアの発展過程における火力の増加を示す。砲弾型のシルエットはひとつあたり4ポンド相当である。(Crown Copyright)

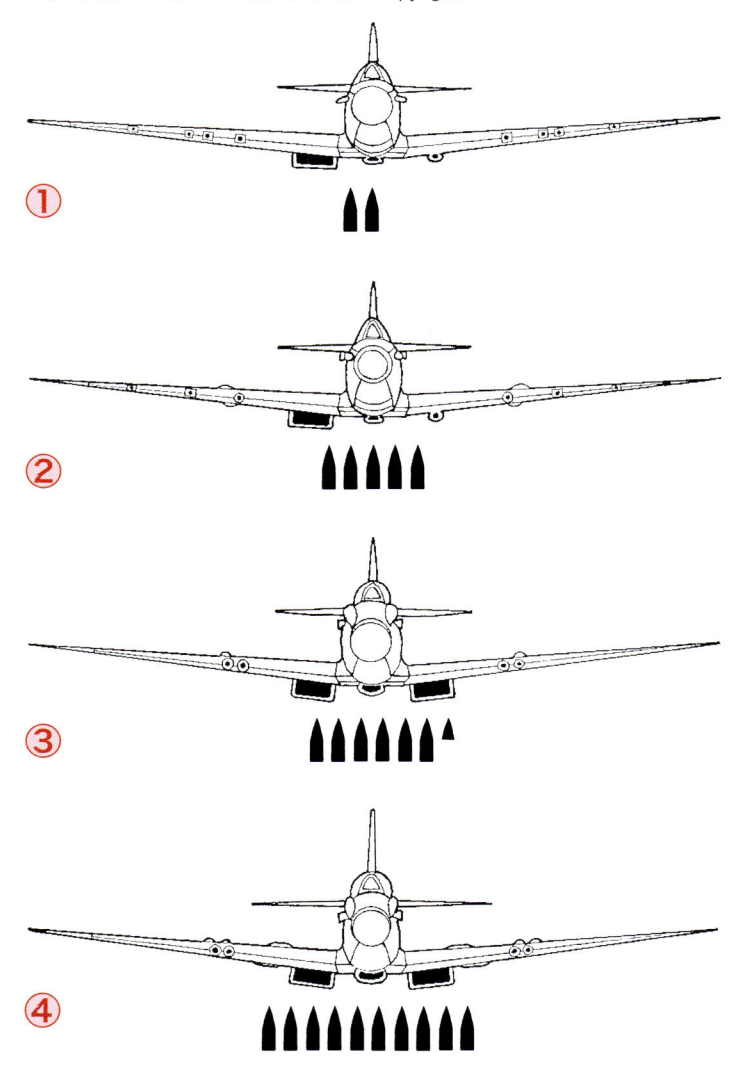

① ② ③ ④

右：兵装員がスピットファイアMk.IXの右翼イスパノ20㎜機関砲に、弾帯を装填している光景。(Crown Copyright)

スピットファイアの武装
Spitfire armament

　スピットファイアMk.IとIIの標準武装は、ブローニング.303インチ機銃8挺（携行弾数300発／1挺）である。3秒間の連射で吐き出される銃弾の総重量は8ポンドだった（図1）。

　1940年晩春、ブローニング機銃を撤去して、空いたスペースにイスパノ20㎜機関砲1門（携行弾数60発／1門）を搭載したMk.Ibが少数ながら就役する。しかし、イスパノ機関砲が信頼性に乏しいとわかり、Mk.Ibは短期間で前線から引き揚げられた。ただし同年末には問題が解決され、イスパノ機関砲2門に加えてブローニング機銃4挺を外翼に装備したMk.Ibが再び就役することになった。この組み合わせは、Mk.IIbを経て、Mk.Vbに受け継がれ、特に後者は1941年に量産された。3秒間の連射による銃／砲弾の総重量は20ポンドになる（図2）。

　1942年、スピットファイアMk.V生産ラインに、イスパノ20㎜機関砲4門（携行弾数120発／1門）もしくはブローニング.303インチ機銃8挺（350発／1挺）、または機関砲2門と機銃4挺のコンビネーションのいずれかが搭載可能な"C"ウィングが導入された。最も多用されたのは、最後に挙げたコンビネーションタイプである。

　1944年初頭には、"E"ウィングの導入をもって、イスパノ20㎜機関砲2門（120発／1門）とブローニング.5インチ機銃2挺（250発／1挺）という搭載火器の新しいコンビネーションが実現した。"E"ウィングはスピットファイアMk.IXとXIVの後期生産分、そしてMk.XVIとXVIII全機に採用された。3秒間の連射による銃／砲弾の総重量は26ポンド（図3）。

　武装の最終進化型は、イスパノ20㎜機関砲4門（内翼175発／1門、外翼150発／1門）という構成になった。スピットファイアMk.21と22と24、シーファイアMk.45と46と47が、いずれも全機これを採用している。3秒間の連射による砲弾の総重量は40ポンドに達する（図4）。

　また、スピットファイアMk.Vと、ここに挙げた以降の各型は、戦闘爆撃任務にも投入され、250ポンド爆弾2個もしくは500ポンド爆弾1個の懸吊が可能だった。シーファイアMk.47に至っては、500ポンド爆弾2個を懸吊できた。さらに、スピットファイアMk.XVIII、シーファイアMk.XVIIと47は、選択的に60ポンド×4発のロケット弾を懸吊可能とした。

スピットファイア系列機を概観する
The main production variants of the Spitfire family

スピットファイア：主要生産型
Spitfire: the main production variants

○Mk.I
　スピットファイア最初の生産型。エンジンはロールス-ロイス・マーリンIII。1938年5月に初飛行、同年9月に就役した。

○Mk.I 偵察機型
　カメラの配置と、増設燃料タンクの容量によって、1A〜1Gと呼び分けられる。最初の偵察機型が就役したのは1939年11月。

○Mk.II
　Mk.Iと同列の戦闘機型ではあるが、搭載エンジンはマーリンXIIに改められている。1940年9月、就役。

○Mk.V
　Mk.Iと同列の戦闘機型ではあるが、エンジンはマーリン45系に換装されている。1941年2月に就役、スピットファイア系列機のなかでもトップクラスの生産数を誇る。ヴァリエーションも豊富で、大戦後半には、スピットファイア系列機としては最初に爆弾架を装着して、戦闘爆撃任務に投入可能となった。

○Mk.VI
　Mk.Vの機体をベースとした高高度迎撃機型。高高度における活動を想定して、与圧キャビンを備え、主翼端が延長されていた。エンジンはマーリン47。1942年4月に就役したが、少数生産に終わった。

○Mk.VII
　Mk.VIの機体をベースとした高高度迎撃機型だが、エンジンは2段式過給器つきのマーリン61に換装されている。生産規模は控えめで、本機を装備した最初の飛行隊が作戦可能となったのは1943年4月。

ジェフリー・クィル操縦のスピットファイアMk.I P9450は、1940年4月、600番目の生産機として工場をロールアウトした。バトル・オブ・ブリテン当時は、第64飛行隊に配備された機体である。(Vickers)

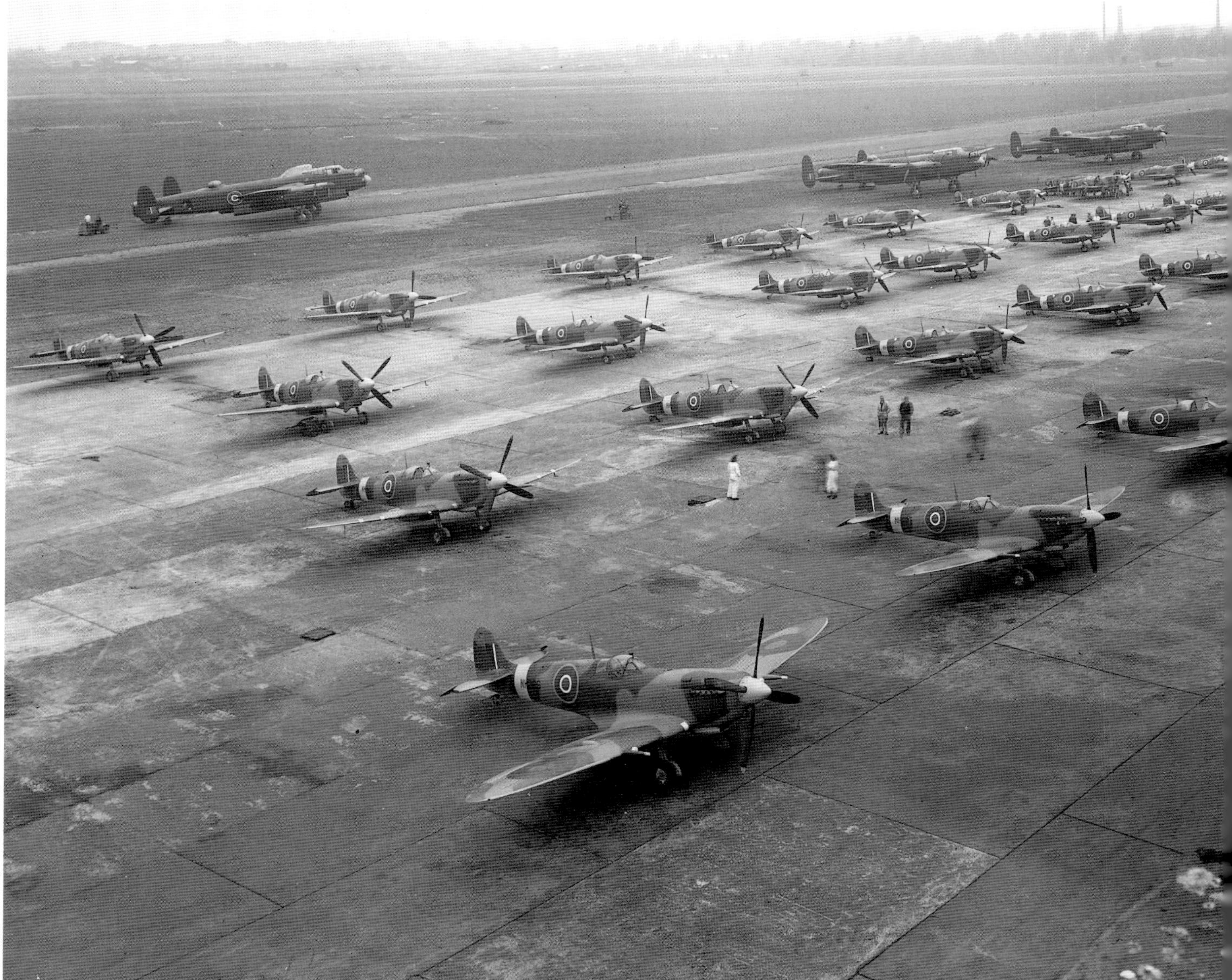

○Mk.VIII
　Mk.VIIがベースになった汎用戦闘機型。ただし、キャビンは非与圧タイプとされた。1943年夏に就役開始。それなりに大量生産されたが、配備先はもっぱら海外展開部隊である。戦闘爆撃任務にも投入されている。

○Mk.IX
　Mk.Vをベースに、エンジンをマーリン61に換装した汎用戦闘機型。1942年6月、就役開始。元来はMk.VIIIの量産が本格化するまでの"穴埋め"と位置づけられていたが、結果的には本型が戦争終結まで生産ラインにとどまることになった。後期生産分は、水滴状キャノピーを備え、あわせて後部胴体が削られている。戦闘爆撃任務、戦闘偵察任務にも投入された。

○Mk.X
　機体内燃料タンクが増設された写真偵察機型。マーリン61エンジンを搭載し、与圧キャビンを備える。1944年5月に就役したが、少数生産にとどまった。

○Mk.XI
　Mk.Xと同様の写真偵察機型だが、キャビンは非与圧タイプ。型式番号は後発ながら、Mk.Xよりはるかに早く1942年12月には就役している。大戦中盤、最も多用された偵察機となった。

○Mk.XII
　Mk.Vをベースとして、1段過給器のグリフォンIIIエンジンを搭載した戦闘機型。低高度戦闘機という位置づけで、生産規模は控えめだった。主翼は"切り詰め"タイプ。1943年2月に就役。

○Mk.XIV
　Mk.VIIIをベースとする戦闘機型だが、搭載エンジンは2段式過給器のグリフォン61に換装。1944年2月に就役。戦闘偵察機仕様もあり。生産数も多く、最後期の機体は水滴状キャノピーを備え、後部胴体もそれにあわせて細く削られている。

○Mk.XVI
　Mk.IXをベースとする汎用戦闘機型で、米国パッカード社がライセンス生産していたマーリン266エンジンを搭載。Mk.IXと並行してキャッスル・ブロミッジ航空機製作所で生産されただけあって、外観は酷似している。1944年9月に就役。後期生産の機体は水滴状キャノピーを備え、あわせて後部胴体もスリムに。戦闘爆撃任務にも投入された。

左：1944年5月、フランス進攻Dデイ直前に撮影されたこの写真には、43機のMk.IXが写っている。これは、バーミンガム近郊キャッスル・ブロミッジ航空機製作所の1週間あたりの生産能力を示す一葉でもある。(Vickers)

○**Mk.XVIII**

　外観はMk.XIVの後期生産機とよく似た戦闘爆撃機型。搭載エンジンはグリフォン61系。水滴状キャノピーを備える。主翼は再設計を経て強化され、後部胴体内には燃料タンクが増設された。戦闘偵察機仕様もあり。生産規模は控えめで、1945年に就役したものの、すでに戦争は決着していて、実戦に参加するには遅すぎた。

○**Mk.XIX**

　グリフォン61系のエンジンを搭載し、Mk.Xのそれより改良著しい与圧キャビンを備えた写真偵察機型。1944年夏に就役し、大戦最後の1年、最も多用される偵察機となった。戦後も1954年までRAFで運用され続けた。

○**Mk.21**

　ローマ数字は煩雑であるとして、本型より型式番号はアラビア数字を用いている。主翼と胴体を再設計し、強化した戦闘機型で、搭載エンジンはグリフォン61系。1945年4月に就役し、戦争終結まで短期間とは言え、実戦を経験することができた。生産規模は控えめにとどまる。

○**Mk.22**

　Mk.21のキャノピーを水滴状に改めた戦闘機型で、

後部胴体もあわせて削られている。搭載エンジンはグリフォン61系。尾翼面、フィンとラダーともに大型化しているのも特徴。1947年11月に就役し、戦後生産型の代表的存在となる。1951年まで補助空軍の飛行隊で運用された。

○Mk.24

Mk.22をベースとした戦闘機型。搭載エンジンはグリフォン61系。後部胴体内に2個の燃料タンクを増設。主翼下面には60ポンド×6基のロケット弾架を装着可能とした。1952年1月まではRAFの一線級戦闘機でありつづけたが、第80飛行隊が本型の唯一の運用部隊だった。

シーファイア：主要生産型
Seafire: the main production variants

○Mk.IB

スピットファイアMk.Vをベースに、空母着艦用の拘束フックと吊り上げポイント（吊り索留め具）を取り付けた海軍仕様の第1号である。主翼を折りたたむことはできなかった。

○Mk.IIC

やはりスピットファイアMk.Vをベースとしているが、主翼が強化されている——ただし折りたたみは不可——。その他の艦載機型としての装備はMk.IBに同じ。

○Mk.III

Mk.IICと同系だが、主翼は折りたたみ可となり、搭載エンジンもマーリン55に改められている。生産規模も拡大された。

○Mk.XV

スピットファイアMk.XIIの海軍仕様で、出力1,750hpのグリフォンⅥエンジンを搭載。主翼は折りたたみ可。型式番号がⅢからいきなりXVにとんでいるのは、番号をスピットファイア後期型と交互に使用する決定がなされたため。したがってMk.XIVはスピットファイア、Mk.XVはシーファイア、続くMk.XVIはスピットファイア、Mk.XVIIはまたシーファイアという流れになる。

○Mk.XVII

Mk.XVと基本は同じだが、キャノピーは水滴状に改められ、あわせて後部胴体が削られている。さらに、降着装置の緩衝行程の延長、戦闘時でもそのまま保持できることを前提とした22ガロン入りドロップ・タンクを両翼下面に装着可とするなど、いくつかの細かい改修点が認められる。

○Mk.45

本型より、わかりにくいローマ数字を避けて、アラビア数字を型式番号に用いることになった。また、以降のシーファイアには40番台の数字を充てることによって、スピットファイアの型式番号と区別しやすくなっている。本型は、スピットファイアMk.21の暫定的な艦載機型であり、グリフォン61エンジンを搭載するが、主翼は折りたたみ不可。生産は少数にとどまった。

○Mk.46

スピットファイアMk.22の暫定的な艦載機型。3翅二重反転プロペラを装備、これを動かすエンジンはグリフォン87である。主翼は折りたたみ不可。やはり少数生産にとどまる。

○Mk.47

Mk.46と同系ながら、シーファイアの決定版となった本型は、3翅二重反転プロペラを装備、これを駆動させるエンジンはグリフォン88である。主翼は折りたたみ可で、その下面に50ポンド爆弾を懸吊できるよう強化されていた。量産15機目からは、主翼折りたたみ機構にそれまでの手動式に代えて油圧式を採り入れたほか、戦闘偵察任務に備えて、後部胴体内にそれぞれ真下と斜め下を撮影するカメラ2台を設置した。

上：グリフォン・エンジン搭載のシーファイアMk.XVII。異例ともいえる二段折りたたみ主翼は、シーファイアMk.III・XV・XVIIIに採用された。イギリス海軍空母の狭い格納庫デッキに収容するための苦肉の措置である。
（Peter R. Arnold）

左ページ上：キャッスル・ブロミッジ航空機製作所の広大な組み立て作業用ホール。1945年春。組み立て最終段階にあるらしい"ロー・バック"仕様のスピットファイアXVIが並ぶ。（Vickers）

左ページ下：改設計された主翼下面を見せて飛ぶMk.22。内部構造まで強化した主翼はスピットファイアMk.21・22・24とシーファイアMk.45・46・47に採用された。（Vickers）

トップ・ガンの機体、その後日談
Top Gun Spitfire, with fitting tributes

　RAF（イギリス空軍）は、個々の機体にまつわる戦果の公式記録を残さなかった。そのため、トップ・スコアを稼いだスピットファイアの記録そのものが存在しない。とはいえ、その有力候補を挙げるとしたら、まずはシリアル・ナンバーEN398のMk.IXということになるだろう。この機体は1943年2月に初めて空を飛び、RAFのケンリー基地に納入された。当時ここに駐屯していたのはカナダ航空団——第402、403、411、416、421飛行隊——である。

　時を同じくして、新任の航空団司令"ジョニー"・ジョンソン中佐もケンリーに到着したところだった。彼は早速EN398を自分専用の乗機に選び、その機体側面——通常は飛行隊のコード・レターが記入されるところ——に、航空団司令の特権として、自身のイニシャル"JEJ"を描くのを許可された。

　ジョンソンがEN398で初めて出撃したのは、1943年4月3日のことだった。このとき彼はフォッケウルフ190を1機撃墜している。それから6ヶ月間の服務期間中、彼はEN398で出撃を続け、敵機12機を撃墜、5機を協同撃墜、7機に損傷を与えた。その間に一度だけ、ロバート・マクネアー少佐がEN398を借用して出撃し、Fw190を1機撃墜した。

　協同撃墜は0.5機という換算に従うなら、この時点でEN398は、15機を撃墜し、7機に損傷を負わせるという戦果を稼ぎ出したことになる。本機は、エンジンその他の機械的トラブルから任務中断を余儀なくされたことなど一度もなく、また、ジョンソンという熟練パイロットに託されたことで、たび重なる出撃にも"かすり傷"ひとつ負うことがなかった。

　1943年9月、ジョンソンは参謀職に栄転したが、それ以降、彼の愛機の運命は、たちまち暗転する。今日の基準に照らせば、これほどの戦果を稼ぎ出した機体であるからには、EN398がここで惜しまれつつ退役して、どこかの航空博物館でゆっくりと"余生"を送ることになっても何の不思議もないはずだった。ところが、そうはならなかったのだ。数週間後、EN398は、あるアクシデントで損傷を受ける。修復作業を終えて、1944年1月、本機はレッドヒルの航空機廠に送られ、1945年5月まで同地に控置された。その後、本機はノーサンバーランド州アウストンに駐屯するOTU（実戦訓練部隊）に配されたが、そこで未熟なパイロットたちから散々な扱いを受けたであろうことは想像に難くない。そして、1946年3月から本機は単なる在庫品に格下げされ、そのまま1949年10月に至って、それについての何らかの公式発表もないまま、あっさりとヘンリー・バース＆サン社に下げ渡され、容赦なく解体処分されることになった。

　こうしてEN398は、その"生涯"を閉じたが、そこに宿った魂は不滅のものとなった。というのも、1970年代初頭、アメリカはテキサス州シュガーランドのハル・アヴィエーション株式会社によって、1機のスピットファイアMk.IX——シリアル・ナンバーNH238——が飛行可能状態に修復された際、ジョニー・ジョンソンに敬意を表したいというオーナーのエド・ジュリストの希望に添って、機体側面には往年の"JEJ"のイニシャルと、EN398のシリアル・ナンバーがわざわざ描かれることになったのだ。この機体は栄光のマーキングを受け継いで、それから10年以上も飛び続けたのち、ダグ・アーノルドに買い取られた。以後、再塗装によってマーキングは変えられたものの、本機は彼のコレクションに加わっている。

　だが、話はまだ終わらない。1976年、南アフリカで、スピットファイアMk.IXのシリアル・ナンバーMA793という機体が飛行可能状態に修復された。カリフォルニア州サンタ・モニカの飛行博物館に買い取られた本機は、"JEJ"のイニシャルとEN398のシリアル・ナンバーを受け継いで飛ぶ2機目のMk.IXとなった。現在、この機体はブラジルの航空会社TAMに所属し、同社の本拠地ジュンディアイのサン・カルロス空港に"JEJ"のマーキングも塗装もそのままの姿で展示されている。なお、蛇足ながら付け加えておくと、これら2機の"クローン"にはEN398のシリアル・ナンバーが描かれているとはいえ、本来のシリアル・ナンバーも公表されているのだから、そこに詐術の意図を読みとろうとするのは筋違いである。

下：自身の乗機スピットファイアMk.IX EN398の傍らで写真に収まった戦闘機エースの"ジョニー・ジョンソン中佐。彼は1943年3月から9月、ケンリー航空団を指揮していたとき、この機体に乗っていた。もっぱら彼の操縦によって、このスピットファイアは敵機15機撃墜（協同撃墜も含む）、7機撃破という記録を稼ぎ出した。これこそ最も華々しい戦果を上げたスピットファイアということになるだろう。だが、この機体は1949年にスクラップ処理された。(RAF Museum)

左：胴体側面には"ジョニー"・ジョンソン乗機EN398のシリアル・ナンバーとコード・レターが記入されているが、このスピットファイアMk.IXの本来のシリアルはNH238である。つまり、この機体は1972年に、かの有名なジョンソンの乗機を再現して塗装されたもの。当時、本機はアメリカ・テキサス州シュガーランドに"基地"(コンティニュイティ・エアフォース)を置く南部連邦空軍のエド・ジュリストが所有。その後イギリスに戻され、別のマーキングに塗り直された。現在、長期にわたって格納庫入りの状態。(Ed Jurist)

機体の履歴書：

RAF書式78は、個々の機体に関する公式記録書類である。これは最も華々しい戦果を上げたEN398のもの。最上部欄外には、誰かの手によって「本機パイロット、ジョンソン中佐、DSO DFCおよび（追加受勲の）バー、16機撃墜」とわざわざ記入されている。この書類から、まずは本機がヴィッカーズ-アームストロング社製で、1943年2月18日に第402飛行隊（ケンリー駐屯）へ配備されたことがわかる。1943年3月に部隊はケンリー基地を離れるが、EN398はそのまま同地に残され、第416飛行隊に移籍。さらに1943年4月4日の日付とともに、本機がなおケンリー飛行場にとどまっていることが記録されている。続いて、本機は民間委託業者のAST（エア・サーヴィス・トレーニング）で改修を受けている旨の記入がある。1943年4月16日の時点では、まだ第416飛行隊所属だが、7月27日には第421飛行隊（やはりケンリー基地駐屯）へ移籍する。8月27日、本機は"R・I・W"（工場での補修）のためASTに送られた（新規エンジン受領のため）。その後、1943年9月24日の日付とともに、本機がカテゴリーAcの損傷を被ってASTで修理を受ける旨の記入がある。補修期間は1944年1月2日まで。1944年3月23日、本機は部隊への再配備を待つため、第83航空群支援部隊（レッドヒル基地）に運ばれ、1945年1月9日に第9整備部隊へ送られるまでそのまま同地に留め置かれた。

それから、5月24日にアウストンの第80実戦訓練部隊へ。1946年3月21日付けで、本機は第29整備部隊が駐屯するハイ・アーコルへ最後の飛行を実施。以降、本機は同地で長期格納庫入りとなり、1949年10月27日まで保管された末に、スクラップとしてヘンリー・バース&サンに売却された。以上のように、本機の経歴すべてが、この書類に記載されている。(Crown Copyright)

※カテゴリーAcの損傷～修理可能だが、実戦部隊付属設備・施設での修理はできないような損傷

右：もう1機の"クローン"EN398。やはり往年の"ジョニー"・ジョンソン乗機を再現したもので、本機の本来のシリアル・ナンバーはMA793である。カリフォルニア州サンタ・モニカの飛行博物館が本機を購入した際、この塗装が施された。本機は現在TAM（トランスポルテス・アエリウス・レジオナルス）ブラジル航空の所有となり、サン・カルロスのTAM博物館に展示されている。
(Beccari/ Rolls-Royce)

「スピットファイアは、おそろしく魅力的です。私を駆り立て、みんなを夢中にさせる──その理由はきっと一緒でしょう。私自身は技術的な面に興味があり、長いあいだ飛ぶのを忘れていた機体が、息を吹き返して、再び飛べるようになる──それを見るのが好きなのです。長期間に渡る再生作業を終えて、その機体をまた新たに空へ送り出すときは、我が子を送り出すような感慨にとらわれます。」
──ガイ・ブラック、エアロ・ヴィンテージ社取締役

第2章
再生への道のり
Restore to flight

究極の玩具——それはスピットファイアだ。
スピットファイアを所有し、自ら操縦することは、
クラシック・プレーン愛好家の終生の夢だろう。
確かに、
ごく限られた層の人々は別にしても、
それは手の届かぬ夢でもある。
機体の購入価格もさることながら、
その機体を再び飛行可能な状態に修復するまで、
さらに途方もない費用がかかるからだ。とはいえ、
じっくりと時間をかけてパーツをひとつひとつ吟味し、
修理しながら、
巨大なジグソーパズルを仕上げるように
飛行機1機を再生させること以上に壮大な楽しみも、
そうそうないだろう。
その際には、個々のパーツについて、
修理再生が可能か、
それとも交換が必要かといった
専門的な評価が必要である。
そうした判定作業を経ると、
今度は純然たる重労働と忍耐の日々が始まるのだ。

(Photo: Paul Harrison)

スピットファイア構造図
Anatomy of the Spitfire

究極の玩具——これは旧来型キャノピーのスピットファイアMk.IXの内部構造図である。以下、この型式を基本に、スピットファイアの構造を詳細に見てゆこう。

(Illustration: M. Badrocke)

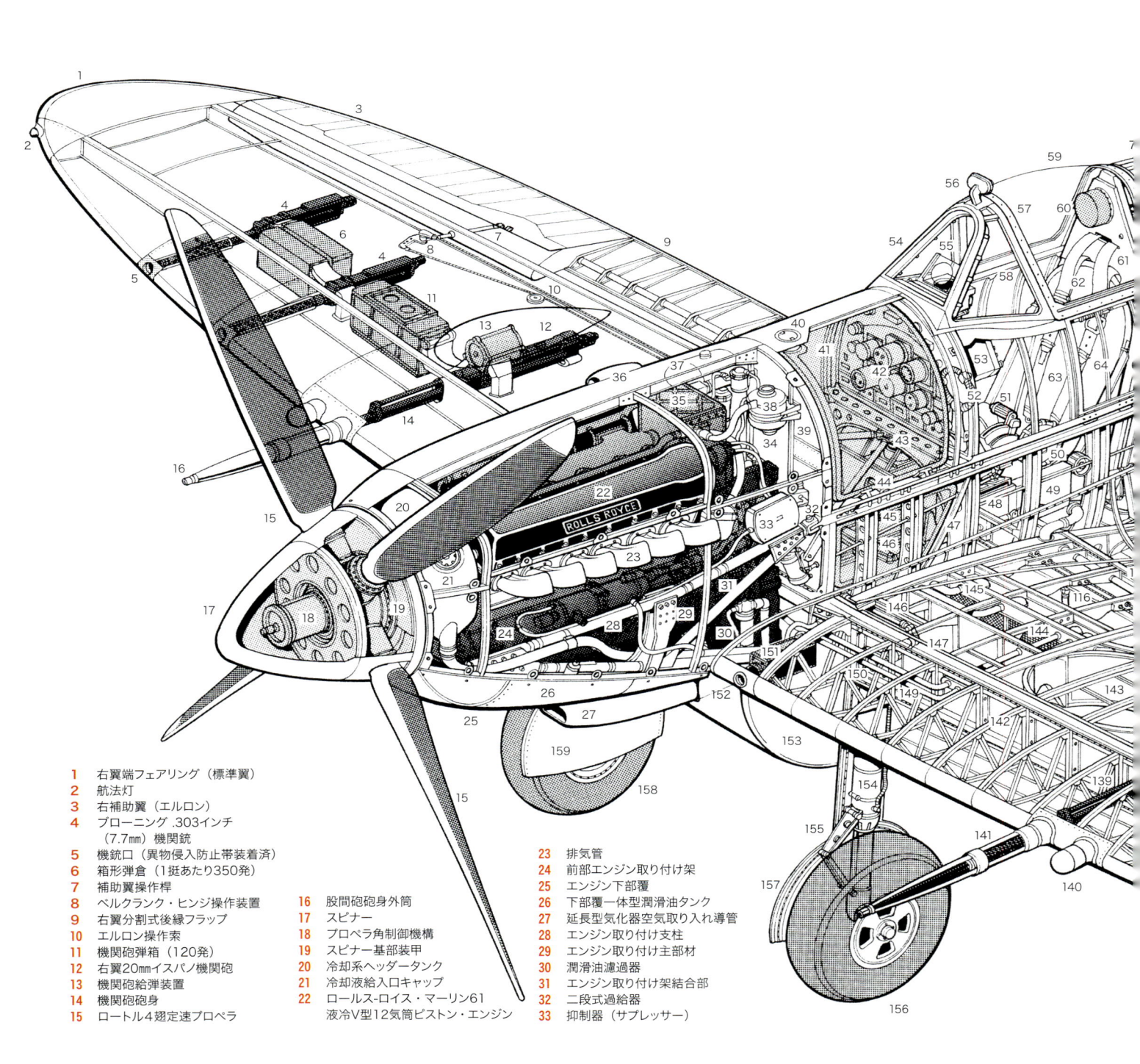

1	右翼端フェアリング（標準翼）
2	航法灯
3	右補助翼（エルロン）
4	ブローニング .303インチ（7.7mm）機関銃
5	機銃口（異物侵入防止帯装着済）
6	箱形弾倉（1挺あたり350発）
7	補助翼操作桿
8	ベルクランク・ヒンジ操作装置
9	右翼分割式後縁フラップ
10	エルロン操作索
11	機関砲弾箱（120発）
12	右翼20mmイスパノ機関砲
13	機関砲給弾装置
14	機関砲砲身
15	ロートル4翅定速プロペラ
16	股間砲砲身外筒
17	スピナー
18	プロペラ角制御機構
19	スピナー基部装甲
20	冷却系ヘッダータンク
21	冷却液給入口キャップ
22	ロールス-ロイス・マーリン61 液冷V型12気筒ピストン・エンジン
23	排気管
24	前部エンジン取り付け架
25	エンジン下部覆
26	下部覆一体型潤滑油タンク
27	延長型気化器空気取り入れ導管
28	エンジン取り付け支柱
29	エンジン取り付け主部材
30	潤滑油濾過器
31	エンジン取り付け架結合部
32	二段式過給器
33	抑制器（サプレッサー）

52

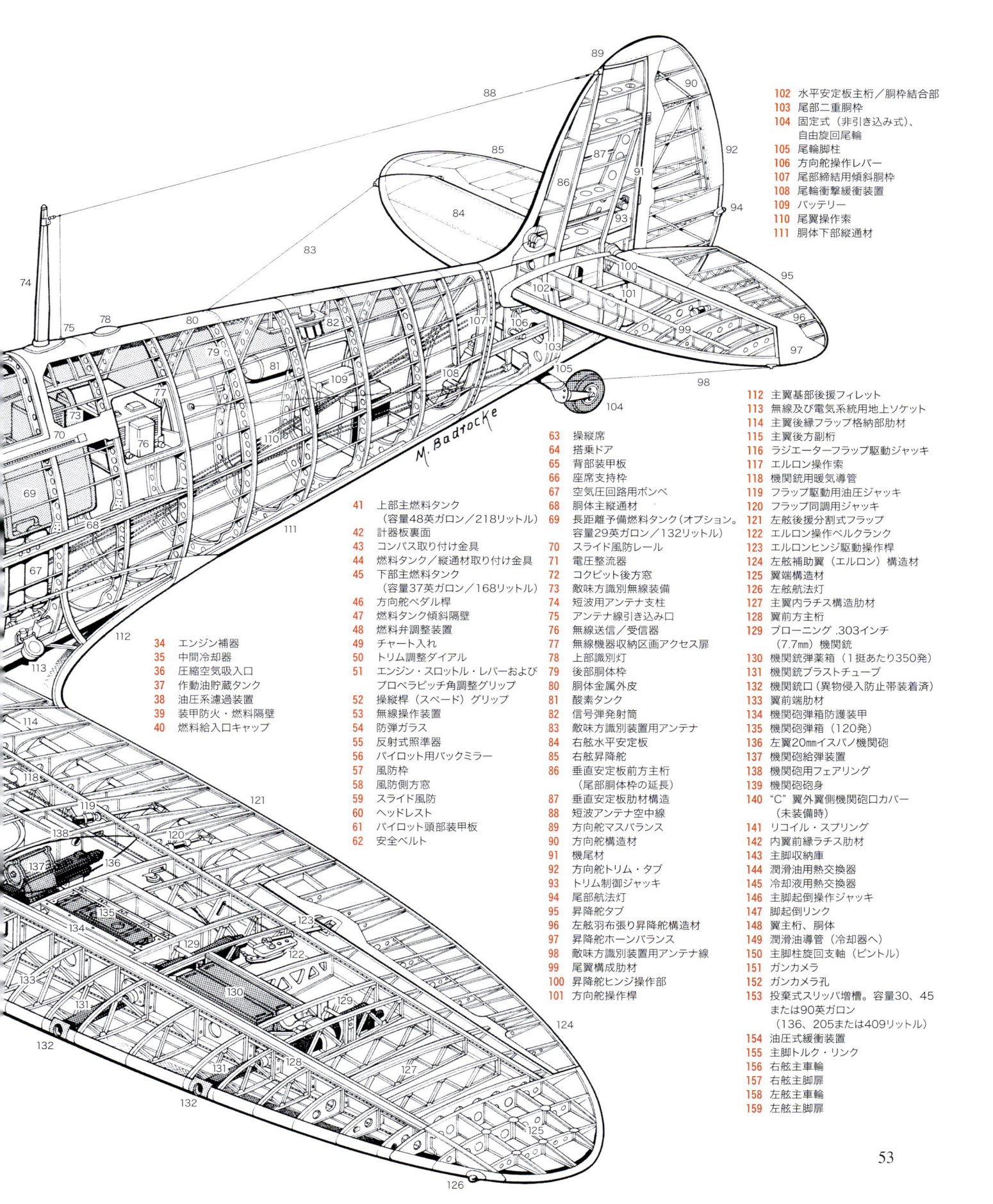

#	部位
34	エンジン補器
35	中間冷却器
36	圧縮空気吸入口
37	作動油貯蔵タンク
38	油圧系濾過装置
39	装甲防火・燃料隔壁
40	燃料給入口キャップ
41	上部主燃料タンク（容量48英ガロン／218リットル）
42	計器板裏面
43	コンパス取り付け金具
44	燃料タンク／縦通材取り付け金具
45	下部主燃料タンク（容量37英ガロン／168リットル）
46	方向舵ペダル桿
47	燃料タンク傾斜隔壁
48	燃料弁調整装置
49	チャート入れ
50	トリム調整ダイアル
51	エンジン・スロットル・レバーおよびプロペラピッチ角調整グリップ
52	操縦桿（スペード）グリップ
53	無線操作装置
54	防弾ガラス
55	反射式照準器
56	パイロット用バックミラー
57	風防枠
58	風防側方窓
59	スライド風防
60	ヘッドレスト
61	パイロット頭部装甲板
62	安全ベルト
63	操縦席
64	搭乗ドア
65	背部装甲板
66	座席支持枠
67	空気圧回路用ボンベ
68	胴体主縦通材
69	長距離予備燃料タンク（オプション。容量29英ガロン／132リットル）
70	スライド風防レール
71	電圧整流器
72	コクピット後方窓
73	敵味方識別無線装備
74	短波用アンテナ支柱
75	アンテナ引き込み口
76	無線送信／受信器
77	無線機器収納区画アクセス扉
78	上部識別灯
79	後部胴体枠
80	胴体金属外皮
81	酸素タンク
82	信号弾発射筒
83	敵味方識別装置用アンテナ
84	右舷水平安定板
85	右舷昇降舵
86	垂直安定板前方桁（尾部胴体枠の延長）
87	垂直安定板肋材構造
88	短波アンテナ空中線
89	方向舵マスバランス
90	方向舵構造材
91	機尾材
92	方向舵トリム・タブ
93	トリム制御ジャッキ
94	尾部航法灯
95	昇降舵タブ
96	左舷羽布張り昇降舵構造材
97	昇降舵ホーンバランス
98	敵味方識別装置アンテナ線
99	尾翼構成肋材
100	昇降舵ヒンジ操作部
101	方向舵操作桿
102	水平安定板主桁／胴枠結合部
103	尾部二重胴枠
104	固定式（非引き込み式）、自由旋回尾輪
105	尾輪脚柱
106	方向舵操作レバー
107	尾部締結用傾斜胴枠
108	尾輪衝撃緩衝装置
109	バッテリー
110	尾翼操作索
111	胴体下部縦通材
112	主翼基部後援フィレット
113	無線及び電気系統用地上ソケット
114	主翼後縁フラップ格納部肋材
115	主翼後方副桁
116	ラジエーターフラップ駆動ジャッキ
117	エルロン操作索
118	機関銃用暖気導管
119	フラップ駆動用油圧ジャッキ
120	フラップ同調用ジャッキ
121	左舷後方分割式フラップ
122	エルロン操作ベルクランク
123	エルロンヒンジ駆動操作桿
124	左舷補助翼（エルロン）構造材
125	翼端構造材
126	左舷航法灯
127	主翼内ラチス構造肋材
128	翼前方主桁
129	ブローニング .303インチ（7.7mm）機関銃
130	機関銃弾薬箱（1挺あたり350発）
131	機関銃ブラストチューブ
132	機関銃銃口（異物侵入防止帯装着済）
133	翼前端肋材
134	機関砲弾箱防護装甲
135	機関砲弾箱（120発）
136	左翼20mmイスパノ機関砲
137	機関砲給弾装置
138	機関砲用フェアリング
139	機関砲砲身
140	"C"翼外翼側機関砲口カバー（未装備時）
141	リコイル・スプリング
142	内翼前縁ラチス肋材
143	主脚収納庫
144	潤滑油用熱交換器
145	冷却液用熱交換器
146	主脚起倒操作ジャッキ
147	脚起倒リンク
148	翼主桁、胴体
149	潤滑油導管（冷却器へ）
150	主脚柱旋回支軸（ピントル）
151	ガンカメラ
152	ガンカメラ孔
153	投棄式スリッパ増槽。容量30、45または90英ガロン（136、205または409リットル）
154	油圧式緩衝装置
155	主脚トルク・リンク
156	右舷主車輪
157	右舷主脚扉
158	左舷主車輪
159	左舷主脚扉

スピットファイアMk.XVI TE311のエンジン取付架。U字型のフレームと鋼管部材によって構成されているのがわかる。
(P. Blackah/ Crown Copyright)

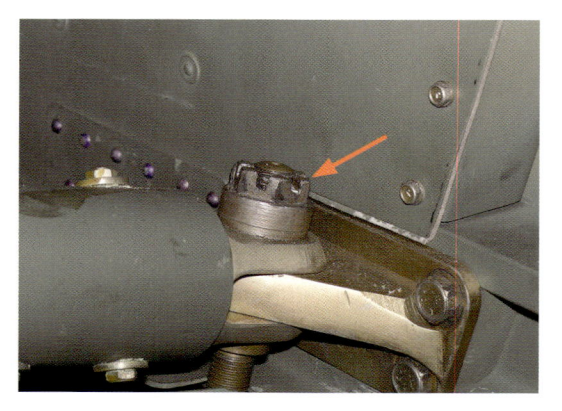

右：U字型フレームと周辺のチューブ材のクローズアップ。Mk.XVIのエンジンは所定位置に搭載されている。
(P. Blackah/ Crown Copyright)

下左：Mk.XVIのエンジン取付架と胴体との接合部。矢印で示したものが上部接合用テーパーボルト。
(P. Blackah/ Crown Copyright)
訳注：エンジン架締結用のテーパーボルトは独特の形状をしており、写真で見えている部分は大径側の端で、基部の円盤状になっている部分がヘッドにあたる。

右奥：こちらは下部締結ボルト（矢印）。上下とも左舷側の取り付け部の写真。
(P. Blackah/ Crown Copyright)
訳注：見えているのが小径端でネジは溝付きナット（キャッスルナット）で締められている。ナットの下にある同径の円盤はワッシャー。テーパー部分にネジ切りはされていない。

胴体
Fuselage

　胴体は、大きく分けて3つの部位——エンジン搭載部・主胴体部・尾部——から構成される。

　エンジン搭載部のエンジン取付架は、U字形フレームに数本の鋼管部材を配した構造で、No.5胴枠に大型ボルト4個で固定される。主胴体部は、エンジン取付架後方から尾部手前の接合部にかけての、全金属製の一体型構造物である。先頭のNo.5胴枠は、エンジン取付架ならびに主翼主桁の接合基部を支持する役割

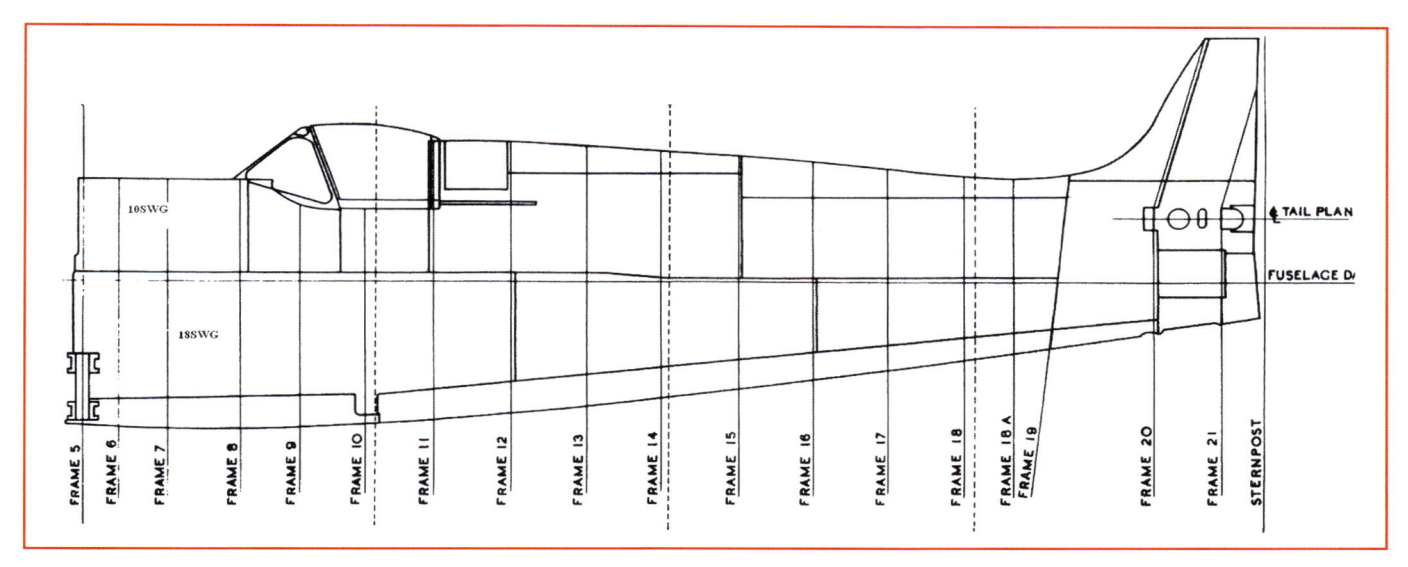

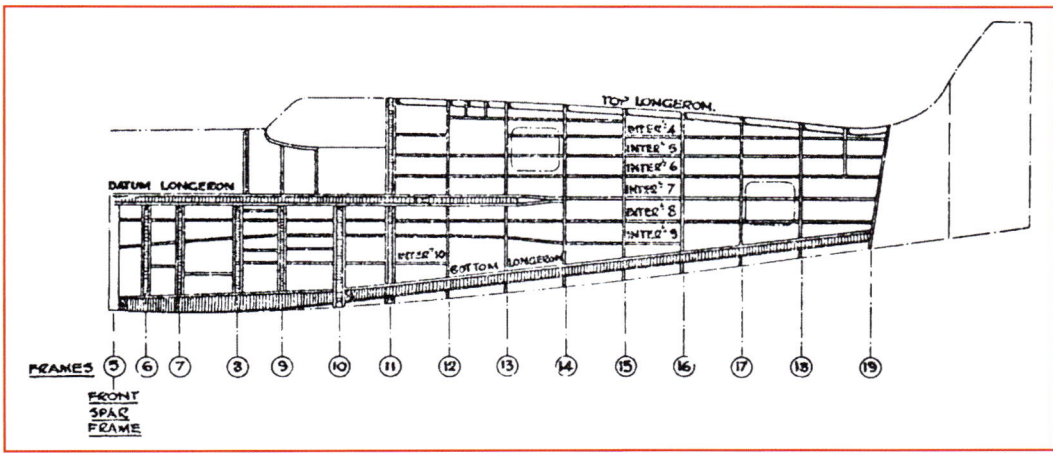

上図：スピットファイアの公式マニュアルAP（エア・パブリケーション）1565からの図版。エンジン隔壁（第5胴枠）から尾端（機尾材）までの胴枠配置を示す。

左図：胴体縦通材と肋間材の配置図。

下図：そしてアルミニウム合金外板の厚さ指示図（数字はＳＷＧ表示）。
(All Crown Copyright)

訳注：SWGはスタンダード・ワイア・ゲージの略。線材の断面積を基準にした径の表記に由来するが、その近似値をシート材（非鉄金属）の厚さ表記として使用する場合もある。

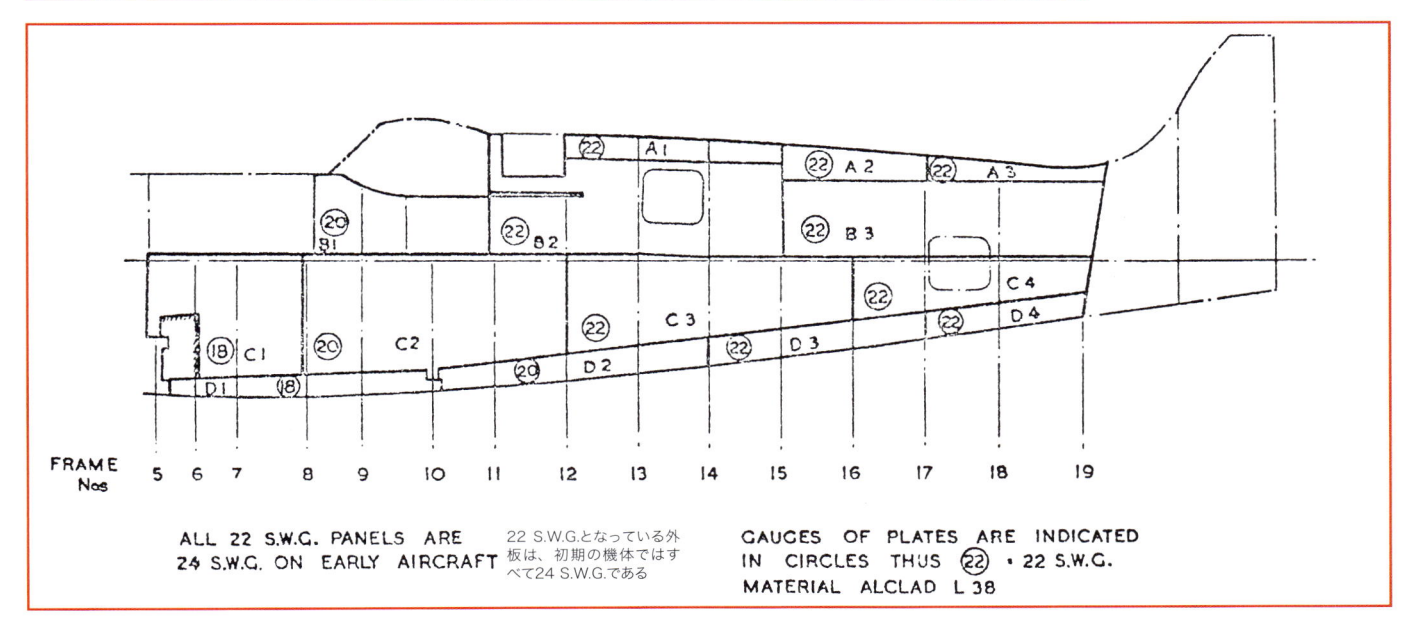

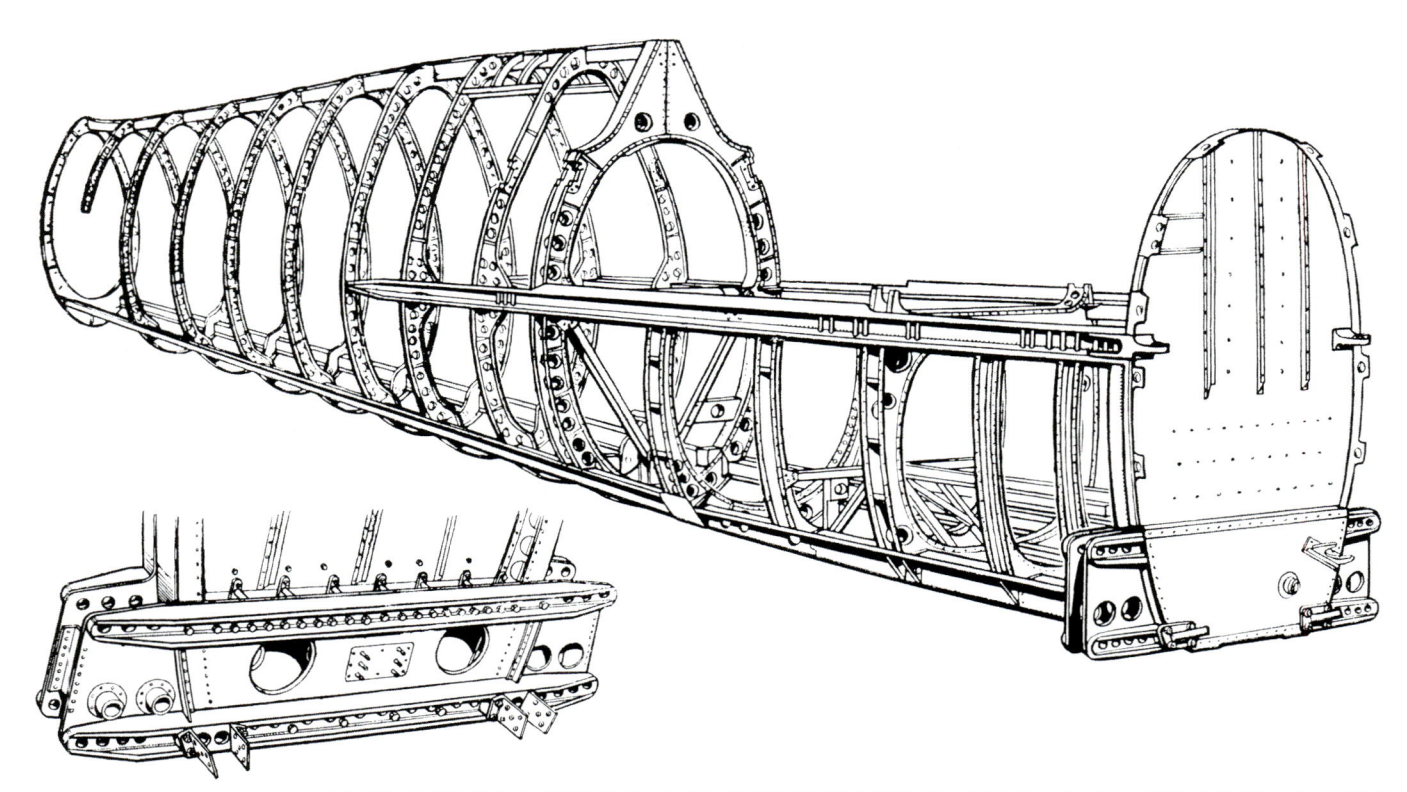

上図：主胴体部の構造。別添の図は第5胴枠下部を後方から描いたもので、主翼取り付け基部のスタブ・スパー（短い桁材）を示す。
(Crown Copyright)

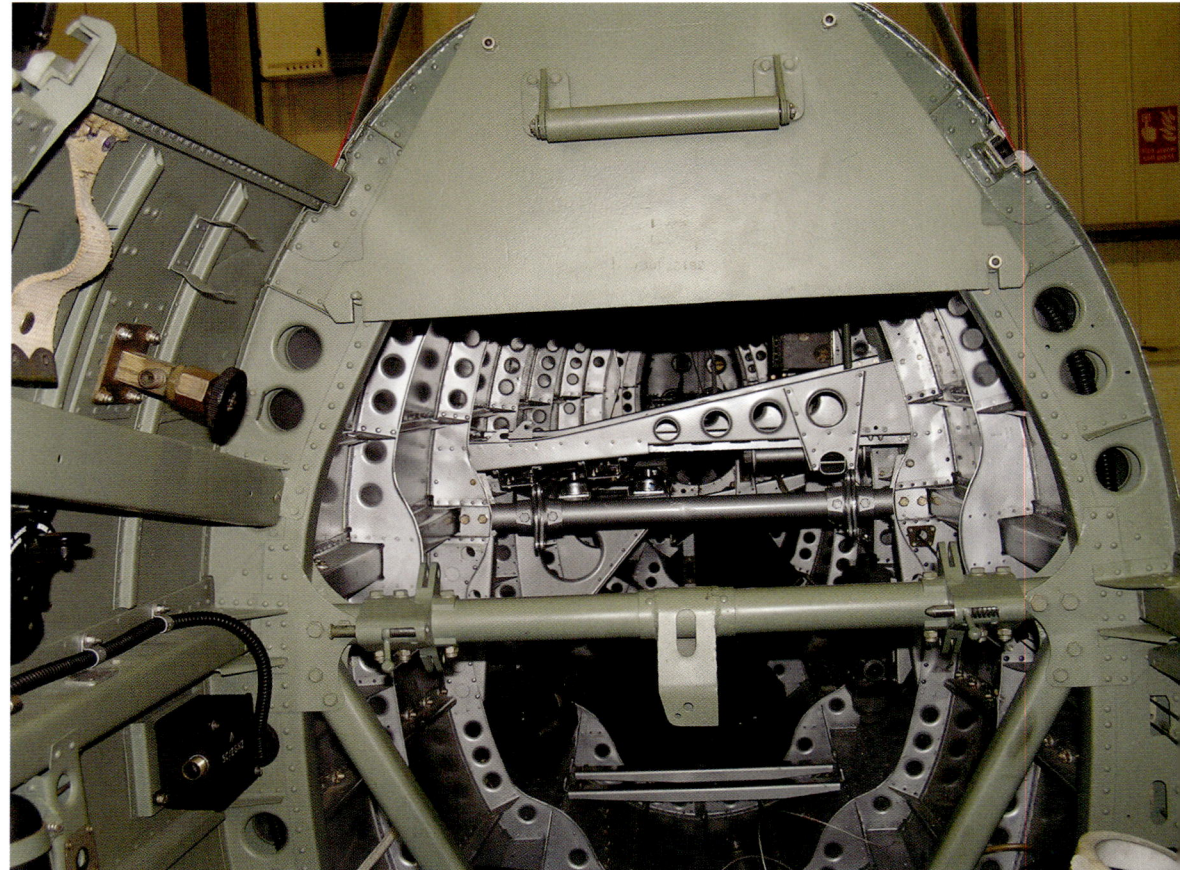

右：TE 311のコクピット位置（第11胴枠）から尾部に向けての胴体内観。内部構造がわかる。
(P. Blackah/Crown Copyright)

56

を果たすとともに、エンジンと燃料タンクのあいだの防火隔壁を兼ねている。

このNo.5胴枠からNo.19胴枠までが、主胴体部を支える。No.19胴枠にはテール・ユニットすなわち尾部がつながる。これら主胴体部の各胴枠は、上に1本・左右重心線に各1本・下に2本の計5本の縦通材(ロンジロン)に接合されている。また、各胴枠間はリブと呼ばれる肋間材によって連結される。以上の骨組みを覆って、アル

上左：TE311の胴体内観。第19胴枠から前方に向かって。小型のボルト（2BA）で尾部を締結するが、そのための穴が第19胴枠の縁沿いに開いている。
（P. Blackah/ Crown Copyright）
※2BA：英国のボルト／ネジ規格のひとつ。2BAのボルトは外径0.1850インチ

上：スピットファイアMk.Xの胴体製作のため、治具で作業するエアフレーム・アセンブリーズ社のピート・グロウ。同社は同様の治具を3基稼働させている。
（Alfred Price Collection）

左：復元作業中のMk.IX MK356。完成間近である。コクピット左側にある搭乗ドアは開状態。
（Paul Harrison）

57

上：開位置の搭乗ドア。開閉用ハンドルと、緊急時にキャノピーを破砕開放するときに使用するクロウバーがわかる。(P. Blackah/ Crown Copyright)

右：Mk.XVI TE311に装備された頭部装甲板。ローラー材はパイロットのハーネス用で、ここにハーネスを下から通し、上から前にまわす。
(P. Blackah/ Crown Copyright)

下：戦時中のスピットファイアの装甲板取り付け要領を示す図。
(Crown Copyright)

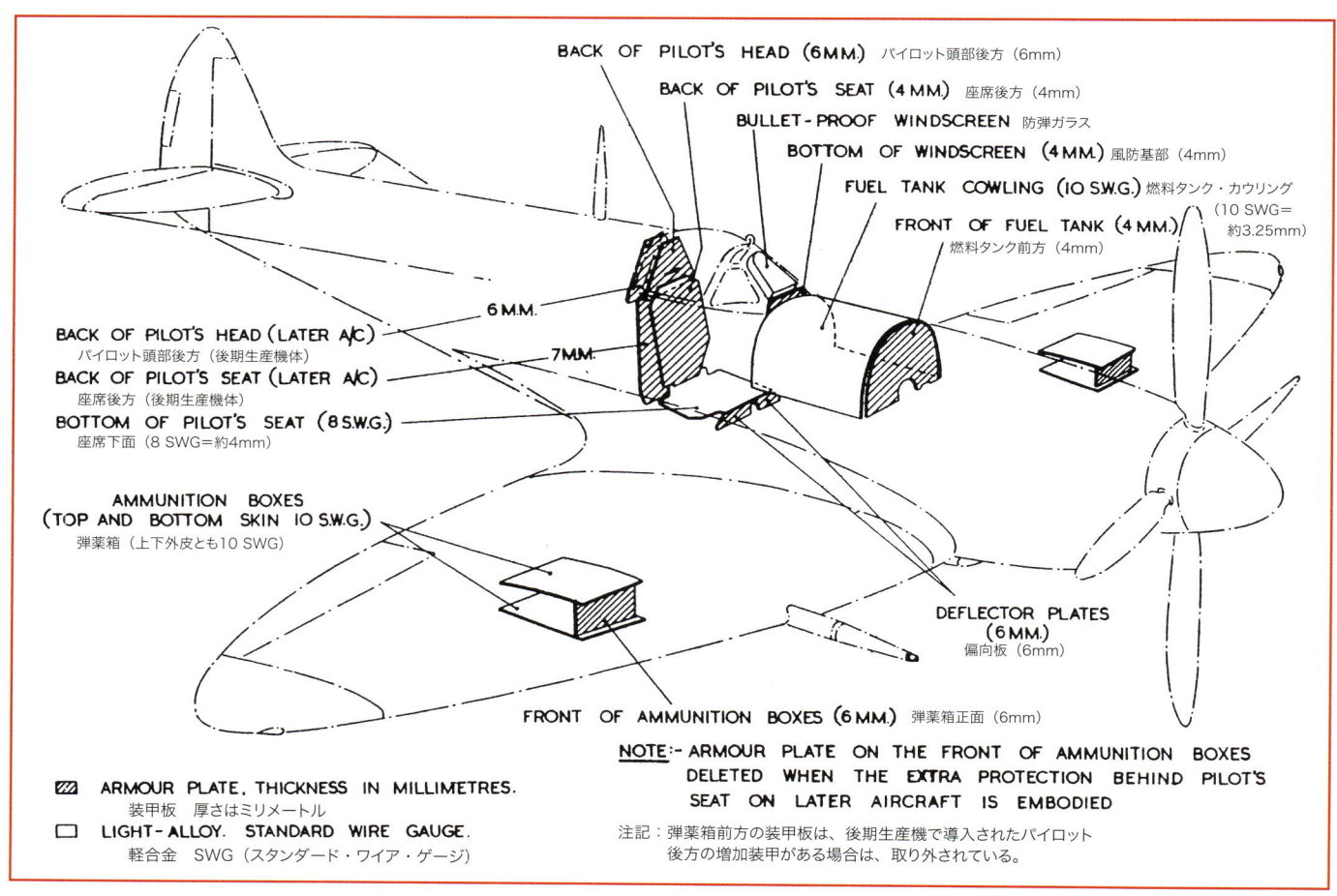

- BACK OF PILOT'S HEAD (6MM.) パイロット頭部後方 (6mm)
- BACK OF PILOT'S SEAT (4MM.) 座席後方 (4mm)
- BULLET-PROOF WINDSCREEN 防弾ガラス
- BOTTOM OF WINDSCREEN (4MM.) 風防基部 (4mm)
- FUEL TANK COWLING (10 S.W.G.) 燃料タンク・カウリング (10 SWG=約3.25mm)
- FRONT OF FUEL TANK (4MM.) 燃料タンク前方 (4mm)
- BACK OF PILOT'S HEAD (LATER A/C) パイロット頭部後方 (後期生産機体)
- BACK OF PILOT'S SEAT (LATER A/C) 座席後方 (後期生産機体)
- BOTTOM OF PILOT'S SEAT (8 S.W.G.) 座席下面 (8 SWG=約4mm)
- AMMUNITION BOXES (TOP AND BOTTOM SKIN 10 S.W.G.) 弾薬箱 (上下外皮とも10 SWG)
- DEFLECTOR PLATES (6MM.) 偏向板 (6mm)
- FRONT OF AMMUNITION BOXES (6MM.) 弾薬箱正面 (6mm)

6 M.M.
7 M.M.

NOTE:- ARMOUR PLATE ON THE FRONT OF AMMUNITION BOXES DELETED WHEN THE EXTRA PROTECTION BEHIND PILOT'S SEAT ON LATER AIRCRAFT IS EMBODIED
注記：弾薬箱前方の装甲板は、後期生産機で導入されたパイロット後方の増加装甲がある場合は、取り外されている。

- ARMOUR PLATE, THICKNESS IN MILLIMETRES. 装甲板、厚さはミリメートル
- LIGHT-ALLOY. STANDARD WIRE GAUGE. 軽合金 SWG (スタンダード・ワイア・ゲージ)

ミニウム合金の板が部分重複(オーヴァーラップ)しながらリヴェット留めされる。板の厚さは部位により変化がつけられ、胴体前端で18 SWG（約1.2mm）、機尾で22 SWG（0.7mm）である。

　コクピットは、No.8～No.11胴枠のあいだに収まっていて、緊急時に投棄できる後方スライド式フードのほか、蝶番(ヒンジ)で開閉する昇降ドアが左側面に備わる。風防前面には分厚い積層ガラス板が嵌め込まれ、正面から飛んでくる機銃弾を防ぐ。さらに操縦席の背後および下方には73ポンドの防弾鋼板が装備され、これがパイロットの頭と背中を守った。

　垂直安定板を含む尾部も、やはり胴枠とリブから成り、厚さ24 SWG（0.6mm）のアルミ板で覆われている。尾部構造はNo.19胴枠に小さいボルト（2 BA）50個と、BSF規格1/4インチの植え込みボルトとナット4組で接合され、主胴体部につながる。左右で2枚仕立ての水平安定板は、前後2本の翼桁にリブを組み合わせた構造で、アルミ合金張りである。これが精密公差ボルトでテール・ユニットに取り付けられる。昇降舵(エレヴェーター)と方向舵(ラダー)は、D字断面の桁材ほか種々の金属部材を骨組みにしてアイリッシュ・リネンを張る、いわゆる羽布張り構造である。

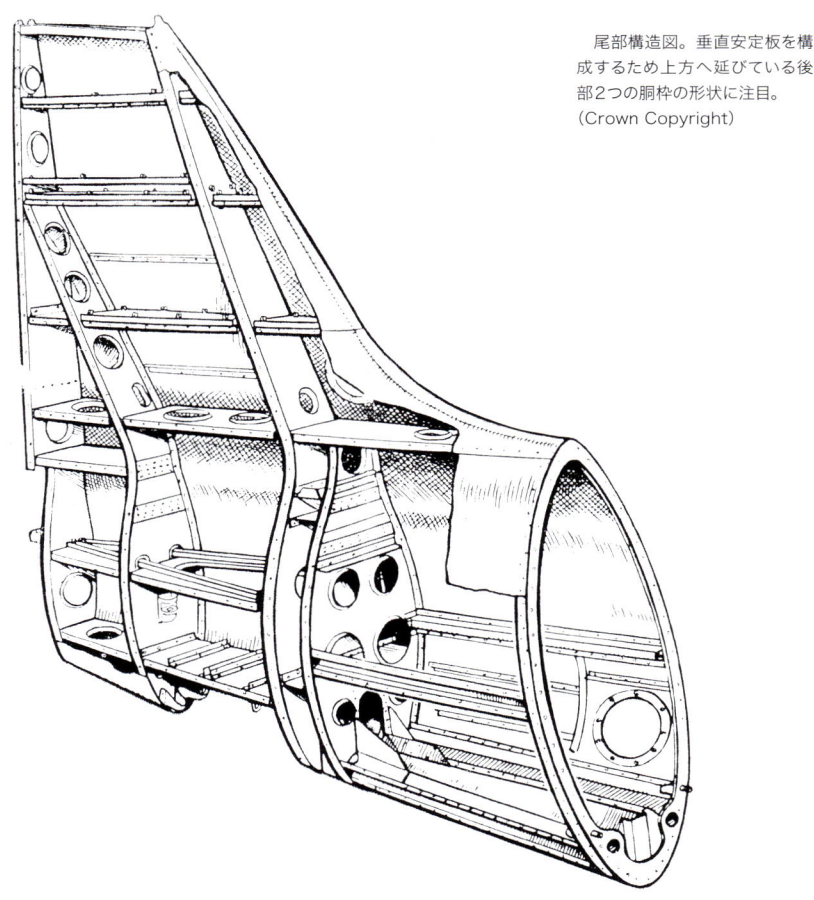

尾部構造図。垂直安定板を構成するため上方へ延びている後部2つの胴枠の形状に注目。（Crown Copyright）

下図：水平安定板組み立て構造図。（Crown Copyright）

59

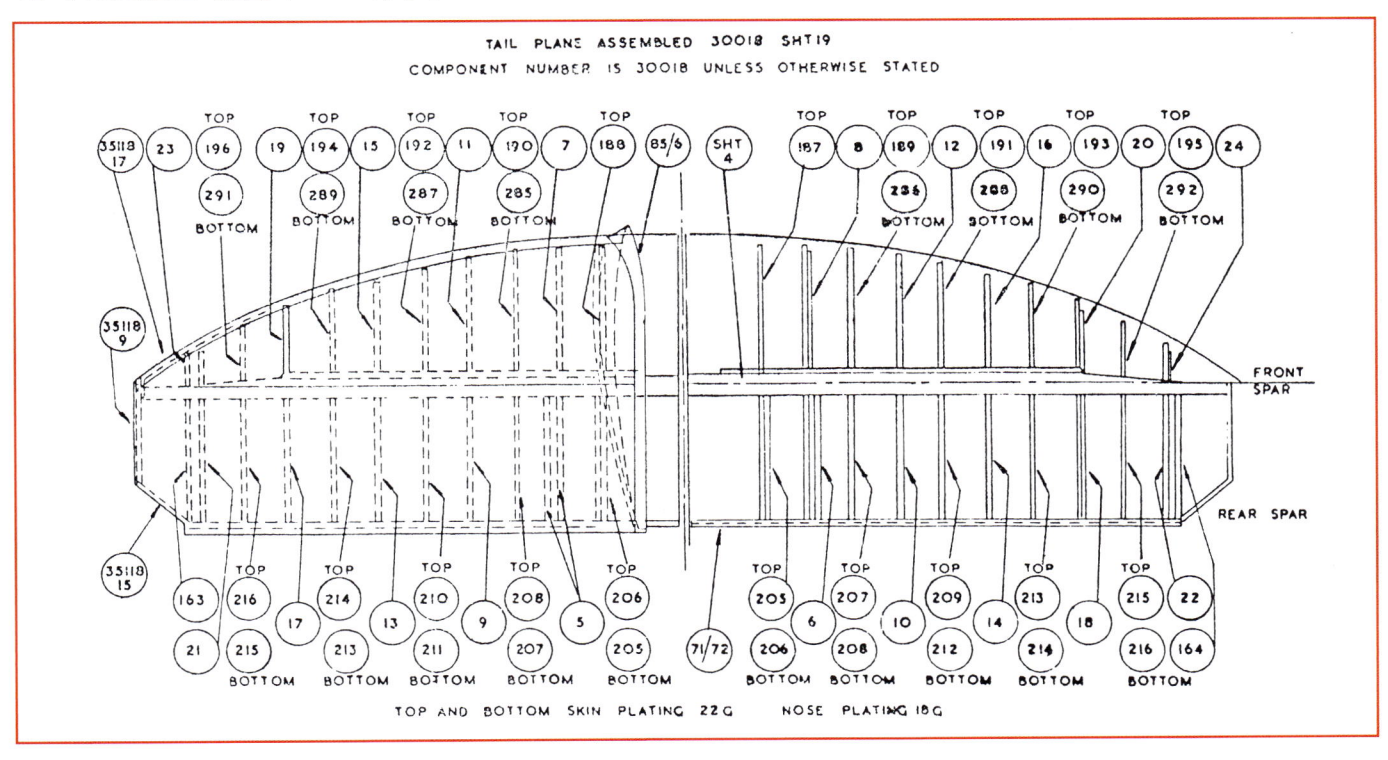

左：Mk.XVI TE311の方向舵。羽布張り前の骨組み状態がわかる。
(P. Blackah/ Crown Copyright)

左中：羽布張りが終わって、完成した方向舵。方向舵、昇降舵への羽布張り作業は熟練した専門技術が要求されるので、この仕事はコルチェスターのヴィンテージ・ファブリックス社に託された。
(P. Blackah/ Crown Copyright)

下：戦時の作戦用装備をいくつか撤去した状態で、現今の標準的なスピットファイアの重量は、戦闘態勢にあった往時に比べ、少なくとも25％ほど軽くなっている。そのため、機体重心位置を許容範囲内に維持すべく、リング状の鉛の錘（写真はMk.V AB910）を、胴体後部に設けたバラスト区画に取り付けられるようになっている。
(P. Blackah/ Crown Copyright)

下：1944年頃のキャッスル・ブロミッジ航空機製作所の羽布張り作業所の光景。慣れた手つきの女性縫製員が、スピットファイアの方向舵に羽布張りを施す。(Vickers)

主翼
Wings

　主翼は全金属製の片持ち構造で、平面図では楕円形、厚みは翼端に向かって漸減する。断面がＤ字形をなす前縁部に主桁が走り、これと後方の補助桁材をつないで21本のリブが渡されるという構造だ。

　上下２本のブームと桁腹材から成る主桁は、前縁部の厚い外板とともに、断面がＤ字形のボックス構造を形成する。これが重量軽減と強度確保を同時に実現した。さらに、脚収納庫や機銃搭載スペースなどには、補強部材が配された。全体はアルミ合金製薄板で覆われ、その厚さは前縁部で14 SWG（２mm）、主翼表面で24 SWG（0.6mm）である。

　主翼と胴体部との接合には、７個の大型ボルトが使われる。主桁の上下のブームと、No.5 胴枠にある短

新造された主翼前縁。外板を貼る前の、前縁内骨組みがわかる貴重な写真。(Airframe Assemblies)

上：主翼外板復元の典型例。腐蝕した本来の外板区画（写真下）は、新規の代替品（上）を製造するにあたって"型紙"として使用されている。(Airframe Assemblies)

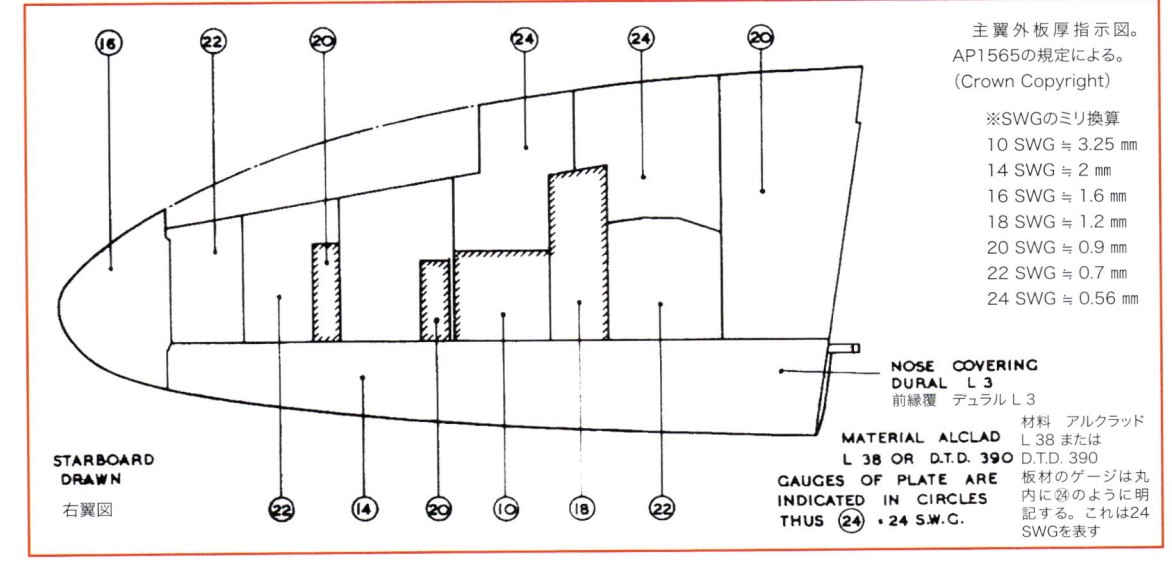

主翼外板厚指示図。AP1565の規定による。(Crown Copyright)

※SWGのミリ換算
10 SWG ≒ 3.25 mm
14 SWG ≒ 2 mm
16 SWG ≒ 1.6 mm
18 SWG ≒ 1.2 mm
20 SWG ≒ 0.9 mm
22 SWG ≒ 0.7 mm
24 SWG ≒ 0.56 mm

前縁覆　デュラル L 3
材料　アルクラッド L 38 または D.T.D. 390
板材のゲージは丸内に㉔のように明記する。これは24 SWGを表す

右翼図

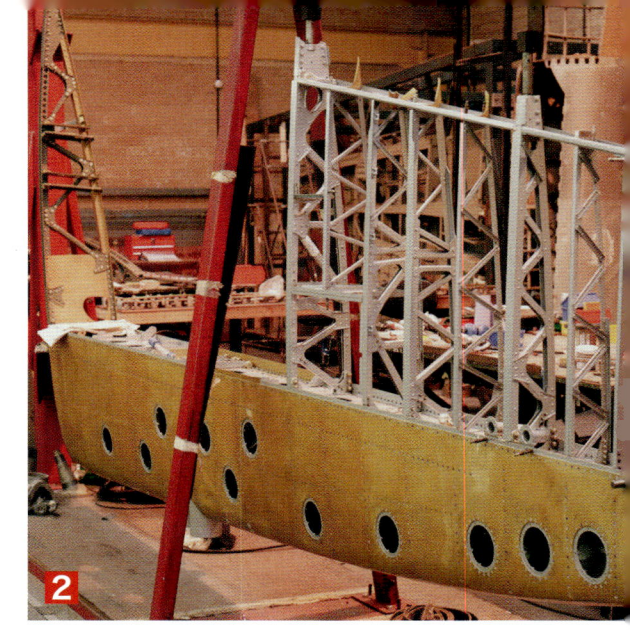

1　再生作業を控えて、下面外板の大部分が剥がされ、主翼枠材（フレーム）と翼小骨（リブ）が露わになった左主翼。(Airframe Assemblies)

2　D字断面のボックス構造をなす翼前縁が完成して、外翼小骨が取り付けられる。写真は右翼。(Airframe Assemblies)

3　翼を下面側から見る。外板を貼るのに先だって、翼小骨はすべて所定の位置に取り付け済み。写真は左翼。(Airframe Assemblies)

4　右翼の上面にアルミニウム合金製の外板を貼る。(Airframe Assemblies)

5　外板取り付け前の右翼下面。主脚収納庫の構造がわかる。(Airframe Assemblies)

6　右翼に下面外板を貼ったところ。フラップ覆い（写真左上）や主脚収納庫、機銃格納区画の様子がわかる。(Airframe Assemblies)

7　右翼上面に外板を貼り終えた状態。機銃と機銃弾区画のカヴァー・パネルやエルロンはまだ装着されていない。(Airframe Assemblies)

右上：Mk.IX MK356の主翼基部。上部に3本と下部に4本で計7本の（すりわり付き）ボルトが見える。これで主翼が所定位置に固定される。
（P. Blackah/ Crown Copyright）

右中：主翼を外し、第5胴枠に取り付けられた翼主桁固定桁(ｽﾀﾌﾞ･ｽﾊﾟｰ)を側方から見たところ。翼主桁は桁固定基部上下にある空間に滑り込むように収まり、上写真のように7本のボルトで固定される。
（P. Blackah/ Crown Copyright）

右下：修復を待つ主翼。写真は胴体に締結される主桁端部。主桁に開けられたボルトを通す穴（3個ある方が上、4個が下）が確認できる。
（P. Blackah/ Crown Copyright）
※小口を見ると主桁ブームが入れ子式構造になっていることがはっきり見て取れる

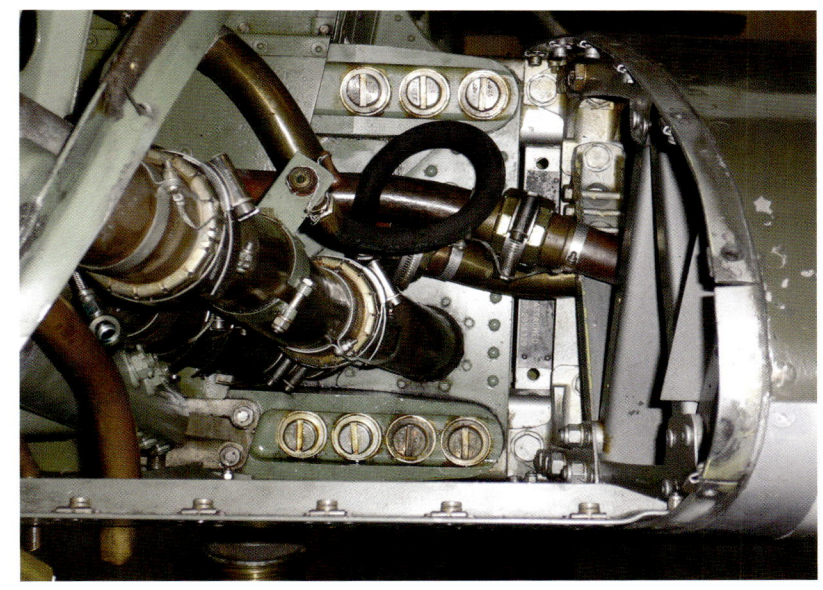

翼主桁の構造図。いちばん下の図で、主桁ブームが桁腹材によって補強固定されているのが確認できるだろう。ウェブ材は基部から翼端まで、翼全長に渡っていることもわかる。その上に描かれている一連の図は、それぞれの主桁ブームが相似形断面の入れ子式になっている構造を示したもので、翼端から基部に向い次第に強度が増すように作られている。
(Crown Copyright)

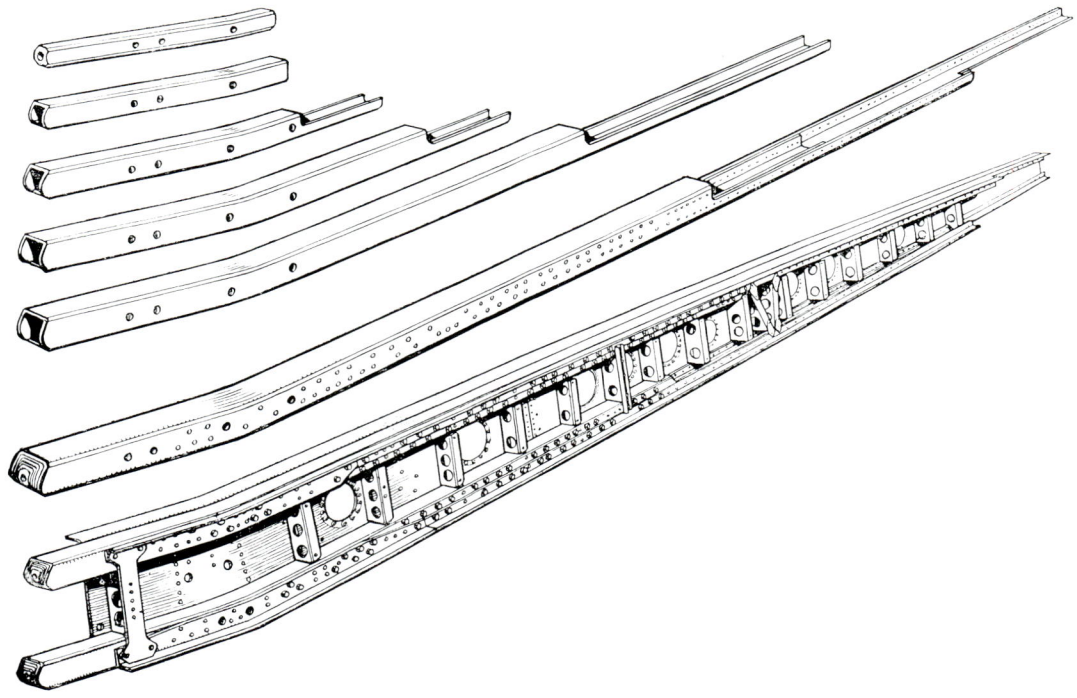

　い支持基部とが、ボルトで連結される。さらに、後方の補助桁材も大型ボルト1個で胴体部に固定される。
　この主桁ブームの構造は、特筆に値する。厚さ11 SWG（4mm）のアルミ合金板で製作した相似形の四角断面チューブ材5本を入れ子式に組み、四角断面のプラグ材で中心をふさぐというものだ。各チューブ材の加工精度は非常に高く、嵌合度合いも緊密だった。というわけで、主翼基部では、主桁ブームはチューブ材5層重ねで出来ていることになる。だが、翼端に向

右上：主桁ブームの入れ子式構造を示すため、構成部材を順に短くカットした見本。相似形の構成部材が、内部でどのように嵌り合っているのかが確認できる。
(Airframe Assemblies)

右：アルミニウム合金の押出し成形部材で、それぞれを組み合わせればすぐにスピットファイアの翼主桁ブームができあがる。写真には8組分の成形部材が写っている。これでスピットファイア2機分の主桁を作ることができる（片翼あたり2本、1機につき4本のブームが必要）。
(Airframe Assemblies)

上：主翼小骨を組み立てた状態。写真上のエルロンヒンジが付いているほうがオリジナル、下が復元したもの。
(Airframe Assemblies)

下：組み立て部品の復元再生においては、この翼端部のように、可能な限りたくさんオリジナル構成部品を使用して組み上げる。新規の部品を製作しなければならない場合は、オリジナル部品を"型見本"として用いる。
(Airframe Assemblies)

かって主桁にかかる荷重が段階的に減るにしたがい、チューブ材も内側から順に途切れて、最終的には──すなわち翼端では、外側2層が残るだけになる。

主桁より後ろは、軽合金の外板が薄手になり、これをガーダー構造のリブが支える。リブにはスプリット・フラップとエルロンが接合される。スプリット・フラップとエルロン、着脱式の翼端いずれも、金属外皮に覆われている。

上右：修復作業前の翼端部。派手に損傷している。
(Airframe Assemblies)

上：BBMFのパーシヴァル兵長が初期仕様の脚柱に主車輪を取り付けている。このタイプの脚緩衝装置には内部にスプラインが切られている（訳註；車輪が首振りしないようにするための構造）。
(P.Blackah/ Crown Copyright)

上右：後期仕様の主脚緩衝装置では前方にトルクリンクを外装する。ホイールとタイヤにまたがるように白い合い印（クリープ・マーク）が描かれている。これはホイール上でタイヤがずれるかどうかをチェックするため。
(P. Blackah/ Crown Copyright)

下：取り付けを待つ後期仕様の主脚柱。ブレーキ・ライナー（①）、トルクリンク（②）、脚収納時の固定アイ（③）が確認できる。
(P. Blackah/ Crown Copyright)

降着装置
Undercarriage

　降着装置は、引き込み式の主脚2本と、固定式尾脚1本という構成である。主脚の支柱——オレオ緩衝支柱——には主車輪が付く。この主脚オレオは、作動油を封入し、窒素を圧入した緩衝装置を主体とする。内蔵スプライン方式と、トルク・リンク外装方式の2種類がある。

　主脚オレオは、機体にピントルで取り付けられる。ピントルは主桁の後面、主翼と胴体の接合部のすぐ外側に位置する。オレオには油圧式の引き込み用ジャッ

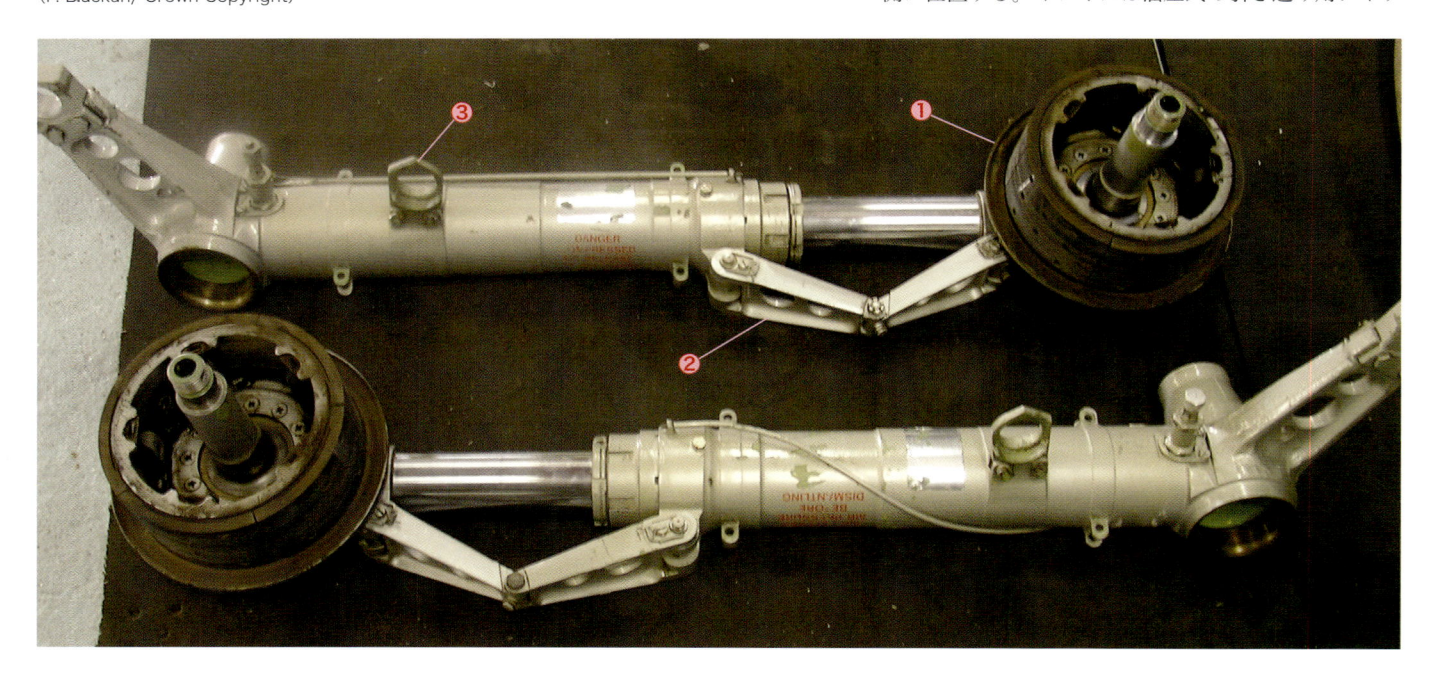

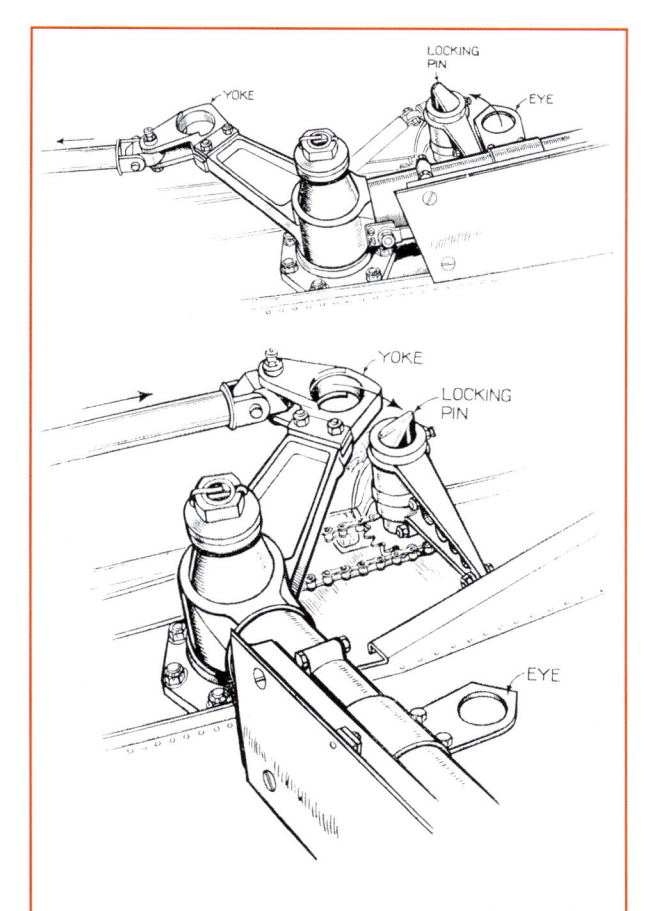

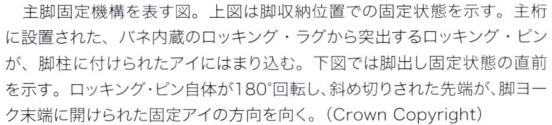

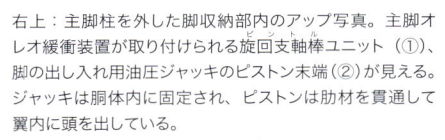

主脚固定機構を表す図。上図は脚収納位置での固定状態を示す。主桁に設置された、バネ内蔵のロッキング・ラグから突出するロッキング・ピンが、脚柱に付けられたアイにはまり込む。下図では脚出し固定状態の直前を示す。ロッキング・ピン自体が180°回転し、斜め切りされた先端が、脚�ーク末端に開けられた固定アイの方向を向く。(Crown Copyright)

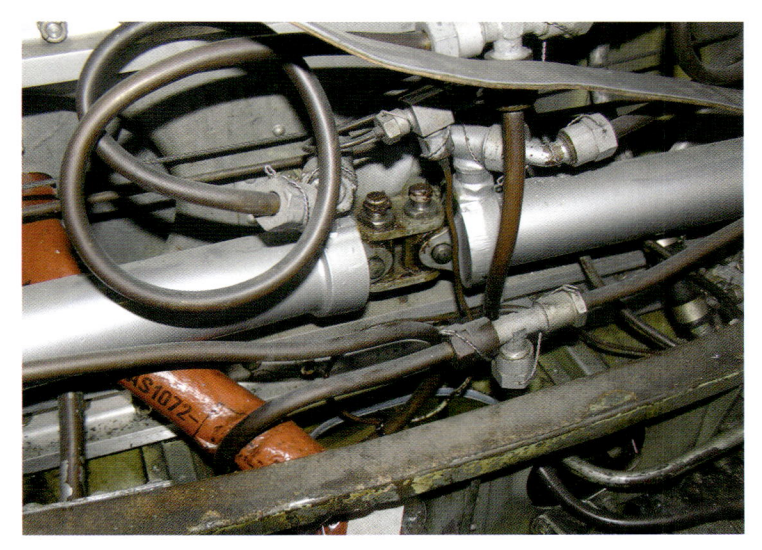

右上：主脚柱を外した脚収納部内のアップ写真。主脚オレオ緩衝装置が取り付けられる旋回支軸棒(ピントル)ユニット(①)、脚の出し入れ用油圧ジャッキのピストン末端(②)が見える。ジャッキは胴体内に固定され、ピストンは肋材を貫通して翼内に頭を出している。
(P.Blackah/ Crown Copyright)

右中：主脚出し入れ用油圧ジャッキは取り付け金具を介して燃料タンク収納区画の第5胴枠下部に固定されている。ジャッキは胴体から主翼内に貫通し、主脚端に接続される。
(P.Blackah/ Crown Copyright)

右下：主脚固定機構のアップ（主脚柱は取り外してある）。固定機構の操作は、ケーブルとチェーンを介して、コクピット内の脚位置選択レバーによって実行される。
(P.Blackah/ Crown Copyright)

上左：尾部内観。尾輪用のオレオ緩衝装置と尾脚柱が見える。その両側に昇降舵操作用（写真左）と方向舵操作用（写真右）のケーブルが通っている。
(P.Blackah/ Crown Copyright)

上右：自由回転式尾輪ヨーク部のアップ。尾脚柱末端に装着される。
(P.Blackah/ Crown Copyright)

キが接続している。ジャッキはNo.5胴枠の後ろ側に搭載され、オレオ末端のヨークを通じて、ピントルを軸にオレオを回転させる。

　尾輪の脚柱は、回転継ぎ手を介し尾部のNo.20胴枠を経て、No.19胴枠に取り付けられた緩衝支柱につながる。主脚オレオと同様に、尾脚の緩衝支柱にも作動油と窒素が封入されている。尾輪は、脚末端の360°回転式ヨークに嵌め込まれる。脚とヨークのあいだには摩擦ワッシャーが組み込まれ、尾輪の過剰な回転を防止する。

下左：主脚操作レバーを"下げ"位置にもっていくと、油圧によってロッキング・ピンが解除される。すると、出し入れ用ジャッキが脚柱を押し下げて、後者が下げ位置でロックされる。
(P.Blackah/ Crown Copyright)

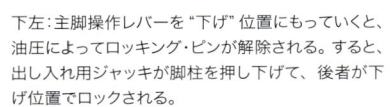

下右：主脚操作レバーを"上げ"位置にもっていくと、油圧によって収納位置で主脚が固定されるまで、ジャッキが脚を引き上げる。
(P.Blackah/ Crown Copyright)

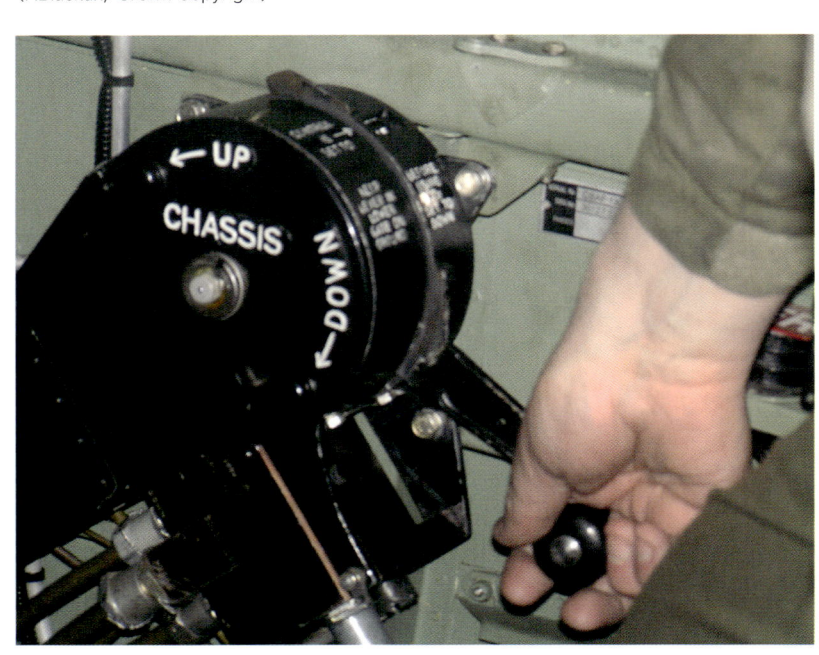

左：エンジンのすぐ後ろ、各種の機器で混み合う区画。銀色に輝くのは油圧ポンプ。これは油圧系統に圧力を供給するもので、カムシャフトによって駆動する傘歯車から平歯車を介して駆動する。そのすぐ脇に見える黒っぽい機器はエアコンプレッサー。
(P. Blackah/ Crown Copyright)

下：油圧作動液の貯蔵タンクは第5胴枠前面上方に設置されている。
(P. Blackah/ Crown Copyright)

油圧系統
Hydraulic system

　降着装置の上げ下げは、ごく一般的な油圧系統を利用して実行される。その制御は、コクピット右側のセレクター・バルブの操作に委ねられる。油圧系統そのものの駆動は、エンジンの右側シリンダー・ブロック後方に搭載されたポンプを通じて、エンジンの動力を直接取り出すことで実現する。胴体のNo.5胴枠の前面には、小型の作動油貯蔵タンク、圧力開放弁と濾過器が設置されている。

　油圧系統に不都合が発生した場合は、非常用バックアップ・システムを作動させて主脚を下げることもできる。元来、スピットファイアには、コクピットの右側——降着装置セレクターの後ろに、圧縮炭酸ガスの小型ボンベが備えられていた。これには"emergency only〜緊急時専用〜"と刻まれた赤い操作ハンドルがついており、圧縮ガスを脚引き込み用ジャッキに送って、オレオを"下げ"の位置に完全に固定することができたが、一回限りの、まさに緊急手段としての装置だった。今も現役で飛んでいるスピットファイアも、"往時のまま"を大事にするという観点から、多くはこのボンベを備えているものの、それが実際に使用されることはない。この場合、赤いハンドルは、No.11胴枠の後ろに積まれた空気ボンベを操作するケーブルに通じている。システム活用の手順は往時と同様だが、ボンベの再充填がはるかに容易である。

左：再生機に装備されている緊急時主脚作動用の空気ボンベ。設置場所は第11胴枠の後ろ。これは油圧系統に故障が生じた場合に、主脚を下げてロックするために用いる。
(P. Blackah/ Crown Copyright)

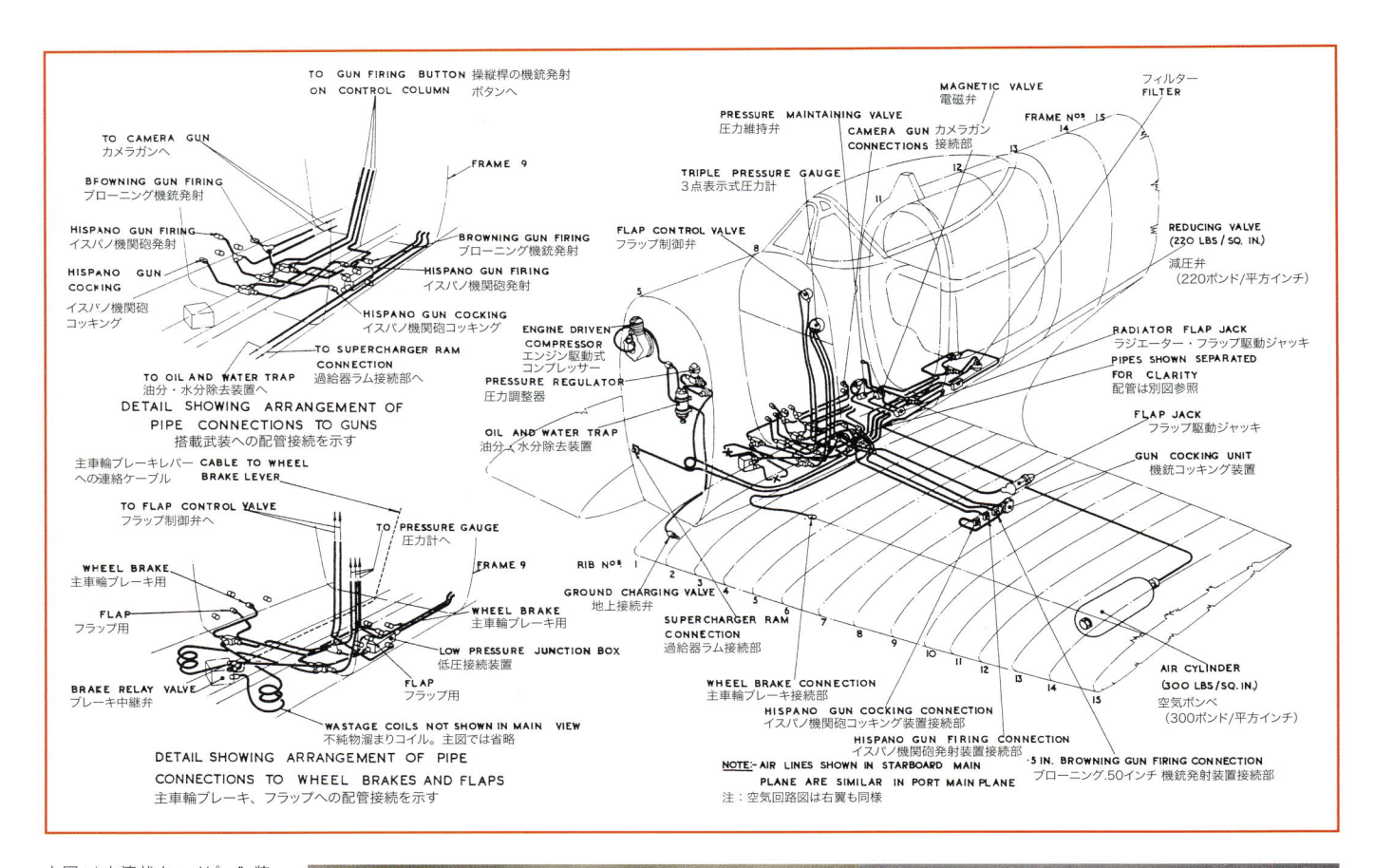

上図："水滴状キャノピー"装備の機体の空気圧系統回路図。AP1565より抜粋。
(Crown Copyright)

右：Mk.XIVのような水滴状キャノピー装備機体では、空気圧系統への圧縮空気供給は、左右の機銃収納区画外翼寄りの空きスペースに設置された空気ボンベから。この写真ではボンベは外され、その固定金具が見えている。
(P. Blackah/ Crown Copyright)

左：Mk.IXのような初期型キャノピー装備の"ハイ-バック"の機体の場合、圧縮空気は第11胴枠の左舷側に設置された2本のボンベから供給される。
(P. Blackah/ Crown Copyright)

右：空気圧系統の油分・水分除去装置は第5胴枠の前、エンジンの直後に位置する。
(P. Blackah/ Crown Copyright)

空気圧系統
Pneumatic system

主車輪のブレーキ、およびフラップの操作には、空気圧系統を利用する。大戦当時は搭載機銃のコッキングと発射にも利用された。空気圧系統に圧縮空気を供給するのは、旧来型キャノピーのスピットファイアであればNo.11胴枠の後ろに、また水滴状キャノピーのスピットファイアであれば左主翼の外翼側の機銃収納スペースに配置された貯蔵ボンベ計2本である。ボンベは、エンジン駆動式コンプレッサーによって常時充填される。コンプレッサーはエンジンの右側シリンダー・ブロック後方に設置されている。コンプレッサーから送り出された圧縮空気は、系統全体の空気圧力を300psiに制限する圧力調整弁を経て、油分・水分を除去するための"水抜き"に送られる（BBMFでは飛行時間28時間ごとに"水抜き"の排液作業を実施するという規定がある）。それからフィルターを通過して、減圧弁で140psiまで圧力を下げてから各関連システムへ送られる。主空気圧系統の圧力は、計器板左下に配された3点表示式圧力計に表示される。

ブレーキ
Brakes

ブレーキ・ユニットは、降着装置の主車輪軸に取り付けられている。操作は操縦桿のスペード・グリップにある、自転車のそれに似たブレーキ・レバーでおこなう。このレバーは、ボウデン・ケーブルを介して、ブレーキ制御弁につながる。ブレーキ・レバーの操作によって、圧縮空気がドラム・ブレーキ本体のエア・バッグに送られる。その圧力は、左右各側につき最大90psiである。また、主脚ブレーキ作動中、方向舵バーの動きも、地上走行中の機体の進路をコントロールする差動ブレーキとして作用する。これは、方向舵バーが、調整桿を介してブレーキ制御弁と連絡しているからだ。ブレーキ圧は、計器板左下の3点表示式圧力計で確認できる。

フラップ
Flaps

連動する二位置フラップは、左右両翼に配された空気ジャッキによって作動する。操作レバーは計器板の

左奥：12インチのホイール・ブレーキ装置。ブレーキ・シューはゴム製バッグで操作される。空気圧でバッグが膨張すると、ブレーキ・シューが外側のブレーキ・ドラムに押しつけられ、その摩擦力によってブレーキが働く。
(P. Blackah/ Crown Copyright)

左：空気圧系統に漏れがあったとしても目には見えない。このため、リークの検査をするには、スヌープなどの非腐蝕性の中性洗浄液を疑わしいところにスプレーする。空気が漏れていれば、そこに泡が生じるので、リークの発生箇所が特定できる。写真はスヌープを使ってブレーキ・ユニットのリークの点検をしているところ。
(P. Blackah/ Crown Copyright)

上：パッカード社でライセンス生産されたマーリン266エンジン（マーリン66相当）。機体搭載準備が整った状態。
(P. Blackah/ Crown Copyright)
1　2段2速過給器
2　中間冷却器
3　始動モーター
4　カム・カバー
5　滑油調整弁
6　マグネトーへの配線固定部
7　気化器
8　減速ギア
9　プロペラ軸
10　自動ブースト圧調整装置

左上に位置し、白く塗装されたうえに"Up"と"Down"の表示がある。レバーを"Down"にすると、圧縮空気がジャッキに流入し、フラップを押し下げる。"Up"にすると、ジャッキの空気が大気中に放出され、フラップは空気圧とスプリングの補助によって上げられる。

『マーリン』61/66エンジン
The Merlin 61/66 engine

スピットファイアMk.IXに搭載の『マーリン』61/66は、排気量27ℓ、開き角度60°のV型12気筒の液冷エンジンで、圧縮比6：1、乾燥重量1,640ポンドである。

左右に分かれたシリンダー・ブロックは、アルミ合金の鋳造製だ。左右それぞれに6本の円筒形の鞘状のシリンダー・ライナーが圧入されているが、これは高炭素鋼製である。そのなかで往復運動をするピストンには、コンプレッション・リング3本と、オイル・スクレイパー・リング2本が装着される。コネクティング・ロッドは、ニッケル鋼を鍛造して作られ、断面は機械加工によるH字形。6偏心輪の一体型クランクシャフトはクロム-モリブデン鋼の機械鍛造、クランクケースはアルミ合金の鋳造による。各シリンダー・ヘッドには吸気弁と排気弁各2個が取り付けられる。排気弁には、金属ナトリウムを弁軸に封入した冷却弁が採用されている。

以下、エンジンの構成部品を確認しておこう。

● シリンダー

シリンダー部は右と左のブロックに分かれ、それぞれAブロック、Bブロックと呼ばれる。シリンダー・ブロックには6本のシリンダーと、上部カムシャフト駆動ユニット、シリンダーに組み込まれた弁の作動を制御するカムシャフトとロッカー機構が付属する。また、各ブロックは、合金製スカート部とヘッド部──両者がボルト接合されてシリンダー・ブロック本体となる──、取り外し可能な鋼製ウェットライナーから成る。シリンダー・ヘッドは、冷却液通路の一部を形成するほか、燃焼室ルーフの役割を果たす。

アメリカ軍の地上員による作業風景。スピットファイアMk.Vにマーリン45系エンジンが搭載されるところ。1943年頃の撮影。
(Alfred Price Collection)

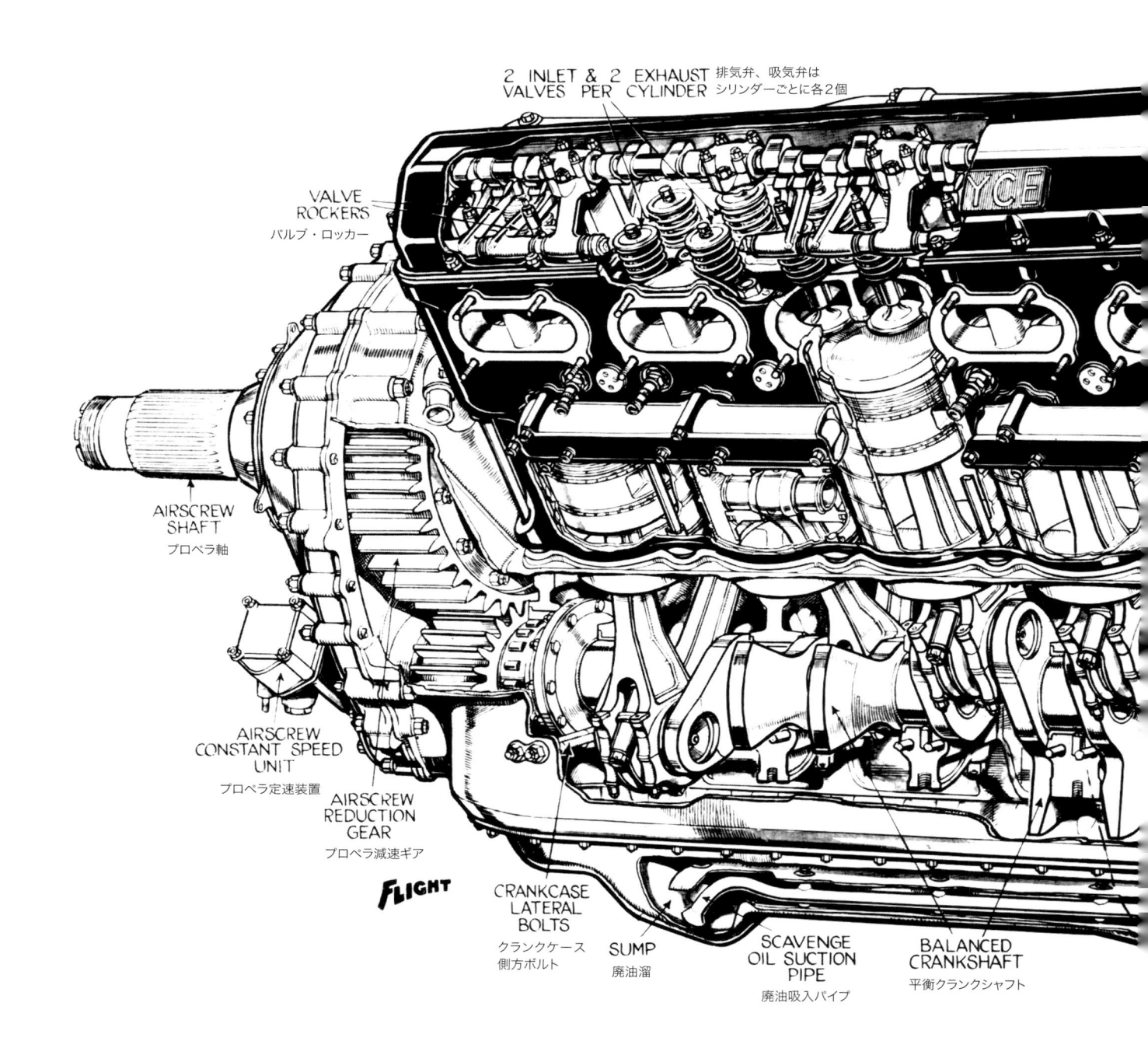

2 INLET & 2 EXHAUST VALVES PER CYLINDER 排気弁、吸気弁はシリンダーごとに各2個

VALVE ROCKERS バルブ・ロッカー

AIRSCREW SHAFT プロペラ軸

AIRSCREW CONSTANT SPEED UNIT プロペラ定速装置

AIRSCREW REDUCTION GEAR プロペラ減速ギア

CRANKCASE LATERAL BOLTS クランクケース側方ボルト

SUMP 廃油溜

SCAVENGE OIL SUCTION PIPE 廃油吸入パイプ

BALANCED CRANKSHAFT 平衡クランクシャフト

マーリン45エンジンの内部構造図。マーリン45エンジンとその派生型は、スピットファイアMk.VとMk.VIおよびシーファイアMk.II・IIIの動力装置だった。(Flight International)

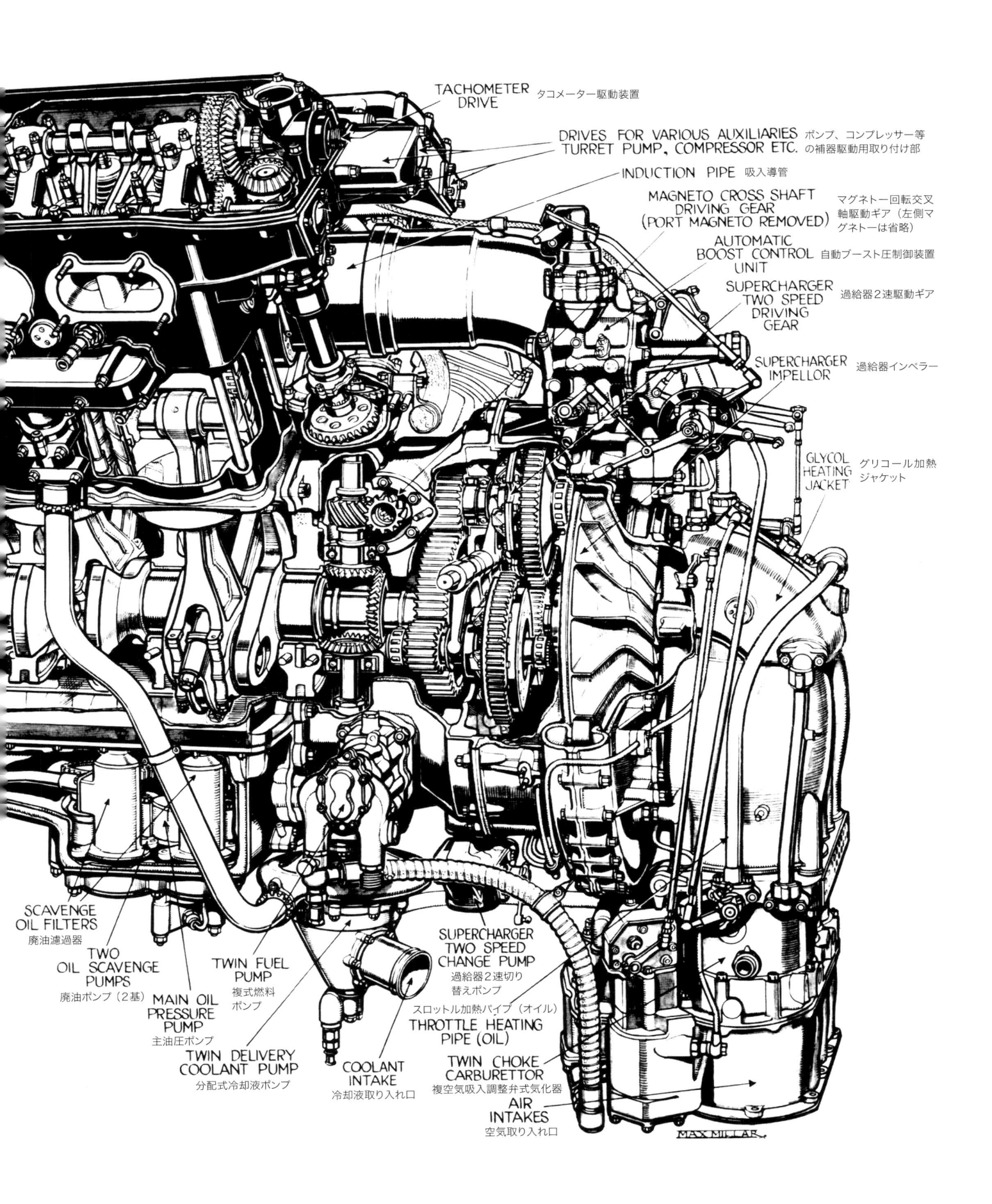

TACHOMETER DRIVE	タコメーター駆動装置
DRIVES FOR VARIOUS AUXILIARIES TURRET PUMP, COMPRESSOR ETC.	ポンプ、コンプレッサー等の補器駆動用取り付け部
INDUCTION PIPE	吸入導管
MAGNETO CROSS SHAFT DRIVING GEAR (PORT MAGNETO REMOVED)	マグネトー回転交叉軸駆動ギア（左側マグネトーは省略）
AUTOMATIC BOOST CONTROL UNIT	自動ブースト圧制御装置
SUPERCHARGER TWO SPEED DRIVING GEAR	過給器2速駆動ギア
SUPERCHARGER IMPELLOR	過給器インペラー
GLYCOL HEATING JACKET	グリコール加熱ジャケット
SCAVENGE OIL FILTERS	廃油濾過器
TWO OIL SCAVENGE PUMPS	廃油ポンプ（2基）
MAIN OIL PRESSURE PUMP	主油圧ポンプ
TWIN FUEL PUMP	複式燃料ポンプ
TWIN DELIVERY COOLANT PUMP	分配式冷却液ポンプ
COOLANT INTAKE	冷却液取り入れ口
SUPERCHARGER TWO SPEED CHANGE PUMP	過給器2速切り替えポンプ
THROTTLE HEATING PIPE (OIL)	スロットル加熱パイプ（オイル）
TWIN CHOKE CARBURETTOR	複空気吸入調整弁式気化器
AIR INTAKES	空気取り入れ口

MAX MILLAR

● シリンダー・ライナー
　シリンダー・ライナーは、上端にねじ溝が切られて、シリンダー・ヘッドの底部にねじ込まれる仕組み。下端には密封リングが装着され、クランクケースとの接合部を形成する。さらに、シリンダー取り付け用植え込みボルトでクランクケースに引き込まれる。

● シリンダー・ブロック・カバー
　シリンダー・ブロック・カバーは、植え込みボルトとナットで各ブロックに固定され、両者の接触面にはガスケットが挿入される。AブロックとBブロックそれぞれのカバーの違いは、前者がプレーンな形状であるのに対して、後者はエンジンの回転速度計の駆動機構を組み込んでいることだ。

上：スピットファイアMk.VB AB910に搭載されているエンジンに、シリンダーブロック取り外し器具を装着したところ。2基の器具上方にあるハンドルを回すと、シリンダーブロックがクランクケースから持ち上がる。（P. Elackah/ Crown Copyright）

右：AB910のマーリン・エンジンから取り外され、作業台に置かれた右側シリンダーブロック。ブロック上部には排気孔が見え、その下には排気側点火プラグの挿入孔が開いている。（P. Blackah/ Crown Copyright）

右　シリンダーブロック取り外し後、剥き出しになったピストンがクランクケースから突出しているのが確認できる。
（P. Blackah/ Crown Copyright）

マーリン・エンジンの吸・排気弁用部品群。(Crown Copyright)
1 吸気弁(バルブ)
2 排気弁(バルブ)
3 バルブ・コレット
4 バルブ・コレット止め輪

● 吸・排気弁

シリンダーには、吸気弁と排気弁が各2個ずつ備わる。いずれもトランペット形状で、軸端にステライト※が盛られている。ただし、吸気弁と排気弁とでは材質が違い、互換性はない。弁ガイドは、鋳鉄製（吸気弁）もしくは燐青銅製（排気弁）であり、上端付近の円錐形のカラーが、シリンダー・ブロックのルーフと同じ高さに落ち着くよう圧入される。

● カムシャフト

左右のシリンダー・ブロックに1本ずつ配されるカムシャフトは、軸受けブラケットに搭載され、カムと接触するタペットからロッカー・アームを仲立ちにして、吸・排気弁の作動を制御する。形状は左右同じ。補機類駆動用ホイールケース（後述）から傾斜軸を介して、その軸端の傘小歯車と、カムシャフト端の傘歯車が噛み合うことで駆動される仕組み。

● カムシャフト補機駆動機構

シリンダーのAブロックの後端には、空気圧縮機と油圧ポンプが搭載される。いずれも、カムシャフトで駆動される傘歯車と噛み合う平歯車列によって作動する。

● ピストン

ピストンは、自由に回転する全浮動式のピストン・ピンを介して、コネクティング・ロッドに連結される。コネクティング・ロッドは、フォーク・アンド・プレーン型（大端の軸受け収容部分が二股に枝分かれしているタイプ——フォーク——と、していないタイプ——プレーン——が一組になっている。後者は前者の二股の間に差し込むように配される）で、フォーク状ロッ

訳註
※ステライト：耐摩耗性、耐食性にすぐれ、内燃機関の弁面などの盛金として多用される耐熱合金

上：AB910のマーリン・エンジンから外したカムシャフトおよびロッカーのユニット。左右のシリンダーバンク上にある各1本のカムシャフトが、シリンダーヘッド上の吸・排気バルブを作動させる。(P. Blackah/ Crown Copyright)

下：このクローズアップ写真では、ロッカーアームはロッカー～カムシャフト接触面を点検するため、可能なところまで回転させ裏返しになっている。エンジンに取り付けたとき、ロッカーアームの接触面（滑油孔のある接触面が見える）はカムシャフトの下側に位置する。ロッカーアーム末端（写真では上方）にはタペット調整部が見えている。(P. Blackah/ Crown Copyright)

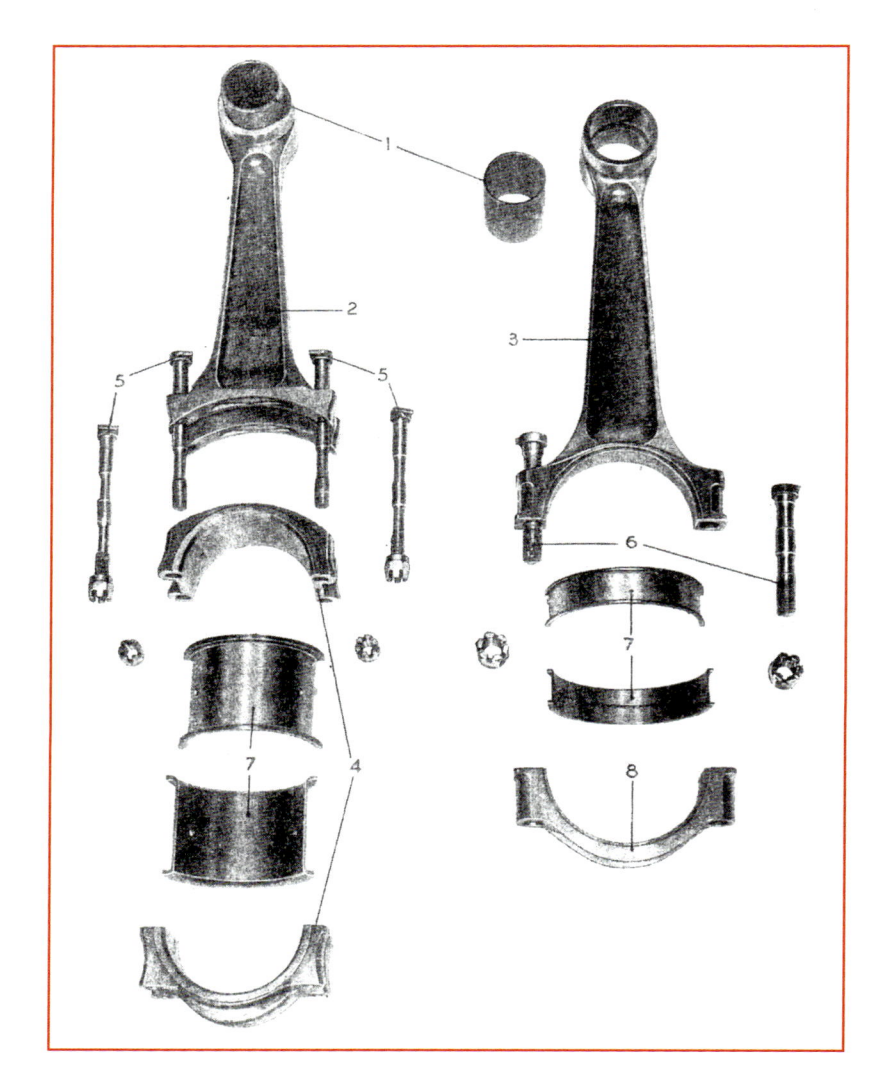

左：マーリン・エンジンのコネクティング・ロッド周辺部品群。
(Crown Copyright)
1 浮動ピストンピン・ブッシュ
2 フォーク状コネクティング・ロッド
3 プレーン・コネクティング・ロッド
4 分割式大端(ビッグエンド)軸受け覆
5 コネクティング・ロッド・ボルト（フォーク用）
6 コネクティング・ロッド・ボルト（プレーン用）
7 鉛青銅引き大端軸受け胴部
8 コネクティング・ロッド大端部軸受けキャップ（プレーン用）

ドがBシリンダー・ブロック側に取り付けられる。ピストンは軽合金鍛造材の機械加工仕上げで、ピストン・ピンの上にコンプレッション・リング3本、同じく下には溝を切ったスクレイパー・リング1本が装着される。ピストン・ピンは鋼製で、中空加工が施され、スプリング・ワイヤのサークリップ（半円形ワッシャー）によってピストン内に保持される。また、一対の通油孔がそれぞれピストン中心部に向かって斜め上に、ピストン・ピン収容孔の上方で出会うようにドリルで穿

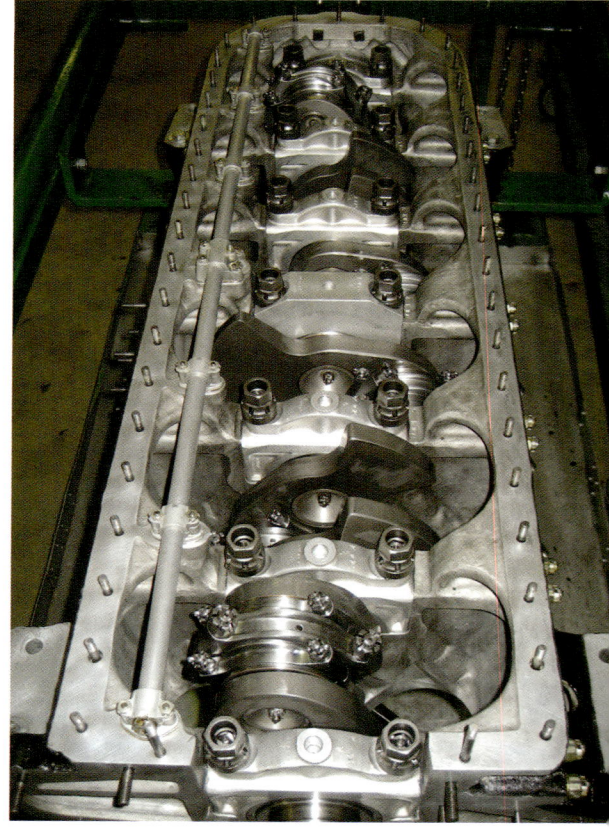

下：レトロ・トラック・アンド・エア社で入念にマーリン・エンジンのクランクケースを検査するニール・スマート。
(Alfred Price Collection)

上：クランクケース内に収められたマーリンのクランクシャフト。いちばん手前を見ると、フォーク/プレーン・コンロッドの組み合わせ方がはっきりとわかる。プレーン・コンロッド大端部軸受けキャップがフォーク状コンロッドの大端部軸受けキャップの間に位置している。
(Crown Copyright)

たれ、このトンネル状通路に潤滑油を流すことでピストン本体の冷却を助ける仕組み。

● クランクケース

クランクケースは、クランクシャフトを中心とした左右2分割の構造になっている。左右がボルト結合され、その前端にはプロペラ減速ギアハウジングの後半分が組み入れられる。後端は補機類駆動用のホイールケース取付面になる。

● クランクシャフト

クランクシャフトは一般的な6偏心輪のカウンターウェイト付きで、その前端に取り付けられた内歯フランジ、後端に設けられたスプライン機構を通して、それぞれプロペラ減速ギアやホイールケースの歯車列を駆動させる。

● 減速ギア

プロペラ減速ギアは一段平歯車の副軸方式で、クランクケース前端にボルト留めされたハウジングおよび一部はクランクケースそのものに収容される。ハウジングは、プロペラシャフトと同心のスピゴットによって、クランクケース上に定置される。駆動ピニオンはクランクシャフトと同心配置で、クランクシャフトから短い連結シャフトを介して駆動力を得る。これらのシャフトはローラーベアリングのなかで運動するが、さらにプロペラシャフトには、牽引／推進プロペラの利用が可能となるスラストボールベアリングが配される。減速ギア・カバーには、CSU（プロペラ定速機）を作動させるための二重駆動ユニットと、真空ポンプ・ユニットがボルトで取り付けられる。真空ポンプは、コクピットのいくつかの計器を作動させるのに利用される。

● ホイールケース

クランクケース後端にボルト留めされたホイールケースは、磁石発電機・冷却液ポンプ・発電機駆動装置・電動回転ギア・燃料ポンプユニットを搭載する。内部にはスプリングドライブ・ユニットと数個の歯車を収容する。この歯車列がマグネトーやカムシャフト、発電機、燃料ポンプ、潤滑油ポンプ、冷却液ポンプを駆動させる。

● 冷却液ポンプ

冷却液ポンプは、底部に補給口を配した遠心式で、別個に設けられた流出口から各シリンダー・ブロックに冷却液を送り出す。

● 中間冷却器ポンプ

中間冷却器ポンプは、クランクケース左側面に取り付けられた発電機駆動装置ハウジングの後部に搭載され、ヘッダータンク（圧力調整タンク）からラジエーターに冷却液を循環させる。

● 燃料ポンプ

ホイールケース左側面に設置された燃料ポンプのユニットは、2基のポンプから構成される。2基は並行して働くが、互いに別個に機能することもまた可能であり、1基だけでもエンジンが必要とする最大量より多くの燃料を送る能力を備えている。

● 発電機および中間冷却器ポンプ駆動装置

発電機および中間冷却器ポンプの駆動装置ハウジン

上：検査のため取り外されたマーリン266のクランクシャフト。この各偏心輪にピストンが左右対になって連結する。（Crown Copyright）

左：マーリン・エンジンのプロペラ減速ギア部分を裏側から見たところ。（Crown Copyright）

1 プロペラ・ピッチ制御装置への滑油供給管
2 プロペラ軸後部ローラー軸受けレース
3 プロペラ軸ギア
4 吊り上げ用アイの接続部
5 潤滑油噴霧器
6 駆動ピニオン
7 プロペラ・ハブ芯出し用コーン
8 エンジン連結軸

上：マーリン266エンジンの中間冷却器および過給器。
(P. Blackah/ Crown Copyright)
11　燃料ポンプ
12　中間冷却器冷却液ポンプ
13　冷却液ポンプ
14　中間冷却器冷却液タンク

右：マーリン・エンジン用の点火プラグ。この写真から、だいたいのサイズがつかるだろう。上端には高圧電流導線端子を接続するネジが切られている。
(P. Blackah/ Crown Copyright)

右奥：点火プラグの先端。2極式の接地電極の配置が確認できる。
(P. Blackah/ Crown Copyright)

グは、クランクケース左側面に取り付けられる。その上には発電機と中間冷却器が搭載される。

● 過給器

2段2速の液冷式過給器（スーパーチャージャー）は、ローターが前後に重なるタンデム型の遠心式で、クランクシャフトの後端から2段変速ギアを介して駆動され、スプリングドライブと増速歯車列によって機能する。歯車列は2段変速ギア機構を組み入れた、3軸構成である。3軸とも遠心装荷クラッチが付属する。

● 中間冷却器

中間冷却器は、2段式過給器の採用によって吐出混合気温度が高くなりすぎるのを抑える目的で、エンジン部に追加されたもの。独立した冷却系統を持ち、エンジン左側の発電機駆動ハウジングに搭載された遠心式ポンプで冷却液を循環させる。

● 気化器

スピットファイアMk.IXのエンジンに装着されたSUツイン・チョークの昇流式（アップドラフト）マーリン気化器（キャブレター）は、ブースト調整ユニットが別になっているほかは、それ自体で機能完備した装置である。完全な自動制御式（オートマチック）であるため、手動による設定ミスからエンジンが損傷する危険性は大幅に軽減されている。

SU型マーリンA.V.T.44/199または215の型式名称を持つ気化器ユニットは、2基の気化器を組み込む。左側気化器メイン・ジェットからの燃料の噴流は吸入圧に応じて、また、右側の噴流は大気圧に応じて機能する混合比調整装置（ミクスチュア・コントロール）によって制御される。いずれのミクスチュア・コントロールも、気化器の両側にある個々のアネロイド式空盒とのリンク機構を通して自動的に働く。気化器鋳造ケースの上半分は、過給器吸気管の屈曲部下面に植え込みボルトで固定される。特別に成形された大型ガスケットが、接合部分の気密性を保ち、燃料漏れを防ぐ。垂直方向に走る吸気通路とバレル部分は、冷却液ジャケットに覆われる。このジャケットは、Bシリンダー・ブロックから冷却液ポンプのインレット側までの冷却液復路に組み込まれている。絞り弁（スロットル・バルブ）には滑油を利用した加熱システムが備わる。これは、滑油タンクに回収される途中の滑油を絞り弁内部の空洞に通し、着氷凍結を防止する仕組みである。

● 点火系統

点火系統は、ホイールケースに取り付けられた左右2個のマグネトーで構成される。ここに、高電圧配線を支持して点火栓につながるハーネスが付属する。これには金属遮壁が設けられ、二つの役割を果たす。高電圧配線まわりに形成される磁場をまとめ、そこに発生した電流を接地するとともに、無線干渉を防ぐこと

だ。各シリンダーには、吸気側と排気側あわせて２個の点火栓が配され、それぞれ別のマグネトーから点火用火花を提供される。つまり、どちらかのマグネトーに不具合が発生しても、残ったもう一方でエンジンの運転が継続できるようになっている。

● 潤滑系統

エンジンの潤滑系統には、以下４つの循環経路がある。

1　主加圧送油系
2　低加圧送油系
3　フロント・サンプ排油系
4　リア・サンプ排油系

送油系は１基の送油ポンプと油圧リリーフ・バルブによって、またフロントとリアの排油系はそれぞれの排油ポンプによって機能する。

燃料系統
Fuel system

気化器は自動混合比調整装置を備え、過給器に燃料／空気の混合気を供給する。過給器は２段２速型、サーボ機構によって、やはり自動制御される。その２段ローターのあいだには中間冷却器が置かれ、熱くなった冷却液はダクトを通って右翼下面のラジエーターに送られた後、ヘッダータンクに戻る仕組み。

燃料は、防火隔壁を兼ねるNo.5胴枠の後ろに設置された２基のタンクに蓄えられる。２基のうち上部タンクは容量48ガロン、下部タンクは――Mk.IXの場合――37ガロンで、あわせて85ガロンとなり、大雑把に言って飛行時間２時間分に相当する。上部タンクにはスクリューキャップ式の給油孔があり、ここから下部タンクへも給油する。エンジン運転中、まず下部タンクの燃料が消費され、それにつれて上部タンクの燃料が下部タンクへと吸い込まれる。

燃料のオン／オフ・スイッチは、操縦席の前、コンパスのすぐ右隣にある。これを操作すると、下部燃料タンクのコックが開閉される。

下部燃料タンクは、表面をゴム引きされた布で覆った自動防漏式で、次のように機能する。機銃弾や砲弾片が、燃料タンクの液面より下に貫通すると、当然ながら燃料が漏れ出す。それがタンク表面のゴム層に達すると、瞬時に化学反応が起こり、ゴムが膨潤して破孔をふさぐ。

燃料系統は、オクタン価100の燃料を使用するのを前提に設計されている。今日では100オクタンLL（低四エチル鉛）という低鉛ガソリンが使用されるようになったが、それにともなうエンジンの改修は不要。

冷却系統
Cooling system

冷却液は、蒸留水とエチレングリコールの混合液（混合比率は前者70％に後者30％）で、系統全体の容量は14 1/2ガロンになる。ヘッダータンクは、エンジン前端の減速ギア・ハウジング上方に設置される。タンクの両側から出た配管は、エンジン側面を走り下りてサーモスタットを経由する。そして、No.5胴枠の翼主桁部を通って、左右各翼のラジエーターに到達する。ラジエーターから出る配管は、再びNo.5胴枠の

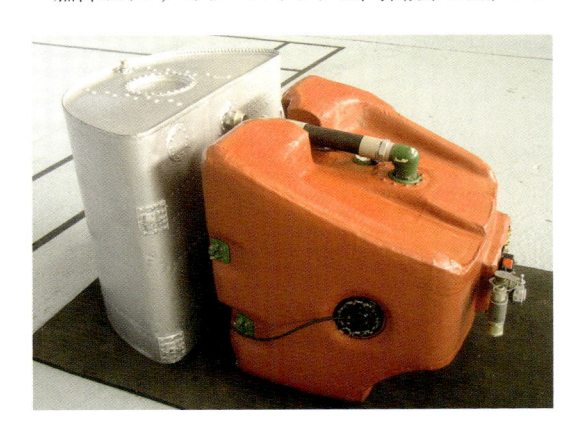

マーリン66エンジン 諸元	
エンジン型式	過給式、ギア駆動、加圧液冷V型、２段２速液冷中間冷却器付過給器装備
気筒数	12
気筒配置	6気筒２列。傾斜角60°
ボア	5.4インチ（137.16mm）
ストローク	6インチ（152.4mm）
排気量	1,648 立方インチ（27リッター）
点火順序	1A、6B、4A、3B、2A、5B、6A、1B、3A、4B、5A、2B
マグネトー	２基。右舷側時計回り、左舷側反時計回り
始動機構	電動回転ギア

左奥：スピットファイアMk.XVIの燃料タンク。左が上部タンク、容量48ガロン。右の下部タンクは航続距離延長のため改修されて、従来の37ガロンから47ガロンに容量が増えている。
（P. Blackah/ Crown Copyright）

左：Mk.IXの機首上部。カバーが外されているので、上部燃料タンクの収納状態がわかる。
（P. Blackah/ Crown Copyright）

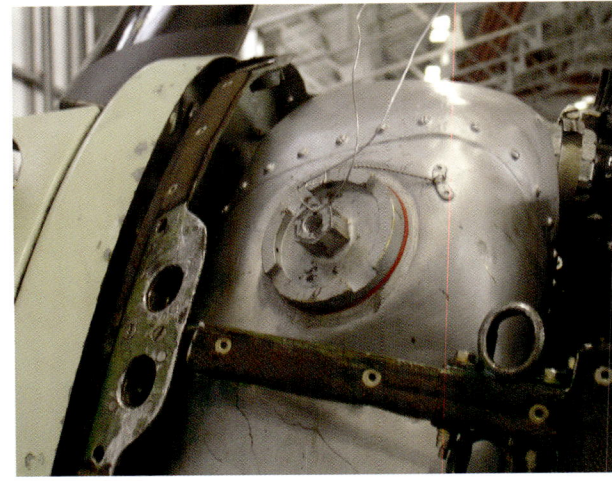

上：冷却液ヘッダータンクはエンジンの前方に位置する。写真は左舷側から見たところ。タンク側方に注入キャップがある。
(P. Blackah/ Crown Copyright)

上：サーモスタット制御式ラジエーター・フラップ操作ジャッキは、コクピット底部にある（矢印で示した機器）。このジャッキがコクピット底部後方（写真の右端）を横切る駆動桿を回転させ、左右のラジエーター・フラップをともに稼働させる。
(F. Blackah/ Crown Copyright)

主桁部を通過して、エンジン下方の冷却液ポンプにつながる。一方、各サーモスタットから冷却液ポンプに直接向かう側副導管(バイパス)もあり、サーモスタットの作動温度に達した冷却液のみがラジエーターに送られるようになっている。

潤滑油系統
Oil system

潤滑方式はドライサンプを採用、滑油タンクは容量7 1/2ガロンで、下部エンジンパネルの内側に設置されている。滑油はタンク後端から供給され、フィルターを経由して、エンジンに送られる。熱くなった滑油は、エンジン後部から出て、左翼にある滑油冷却器に導かれる。

中間冷却器
Intercooler

中間冷却器系統は、エンジンの主冷却系統と同種の冷却液を使用する。スピットファイアMk.IXの場合、中間冷却器ヘッダータンクはNo.5胴枠に設置され、その容量は5パイント（0.57リットル）である。冷却液はエンジン左側面にある補助冷却液ポンプへ、ポンプから右翼下面のラジエーターへと送られる。さらにその冷却液は過給器ケースの底部に導かれ、エンジン後方の中間冷却器に流れ込んで、ヘッダータンクに戻る。

プロペラ
Propeller

プロペラはダウティ・ロートル式、積層トウヒ材（マツ科トウヒ属の常緑高木）のブレードが4枚、直径

左：スピナーが外されて、プロペラピッチ角制御ユニットが見える。
(P. Blackah/ Crown Copyright)

10フィート9インチになるユニットである。ピッチ角は定速制御装置によって調整される。

電気系統
Electrical system

　従来、スピットファイア／シーファイア系列機の大半は、発電機(ジェネレーター)と電圧調整器、バッテリーを含む電圧12ボルトの電気系統を使用していた。今日飛んでいるスピットファイアの大半は、電圧を28ボルトに高めた電気系統を備え、エンジン始動も内蔵バッテリーで可能である。系統全体ではヒューズ付きの22回路が稼働し、以下の機器類を作動させる。

- 航法灯

　赤色灯（左翼端）・緑色灯（右翼端）・白色灯（方向舵）の3個。

- 下面識別灯

　コクピット下面外板、操縦席の真下に位置する。

- コクピット照明

　コクピットの両サイドに1個ずつ設置され、基部は可撓式(フレキシブル)で調整が効く。防眩シールドが付属する。

- 脚位置表示灯

　計器板に搭載され、脚が"UP"すると赤いランプ、"DOWN and LOCK"されると緑のランプが点灯する。

- ラジエーター・フラップ

　コクピット左側にあるスイッチで操作。

- 過給器

　スイッチの操作で低圧縮から高圧縮へ、あるいはその逆へ切り替える（ただし、現在このスイッチは使用されない。従来こうしたスイッチ操作は高度2フィート付近で実行されるものであり、今ではスピットファイアがそれほどの高度を飛ぶことはないからだ）。

- 燃料ポンプ

　下部燃料タンク内に設置され、コクピット左側のスイッチ・パネルにあるスイッチで制御される。

- 圧力ヘッド・ヒーター

　ASI（対気速度計）は、左翼の圧力ヘッド（ピトー管）を利用して、飛行中の機体と気流との相対速度を示す計器である。圧力ヘッドに着氷すると、正しい指示値が得られなくなるため、ここに電熱ヒーターが組み込まれる。ヒーターの作動スイッチはコクピット左側にある。

- 燃料計

　計器板の右側に位置し、下部燃料タンクの残量を示す。ただし、その左にある――計器板中央寄りの――ボタンを押さなければ指針は動かない。

- 燃料圧計

　燃料圧が安全レベルを下回ると、計器板上の赤い警告ランプが点灯する。

- 無線

　BBMF所属機の場合は、計器板の中央いちばん上に無線操作パネルが設置されるが、個人所有機の場合、その位置は所有者の好みで変わることもある。オリジナルに搭載されていた無線セットは、TR9、TR1133、TR1143のいずれか。今なお現役で飛びつづけている機体は、トランジスター方式の現用ユニットを積んでいる。

- IFF（敵味方識別装置）

　オリジナルの機体はR3002 IFFを搭載した。現在は管制空域における識別の必要性から、現用タイプの応答装置(トランスポンダー)を装備しなくてはならない。

- エンジン始動ボタン

　計器板上にあり、このボタンを押すとスターター・リレー・コイルに電圧が加えられ、始動モーターが作動する。すぐ左にはブースター・コイル・ボタンがあり、これも同時に押すことでマグネトーからの電圧を上昇させる。

　今現在スピットファイアを飛ばすときに、必ずしもこれらオリジナルの機器類すべてが使われるわけではない。むしろ、多くは所有者の好みで搭載されていると言っても良い。つまり、オリジナルの機器類すべてを使える状態にしておくことにこだわるオーナーがいる一方で、飛行の安全に欠かせないものだけ確実に作動すればそれで良しとするオーナーもいるということだ。

　付言すれば、もともとヒューズボックスはコクピットの左側、昇降ドア付近に、またバッテリーは、胴体後部の点検用ハッチ付近に設置されたもの。

ホイストに懸吊されたプロペラが、これからMk.XVI RW386に装着されようとしている。ダックスフォードのARCo（エアクラフト・レストレーション・カンパニー）のハンガーで。
(Alfred Price Collection)

バトル・オブ・ブリテン・メモリアル・フライト所属のスピットファイアMk.II P7350の計器板。
(RAF Coningsby Photo Section/ Crown Copyright)

計器板　The instrument panel

1　3点表示式ブレーキ圧計(系統圧、左右ブレーキ圧)
2　マグネトー・スイッチ
3　昇降舵トリム角表示計
4　航空時計
5　降着装置表示灯(上げ位置、下げ位置)
6　展示飛行用ストップウォッチ
7　酸素調整器表示計(現在は使用せず)
8　航法灯スイッチ
9　フラップ位置選択レバー
10　加速度計(基礎G表示計)
11　光像反射式照準器起動スイッチ(現在は使用せず)
12　マルコーニAD120(現用の無線機)操作パネル
13　警告灯(左から発電器、始動遮断、燃料圧)
14　電圧計
15　電流計
16　発電器破壊スイッチ
17　回転計
18　滑油圧力計
19　ブースト計
20　滑油温度計
21　ラジエーター温度計
22　ホフマン・カートリッジ式スターター装填装置(現在は使用せず)
23　燃料計
24　下部主燃料タンク残量読み取りボタン
25　エンジン遮断スイッチ
26　対気速度計
27　人工水平儀
28　昇降計
29　スペード・グリップ(射撃ボタン、通話ボタン、ブレーキレバーが付いている)
30　定針儀
31　高度計
32　旋回・滑り計
33　コクピット照明調光ツマミ
34　コンパス照明調光ツマミ
35　エンジン始動ボタン
36　ブースト・コイル・ボタン
37　コンパス
38　燃料セレクター・レバー
39　始動用燃料送りポンプ
40　エンジン停止操作ハンドル

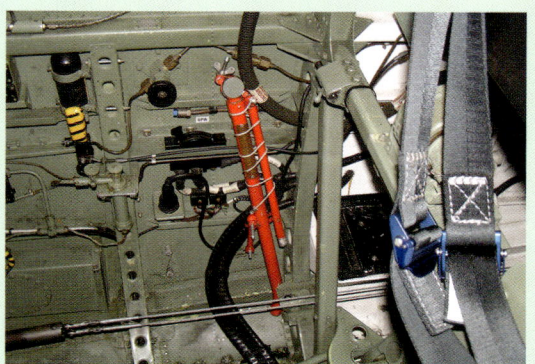

左上:スピットファイアMk.IX MK356のコクピットにあるスペード・グリップ。機銃／機関砲射撃ボタン(矢印)が装備されている。
(P. Blackah/ Crown Copyright)

左:Mk.IX MK356のコクピット右後部。操縦桿ロックバー(赤い棒)が収納されている。
(P. Blackah/ Crown Copyright)

左:ガンカメラ操作装置はコクピット左側前寄りに位置する。写真はMk.XVI TE311のもの。
(P. Blackah/ Crown Copyright)

左下:Mk.IX MK356のスロットルおよびプロペラピッチ角操作レバー。コクピット左前方にある。
(P. Blackah/ Crown Copyright)

上:Mk.XVI TE311のコクピット右側壁。キャノピー開閉ハンドル(赤／黄の塗り分け)、ジャイロ式照準器セレクター、カバーを外した状態の降着装置位置選択レバー、降着装置緊急時空気ボンベ操作レバー(赤)、その下には風防凍結防止用のポンプ、セレクターそしてタンク、その前方には増槽投棄レバー(赤いD字型ハンドル)がある。
(P. Blackah/ Crown Copyright)

下:スピットファイアMk.IXのコクピット右側壁前寄り。中央にあるのが降着装置位置選択レバー。"DANGER"の表示があるのはR3067 IFF(敵味方識別装置)の操作ユニット。機体が敵の手に渡りそうになった場合、応答用の設定暗号が漏洩するのを防ぐため、ユニットごと破壊する起爆装置が付属した。ただし"DANGER"の標識は、もっぱら歴史的精確性の追求あるいは時代考証的価値という観点からつけられているもので、このBBMF所有機体にIFFユニットは(言うまでもなく破壊装置も)装備されていない。
(P. Blackah/ Crown Copyright)

85

飛行制御装置
Flying controls

　飛行制御系統（操縦系統）は、主としてパイロットの操縦桿から操作される。操縦桿は機体構造からいえばNo.10胴枠の前方に位置することになる。まず、左右補助翼（エルロン）の操作は、操縦桿を左右に倒すことによって実行される。このとき、操縦桿ヨーク部分がチェーンおよび連結ロッドを通じて、エルロンを作動させる。チェーンおよび連結ロッドは、自在継手（ユニヴァーサル・ジョイント）を経て、エルロン操作索（ケーブル）の巻き取りドラムに連絡している。操作索はドラムから外翼のベルクランクへ伸びる。ここに作動レバーが組み込まれて、エルロンと接続し、これを直接上げ下げする。なお、エルロンにはトリム・タブがついていないため、トリムの微調整を図るには、地上であらかじめエルロン後縁を上下いずれかに曲げるという作業を実施する必要がある。

　昇降舵（エレヴェーター）もやはり操縦桿から、No.11胴枠に取り付けられたベルクランクに連結するロッドを通して操作される。このベルクランクから、昇降舵操作索が胴体内部を尾部まで走り、もう1個のベルクランクに達する。この尾部のベルクランクが、昇降舵作動ロッドを介して、昇降舵面を作動させる。昇降舵には左右それぞれにトリム・タブが設けられている。これの操作は、コクピット左側に配された大型の昇降舵トリム調整ホイールから、操作索を通して実行される。その調整量を示す昇降舵トリム計は、計器板に設置されている。

　方向舵（ラダー）は、足もとのペダルを踏んで操作する。ペダルは前後にスライドするチューブ材に取り付けられている。チューブ材に装着された方向舵操作索は、やはり胴体内部を尾部まで走り、昇降舵ベルクランクと並べて設置された方向舵ベルクランク・アセンブリーに繋がる。ベルクランクは、作動ロッドを介して、方向舵面に接続する。方向舵にもトリム・タブが備わっていて、コクピット左側に配された小さい調整ホイールで操作される。

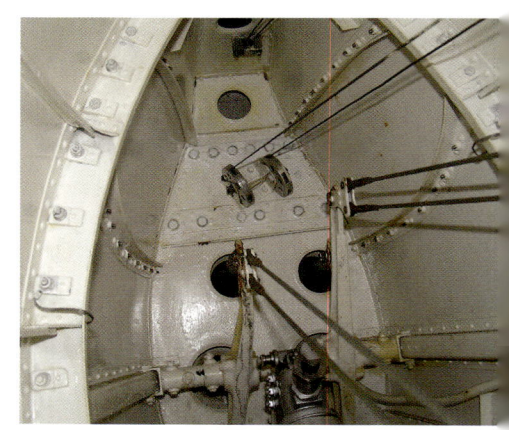

上：翼内から取り外されたエルロン用ベルクランク一式。修復待ちの状態。（Airframe Assemblies）

右：修復を控えて外板が撤去されたところ。まだ翼内に収まっているエルロン用ベルクランクのユニットが確認できる。（Airframe Assemblies）

上：Mk.IX MK356の右翼にある機関砲格納庫の様子。写真手前、エルロンの操作ケーブルが庫内を横切るように通っているのがわかる。(P. Blackah/ Crown Copyright)

右：昇降舵トリム調整ホイール（写真右。大きいほう）と方向舵トリム調整ホイール（小さいほう）はコクピット左側面にある。機体はMk.XVI TE311。
(P. Blackah/ Crown Copyright)

右奥：機尾方向に胴体内部を見る。各操縦舵面およびトリムタブへ向かう操作ケーブルが写っている。下から上に、昇降舵操作、方向舵操作、昇降舵トリム、方向舵トリム（画面上端）月。(P. Blackah/ Crown Copyright)

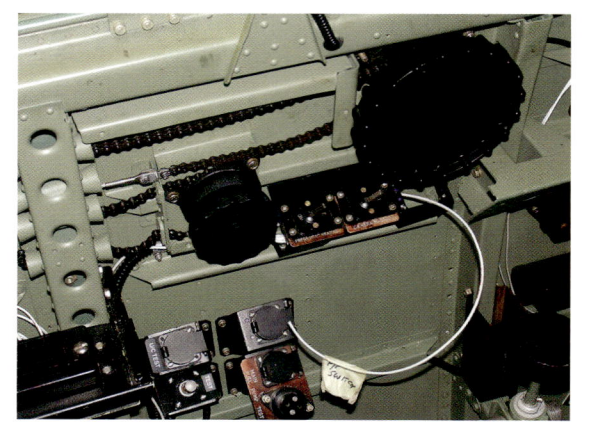

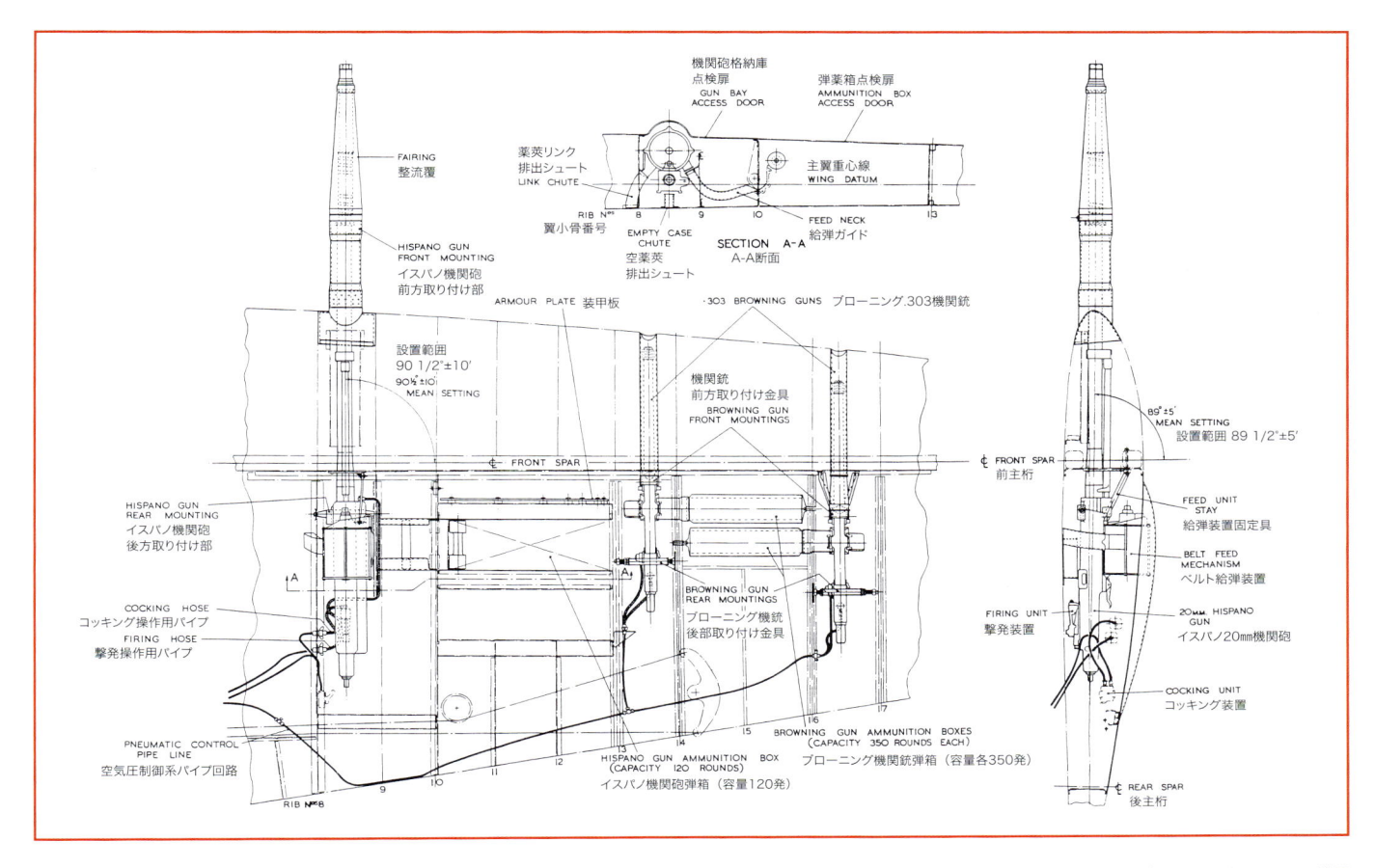

上：ブローニング.303インチ機関銃とイスパノ20mm機関砲の搭載要領図。(Crown Copyright)

搭載火器
Weapons

搭載機銃のコッキングと発射には空気圧系統が利用され、発射動作は操縦桿のスペード・グリップ上に設けられたボタンを押して実行する。だが、無論これは大戦当時の話であって、今現在スピットファイアの機上で、このシステムが機能することはない。なかには今なおオリジナルそのまま、もしくはレプリカの火器を搭載している機体もあるが、言うまでもなくこれは規制対象である。

機体寸法と重量
Dimensions and weights

主要な寸法
Main dimensions

注；以下は飛行姿勢にあるスピットファイアMk.IXの数値。機体基準線を水平にした場合。

主翼幅	36ft 10in（11.23m）
全長	31ft 0.5in（9.46m）
プロペラ頂点までの高さ	11ft 8in（3.56m）
プロペラ・ハブ中心までの高さ	6ft 3.5in（1.92m）
主翼端までの高さ	（約）5ft 4in（1.63m）

重量
Weights

実戦運用されていた当時のスピットファイアは、最大7,500ポンド（3,405kg）の機体重量で飛ぶことができた。ただし、この数値は"あらゆる機動的飛行を可能とする最大機体重量"いうことである。火器をフル装備し、ドロップ・タンクまたは爆弾を懸吊するならば、最大重量は9,500ポンド（4,313kg）に跳ね上がる。これはあくまでも離陸可能数値であり、機動的飛行は基本動作のみに制限される。これだけの重量で飛ぶとなると、たとえば敵機に襲撃されるなど、何らかのトラブルに遭遇した場合、まずはドロップ・タンクもしくは爆弾を投棄して、機動性の全面的回復を図る必要があった。

今現在飛んでいるスピットファイアの機体重量は、おおむね5,500～6,500ポンド（2,497～2,951kg）というところだろう。搭載火器および弾薬、防弾鋼板やオリジナルの無線セット、酸素系統などを撤去した結果である。

スペアパーツの確保
Obtaining spare parts

機体
Airframe

右：装甲板部品に刻印された部品番号。
(P. Blackah/ Crown Copyright)

スピットファイアの機体の部品は、刻印による5桁の番号と、それに続く最大4桁までのシート番号によって、それがどの型式の、どこの部材かという識別が可能だ。最初の5桁の数字のうちの3桁まではスピットファイアの型式をあらわす。あとの2桁は、それがどの部位、どの系統で使われる部品かを示している。

例：

30027/123	300＝Mk.I	27＝胴体	/123＝実際の部品
34945/456	349＝Mk.V	45＝燃料系統	/456＝実際の部品
36150/789	361＝Mk.IX/XVI	50＝降着装置	/789＝実際の部品

る。この識別システムは、RAFと民間双方で、スピットファイアのスペアパーツを調達する際に利用されている。

エンジン
Engine

エンジンのスペアを調達する際も同様の識別手段を利用するが、番号のシステムは機体のパーツの場合と若干異なる。『マーリン』エンジンのスペアには、"D"の文字を先頭に最大5桁の数字が刻印されているはずだ。『グリフォン』であれば、その接頭文字は"GN"である。

例：
D12345 　　　『マーリン』エンジンのパーツ
GN12345　　　『グリフォン』エンジンのパーツ

空気圧系統、油圧系統、車輪とブレーキ関連のパーツ
Pneumatic parts, hydraulic parts, wheels and brake parts

これらのパーツは、製造会社から直接入手できる。たとえばタイヤならダンロップだが、製品コードや製造番号には各社独自のシステムがある。

情報収集の重要さについて
The grapevine has increasingly important

スピットファイアの修復事業に乗り出すとき、誰もが絶えず気にかけずにはいられないのが、何か重要な部品が手に入らなくなったらどうするかという問題だ。自前で作るには費用があまりにも高くつきすぎるとしたら……？　そうした事態に備えて、ガイ・ブラックは常にスペアパーツの収集に努め、これを大量に確保している。そして、自身のプロジェクトに不要なパーツは、交換材料として活用する。つまり、この業界では交換取引が主流で、スペアパーツは現金よりも好まれる代用通貨となるのだ。

「スピットファイアのスペアパーツが不足しはじめてから、口コミなどの情報網がいっそう重要になってきました。たとえば、主脚を新調しようとすれば、型鍛造用の金型を作るところから始めなければなりません。ところが、これは非常に高くつく。ですが、幸いなことにスピットファイアの主脚は残りやすい、というか、実際に残っていることが多いのです。最近でも、あるスクラップ集積場が整理された際、60組もの主脚が出てきました。案外、残っているものですよ。

戦後、スピットファイアの車輪と車軸は、農作業用トレーラーに流用されたりしてました。そこで、スクラップを売り買いする業者も、車輪と車軸をわざわざ取っておくようになった。スクラップとして売るより、農家に持ち込めば、そのほうが金になるというのでね。

そういうのを探して地方をあちこち駆け回るうちに、車庫をいくつも一杯にするほどの部品を手に入れたというコレクターもざらにいますよ。私のところにも、こまごました部品が山ほど詰まった倉庫が6棟あります。そのうちの1棟から、主脚8組を掘り出したこともあるくらいでね。私がそういうがらくた同然の部品を集めるのは、いつそれが必要になるかわからないからです。安全に保管しておくのがひと苦労ですが。」

復元の限界
The limits to authenticity

軍用機の修復再生を試みるとき、その機体の履歴証明と同じくらい重要になってくるのが、復元度合いの問題である。となると、ここで指摘しておかねばなら

ないが、今現在飛んでいるスピットファイアに、本当の意味でオリジナルに忠実な復元機というのは1機もない。現下の製造法関連の規定、健康上および安全上の各種規制、運航上の国際基準などがそれを許さないからだ。

最も"若い"スピットファイアでも、機体の年齢は優に半世紀を超えている。その年月の大半を格納庫で過ごしたというならともかく、そうでなければ、軽合金の外板の腐食は避けがたいところだろう。腐食した部分は取りはずして、同等の材質の、新しい外板に張り替えられているはずだ。

そして、多くのスピットファイアにもともと使われているマグネシウム合金のリベットは、とても腐食に弱い。そのため、再生機には、それよりはるかに耐食性に富むヒデュミニウム合金のリベットが使われることになる。

また、初期生産型スピットファイアの防火隔壁に使われているアスベストは（後期生産型の防火隔壁は鋼板製に改められたが）、現在の健康上の安全基準では使用が禁じられている。同じことが計器についてもいえる。オリジナルの各計器の指針面は、ラジウムを含む夜光塗料で目盛られていたので、これに触れるのは実は非常に危険だった。しかも、その種の夜行塗料も経年劣化する。再生スピットファイアに搭載される現用の計器の指針面は、見た目こそ旧来の計器のそれに似ているが、ラジウムを含まない新しい夜光塗料を使用している。ちなみに、もうひとつ、現今の軍用機の計装に認められる大きな変化といえば、対気速度計の目盛り表示が、現在の航空機運航上の国際的慣習に従って、"マイル毎時"から"ノット"に改められたことだ。

ところで、操縦席がエンジンのすぐ後ろに位置することになる単発ピストンエンジン軍用機の場合、飛行中に一酸化炭素を含む排ガスがコクピットへ流入するという危険が常時つきまとう。極端なケースでは、パイロットが一酸化炭素中毒で意識を喪失し、致命的結果を招くこともある。これを防止するため、再生スピットファイアのコクピットには、一酸化炭素検知器が装備されている。

さらに、大戦当時の真空管を利用したHF／VHF無線システムは、今となっては使用に耐えないという問題もある。今現在飛んでいる再生スピットファイアは、トランジスター方式の無線装置を積んでいるが、その型式はさまざまである。BBMF所属機は、民間用のVHF周波数帯と、軍用UHF周波数帯の双方をカバーするマルコーニAD120無線装置を搭載する。それに加え、航空交通管制法規の定めるところに従って、管制空域を飛行する機体は、地上のレーダー基地から識別できるように、レーダー・トランスポンダーを装備しなければならない。

本来、スピットファイアは高高度性能を備えた戦闘機ではあるが、今これが高度10,000フィートより上を飛ぶ機会も、その必要性もまずない。したがって、オリジナルの酸素供給システムは作動しないようになっているのが普通だ。ただし、その場合でも、酸素ボンベは従来どおり設置されているという機体が多い。

電気系統については、もともと電圧12ボルトで設計されていたが、スピットファイアMk.24およびシーファイアMk.47に至って、28ボルトに改められたという経緯がある。再生スピットファイアの場合も、やはり12ボルトの電気系統を装備していた機体の多くが28ボルト系に換装されたうえ、アルカリ蓄電池(バッテリー)を搭載するようになり、エンジンの始動がこの強力な機体内蔵バッテリーで可能となっている。結果、たとえば本拠地とする飛行場から離れた地点に降りたときなど、エンジン始動用の外部電源車の手配に時間をかける必要がなくなった。

電気系統に使用される配線は、天然樹脂（ゴム）の絶縁材で被覆されていたが、これもやはり経年劣化する。ということで、再生機の電線には、より効果的で長持ちする合成樹脂（ポリ塩化ビニールなど）の絶縁材が使われている。

上：Mk.XVI TE311から取り外したコクピット下面外皮。腐食し、汚損している。あまりに状態が悪いため、交換の対象となった。
（P. Blackah/ Crown Copyright）

下：Mk.XVI TE311の計器板。現用のマルコーニ無線装置が中央上部に見える。
（P. Blackah/ Crown Copyright）

スピットファイア産業
The Spitfire industry

　スピットファイアの再生事業といえば、当初は2、3の限られた工房が、小さいパーツを自前で製作しながら、傷んだ機体をこつこつ修繕するというレベルからスタートした。だが、そうした小規模な修復作業では、どうしても限界があり、どの機体もやがては本格的なオーバーホールが必要となってくる。そのため、1980年代初頭には、胴枠やカウリング、補助翼、昇降舵や方向舵など大型の交換部品の需要が高まってきた。

　というわけで、この時期、独自の専門技術を売りにした中小の会社が次々と設立され、それぞれの得意分野でスピットファイア再生事業に参入する。オードリー・エンドの――後にダックスフォードに移った――ヒストリック・フライング・リミテッド（略称HFL）、ワイト島サンダウンのエアフレーム・アセンブリーズ、ダックスフォードのエアクラフト・レストレーション・カンパニー（略称ARCo）などが、その代表例だ。それ以外にも、エンジニア個人が休日や空き時間を利用し、自分の趣味としてスピットファイアの機体修復を手がけているという例もある。機体関連ばかりではない。グロスターシャー州ダーズリーのレトロ・トラック・アンド・エアは、スピットファイア搭載の『マーリン』『グリフォン』をはじめとする航空機用エンジンの修復再生の分野で有名である。さらにアメリカに目を向ければ、やはり第二次大戦期の傑作戦闘機であるP-51マスタングが『マーリン』を搭載していた関係から、マスタング再生用に『マーリン』エンジンの修復を引き受ける会社が多い。

　さて、再生プロジェクトの第一歩は、関連のRAF公式マニュアルを手に入れ、これを理解することだ。スピットファイアに関するマニュアルは"Air Publication 1565"のタイトルで各型式ごとに公刊されており、AP1565Aといえばスピットファイア Mk.Iの、AP1565Bといえば Mk.II のマニュアルになる（以下同様）。各々の第III巻第2部は、スペアパーツの一覧表になっている。写真が皆無に近いうえ、記述のスタイルも「鋳造、機械加工、ブラケット、エルロン」といった、まさしく素っ気ない軍用マニュアル調なのが如何ともしがたいところではあるものの――これは普通の書き方をするなら「機械加工による、エルロンの鋳造ブラケット」ということになるのだが――、幸いなことに、各部品の図版はそっくり掲載されている。

　実際の修復作業に入るときは、まず機体を分解し、まとまったアセンブリーもしくはユニットごとに分ける。次いで、各アセンブリーを個々の部品に分け、ひとつひとつラベルを貼って、写真撮影する。それから念入りに洗浄し、表面的な腐食の有無をチェックする。さらに寸法を測り、摩耗度合いなどが許容限界を超えていないかを判定する。あわせて、亀裂や傷の有無を目視で点検する。続いて、目視では把握できない部品内部の傷を確認するため、1種類もしくは各種の手法を組み合わせたNDTすなわち非破壊検査を実施する（これについては後出のコラムを参照のこと）。

　以上のプロセスを問題なく通過した部品のみが再生機に再利用されることになるが、規格と一致しなくなった部品、腐食や亀裂の認められた部品は、新しく交換部品を作るための見本として活用されることになる。エンジンも同様に、分解～部品洗浄～計測～非破壊検査のプロセスを経て、必要に応じて交換部品を利用しながら再生される。

　今日のところ、前述の各社ともそれぞれ12人～45人の腕利きのエンジニアを擁して順調にビジネスを展開し、顧客からの依頼で作業日程表はびっしり詰まっているとのことだ。付言すると、各社ともスピットファイアだけでなく、その他の軍用機の修復再生も手がけている。

下：Mk.XVI RW386の主翼フィレット取付架を修復中のマーク・パー。彼は1991年にヒストリック・フライング・カンパニー社で滑油タンクの分解修理に携わるため、ダックスフォードに招かれた。以来、同社で仕事を続けている。
(Alfred Price Collection)

下右：レトロ・トラック・アンド・エアのオーナー経営者ピーター・ワッツ。修復され、出荷直前のマーリン・エンジンを点検中。
(Alfred Price Collection)

実際の再生プロジェクト
Restoration and repair projects
危険な落とし穴
Some pitfalls to avoid when restoring a Spitfire

　エアロ・ヴィンテージ・リミテッドのガイ・ブラックは、自身がある1機のスピットファイアMk.IXの修復事業を手がけた際に学んだという教訓、あるいは注意すべき落とし穴について、次のように語っている。
「これは私がクラシック・カーの世界で経験してきたことでもありますが、一般に修復の仕事において、何の部品だろうがおかまいなしに何もかも一緒くたに詰め込んだ、破れかけの段ボール箱を45個も持ち込まれることほど迷惑なことはありません。そういうことをしちゃいけませんよ。壊れた古い機体があるなら、それを見本に新しい飛行機を作ることもできるということを忘れないでください。新品に劣らぬ品質の中古部品がそこから取れるなら、それを再利用するのも、まあ悪くはないですが。
　実際の作業では、まず主翼の片方をはずすことから始めました。これにはとても気を遣いましたよ。主桁を検査するため、完璧な形で取りはずさなければなりませんから。ところが、スピットファイアの主翼前縁部、つまり例のD字形のボックス構造部分ですが、あれがひと続きになってはずれる。同じように後縁も、ひとかたまりになってはずれてきます。こうして、いくつかのかたまりを作りながら、主翼一枚を分解しましてね。修復は、その大きなかたまりごとに実施していく形になりました。でも結局この方法なら、下手に資料に頼るより、時間を無駄にせずに済むのです。
　そうやって、主翼主桁のブームを検査したところ、そのときは何も問題がないように思ったのですがね。スピットファイアの主桁ブームを新たに製造する技術を開発したトレント・エアロという会社がありますが、そこの人間が私のところにやってきて、作業中の機体を見るなり、主桁ブームを取り替えた方がいいと言うのです。内部で腐食が進行している可能性があるとかで。その男曰く、内部のダメージは外から見ただけではわからない、X線写真も必ずしもあてにならない、と。彼に説得されて、しぶしぶ新しい主桁ブームを入れたのですが、今となっては彼の助言に感謝しています。後日、たまたま単なる好奇心から、問題になったその古いブームの1本を切断してみたところ、ぞっとするような事実を発見しましたから。内部は確かにぼろぼろに腐食して、ほとんど跡形もないほどでした。つまり、搭載機銃が発射されるたびに、著しい腐食作用のあるコルダイト火薬の煙が、主翼内部に逆流していた結果でしょう。」

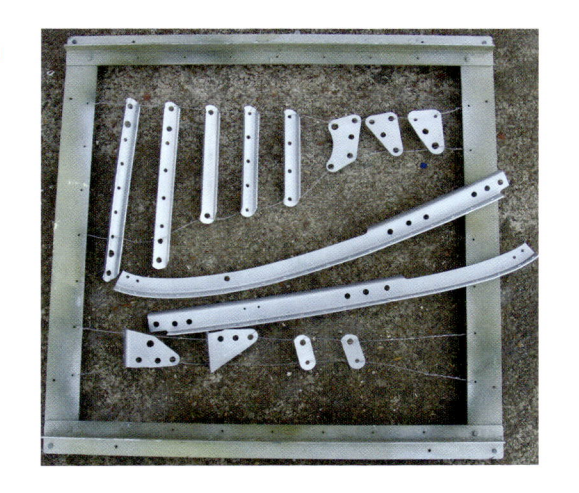

上左：組み立て準備ができた主翼のD字型前縁部骨組み構成部品。細い針金によって支持枠に部品が留められている理由は、塗装されたばかりだからだ。(Airframe Assemblies)

上右：腐蝕し、破損した翼部品は、復元作業時に新しいものと交換されることになる。(Airframe Assemblies)

下：新たに組み立てられたD字型主翼前縁部骨組み。(Airframe Assemblies)

最下：プライマー処理され、取り付け準備の整った様々な新規主翼部品群。写真のように、塗装作業中、部品は細い針金で金属枠に保持される。(Airframe Assemblies)

上：戦後、スピットファイアMk.IX PV202はアイルランド空軍向けに複座練習機へと改造された。同空軍に就役中は、機番号161を胴体に記入していた。(Jim Masterton)

下：2000年4月、グッドウッドで着陸に失敗したPV202の無惨な姿。(Steve Moss)

もとのアイルランド空軍塗装で復元され、2006年9月、PV202は空に戻った。(Peter R. Arnold)

事故機の修復、その可能性
Damaged, repairable...

　そもそも修復再生のプロジェクトにふたつと同じケースはないとはいえ、以下に紹介するスピットファイアMk.IX PV202の修復こそは、無類の難事業だったと認定できるのではなかろうか。本機は戦後になって複座機に改修され、No.161の番号を負ってアイルランド空軍に就役したという経歴を持ち、2000年4月、事故により大破した。そしてダックスフォードのHFLに運び込まれたが、当時の状況をジョン・ロメインは次のように語る。

　「あれはグッドウッドに着陸進入にかかったところで、失速（ストール）したのです。左の主翼が下がって、地面に接触して引きちぎれたようです。機体はそのまま裏返し。尾部も折れて、胴体上面は真っ平らに潰れていました。ともかく、ひどい有様でしたよ。

　その買い取り価格は100,000ポンド余りでしたかね。でもまあ、それで再利用可能なパーツを大量に手に入れたと思えばね。今どきの航空機のパーツの値段を見てごらんなさい。残骸から100,000ポンドの価値を引き出す方が楽ですよ。何と言っても、そこにあるのは、まるごと1機の飛行機ですから。たとえ残骸同然でもね。

　機体が地面に激突した瞬間も、主脚は無事だったようです。左の主翼が接地の衝撃を受け止めたのでしょう。主脚を含む降着装置全体は、再利用されました。右の主翼も再利用です。ただし、主桁のブームは交換されました。ちょうど潮時だったのですよ。主翼をバラすのなら、それは桁材交換の絶好の機会です。それに、片方の主翼の主桁は新しいのに、もう一方は古いままというのも、何となく嫌でしょう？　その他エ

ルロン、翼端部は残骸から取り出したのをそのまま使っています。

結果として完成した機体は、もちろん新品ではありません。あくまでも、補修された事故機ということになります。でも、墜落した機体から部品が回収できるなら、そして、それがきちんと検査機関を通ったのであれば、それを使ってはいけないという理由はないでしょう。現に、このスピットファイア161も、再び飛べるようになって1年半になります。」

P9374の復元
Rebuilding Spitfire P9374

さらにエアクラフト・レストレーション社のジョン・ロメインに、スピットファイアMk.I P9374がカレ沖の砂州から数十年ぶりに回収された前後の事情を語ってもらおう。

「あのMk.Iは、カレの海岸に胴体着陸したのです。まったく、驚きですね。ようやく宝探しの連中がいなくなったと思ったら、私たちが復元に乗り出すことが知れ渡って、フランスから何本も電話が入りました。あの機体から剥ぎ取った部品を持っているという人たちからね。でも、これは相当に価値あるプロジェクトになるでしょう。胴体前部と、エンジンを含むコクピット前部は当方が確保しています。水平尾翼も1枚出てきました。主脚収納ベイから外側の左右外翼部分は、まだフランスにあります。あるコレクターが納屋に保管しているそうです。オリジナルの搭載機銃が今どこにあるかもわかっています。これは技術的にも大がかりなプロジェクトになるでしょうが、むしろ望むところですよ。」

また、やはりこのプロジェクトに携わることになったエアフレーム・アセンブリーズ社のクリス・マイケルは、自身の熱意と意気込みを次のように語った。

「私たちは、あのMk.Iの修復に取り組むのを楽しみにしているんだ。あれは、戦前のスーパーマリン社の品質を今に伝えるものだからね。ボルトや継手は全部ステンレス鋼、その他のパーツも陽極酸化処理されていて、つまり耐食性が高い。だから、大戦後期になっても腐食作用に悩まされることがなかった。ほかのスピットファイアは、とてもそれほど長くは保たなかった。メッキされていない炭素鋼が使われていたから、すぐに錆だらけになって、ひどいもんだ。今の私たちの仕事も、それを何とかするところから始めなくちゃならないことが多い。

それに、Mk.Iには、飾り文字で"Supermarine"と刻まれた初期のラダーペダルが装備されていて、こいつがまたゴージャスに見える。とにかく、すべてが愛すべき戦前のクウォリティということだ。」

左：長期間、濡れた砂に浸かっていたことを思えば、P9374から回収された部品は、驚くほど良好な状態で残っていたといえる。ARCoの経営者ジョン・ロメインが、その機体から回収された配管部品とともに写っている。
（Alfred Price Collection）

あの機体は、長く砂に埋もれていた。水浸しの、乾くことのない砂のなかにね。言い換えれば、空気に触れることがなかったので、それが格好の保存効果をもたらしたわけだ。前にも言ったように、パーツに陽極酸化処理が施されていたことも大きい。搭載機銃はフランス軍が回収して、整備したあと、射撃演習場で使ったという話だ。こちらの調査の結果、そのうち3挺が博物館にあるのがわかった。さらに、ちょっとした特典で、修復後の機体に機銃を——もちろん作動しないよう細工したうえでだが——搭載できることになった。機銃を本来あるべき位置にもどしてやりたいというのは、みんなの願いだ。『できるかぎり多くのオリジナルのパーツを残し、機体を本来の姿のままに』というのが、私たちの合い言葉でね。」

非破壊検査
Non-destructive testing, an invaluable tool

NDTすなわち非破壊検査には4通りの方法がある。X線検査、超音波探傷、磁粉探傷、染色浸透探傷である。

X線検査は、たとえば主翼主桁やエンジン取付架のチューブ材など、外からアクセスするのが難しい部品が対象となる。ただし、X線を当てると内部の腐食や亀裂がたちどころにわかるということになってはいるが、結果の判定——画像の読みとり方——には、それなりの経験と慎重さが要求される（本文「危険な落とし穴」参照）。

超音波探傷は、開口部の内壁からその周辺の亀裂を探るときに実施する。たとえば主桁の開口部に音波を発信する探触子を挿入し、反射エコーのデータから損傷の有無を読みとる。

磁粉探傷は、鉄鋼など強磁性体材料の部品を対象に表面の亀裂を検出する方法。調べたい部品の表面に蛍光磁粉を含む液体を塗布し、電流を流す。次いで紫外線を照射すると、傷や亀裂があれば、そこに磁極が浮かびあがって見える。検査終了後の部品は消磁処置される。

染色浸透探傷は、鉄／非鉄金属製の部品を対象に表面の亀裂の有無を調べる方法。蛍光紫の浸透液を部品表面に塗布し、これをいったん洗い落とした後、亀裂に浸透した浸透液を吸い上げる現像剤をスプレーする。約40分ほど待ってから調べると、亀裂があればそこが明るい紫色に浮かびあがって見えるはずだ。

「スピットファイアのオーナーになるというのは、たいそうな特権でしょうが、この美しい機体を所有しているというだけで、子供のように純粋な喜びを満喫できることも確かです。」
——ガイ・ブラック、
エアロ・ヴィンテージ社取締役

第3章
オーナーの視点から
The owner's view

飛行可能なスピットファイアの
個人所有者になりたければ、
4つの方法がある。
いちばん簡単なのは、整備済みの機体を購入すること。
次に、
放置されたまま廃品と化した機体を手に入れ、
修復すること。
また、
事故機の残骸からの復元という手段もあるが、
その場合は
履歴証明書の取得のため、
できるだけ多くの部品を回収して再利用することが
重要になってくる。
最後に、
オリジナルの部品をいっさい使っていない、
まったくのレプリカを製作するという手もある。
本章では以上4つの選択肢について、
賛否両論を秤(はかり)にかけつつ、
検討を加えてみよう。

(Photo: Peter R. Arnold Collection)

自分のスピットファイアを手に入れるには
First, catch your Spitfire

飛行可能なスピットファイアを購入する
To purchase an airworthy Spitfire

　スピットファイアの個人所有者になるための、これがいちばん簡単な方法ではあるが、実際はそれほど単純な話ではない。もし、あなたが相応の金額――最低でも140万ポンドは必要だろう――を用意できるとしても、スピットファイアはネット・オークションで偶然手に入れるというような品物ではない。

　骨董品(アンティーク)や、それに類する商品はすべてそうだが、古いものであればあるほど、高値がつくことになっている。スピットファイア／シーファイアの場合も同様で、水滴状キャノピーを備えた後期型よりも、型式番号の小さい、まだ胴体が削られていない初期型の方が――当然ながら、グリフォン・エンジン搭載型よりはマーリン・エンジン搭載型の方が、希少価値は高いとされる。この価値観は、市場での人気と売買価格にそのまま反映される。

　逆の言い方をするなら、グリフォン搭載のスピットファイアMk.XIVやMk.XVIIIで、戦闘記録もない機体となれば、いくらか安く、また比較的容易に入手できるということだ。

　いずれにせよ、飛行可能なスピットファイアを自分のものにするには、これを「購入する」というのが、最も手軽でストレスの少ない方法である。

　では、それ以外の方法を検討してみよう。

傷んだ機体を修復する
To restore or repair a dilapilated or badly damaged airframe

　次なる方法として、まずは放置されたまま廃品と化した機体、傷んだ機体を買い入れて、自分で修復するか、あるいは専門の業者に修復を依頼するというやり方もある。ただし、RAF駐屯地のゲートガードとして展示されていた機体、キブツの広場に遊具代わりに置かれていた機体、インド空軍の飛行場の片隅に取り残されていた機体などは、かなり以前から奪い合いの状態で、すでに出尽くした感もある。世界中探せば、どこか遠い国の、使われなくなった飛行場で眠っているスピットファイアもあるかもしれない。だが、多くの愛好家が何年も調査を続けているにもかかわらず、黄金郷(エルドラド)の伝説さながらに、そこに辿り着いたという話は未だ聞こえてこない。

　ともあれ、その種の、見捨てられた機体を何とか手

右：カニングズビーのBBMF（バトル・オブ・ブリテン・メモリアル・フライト）で修復作業中のMk.XVI TE311の胴体。
(P. Blackah/ Crown Copyright)

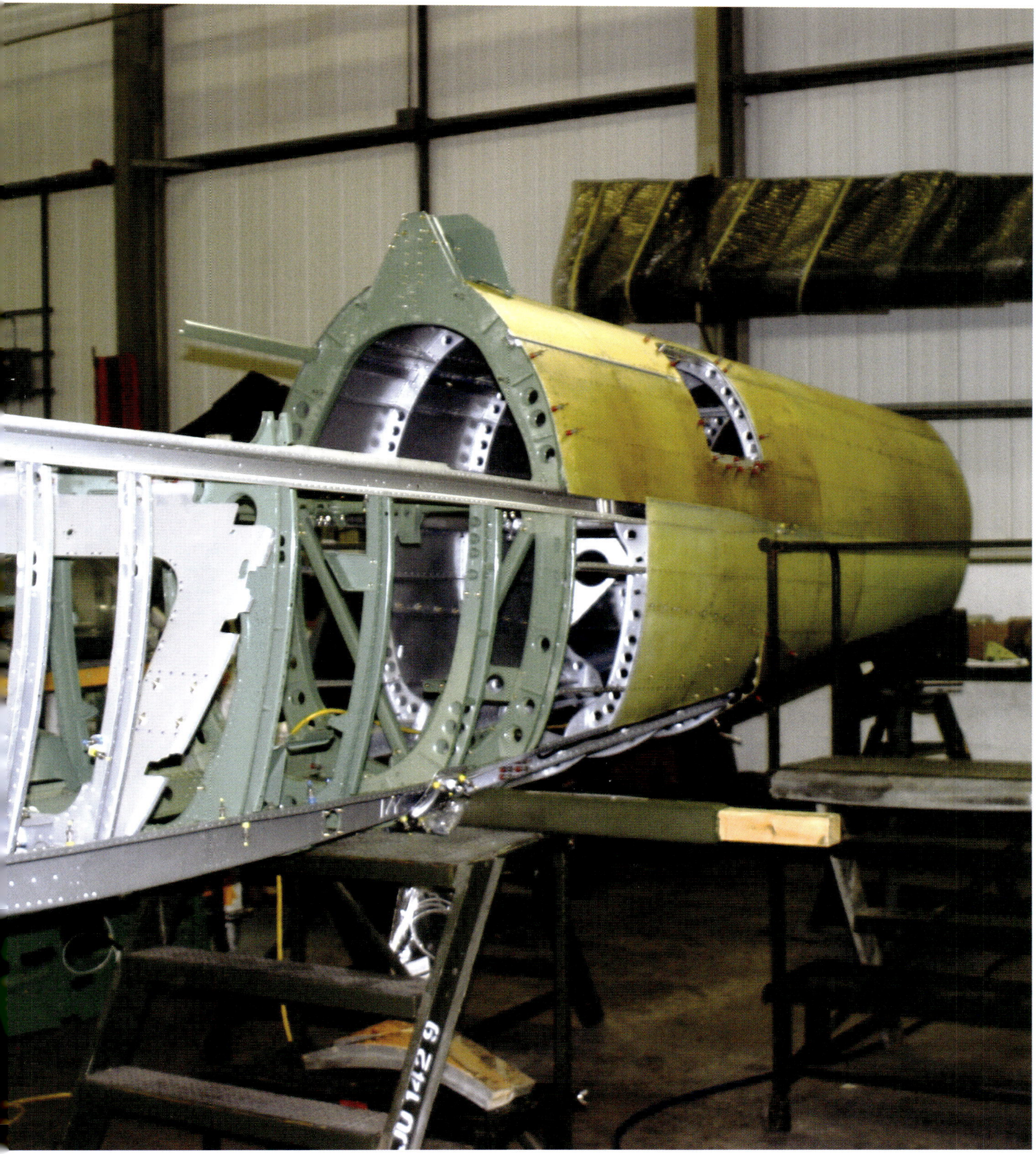

BBMF到着時のTE311のエンジン・カウルはこんな状態だった。軽度の腐食が認められ汚れがひどい。
(P. Blackah/ Crown Copyright)

洗浄作業と細かい補修作業の後、新しいファスナーを取り付けて、修復完了。丁寧なケアが施されて、見違えるようになった。
(P. Blackah/ Crown Copyright)

に入れることができたと仮定しよう。そこからが本当のスタートになる。問題は山積みだ。こうした機体の劣化の度合いがどれほどのものか、スピットファイアMk.XVI シリアル・ナンバーTE311の例を手がかりに、その印象だけでも確認しておこう。筆者がこれを書いている今現在、この機体はカニングズビーのBBMFバトル・オブ・ブリテン・メモリアル・フライトの格納庫で、長期の修復作業を受けている最中である。

本機は、かつてタングミーアおよびベンソンの空軍基地にゲートガードとして置かれていた。それからRAFのエキシビション・フライトに配されて数年を過ごすが、この時期には頻繁にトラックに積載されての移動を強いられた。イヴェント会場に到着後、組み立てられた機体は、そのまま野外展示に供される。イヴェントが終了すると、機体は再び解体されてトラックに載せられ、アビンドン基地に戻り、次のイヴェントを待つ。このようにして、解体され、組み立てられ、また解体されてトラック輸送され――というプロセスを常時繰り返すことで、TE311はかなりのダメージを受けていた。

カニングズビーに来たときのTE311は、長年に渡って朽ちるに任されてきたことがありありとわかるような、いかにも無惨な荒廃ぶりを示していたという。特にエンジン取付架の腐食は著しく、エンジンに手をかけて左右に揺さぶることができるほどだった。コクピットの下も腐食が目立った。

それ以外の部分も、腐食の度合いこそ上述の2箇所ほどではなかったにせよ、傷み具合は深刻だった。太陽光を浴び続けたせいで塗装は色褪せ、パースペックスのキャノピーは透明感を失って、脆くなっていた。また、パネルやキャノピーの継ぎ目から雨水が浸入し、内部の金属部品にダメージを与えていた。排気管も腐食していた。操縦翼面――補助翼、昇降舵、方向舵――はニュートラルの位置で固定され、上から粗アルミ合金のプレートがリベット留めされていた。プロペラ・ブレードは、積層トウヒ材が層割れを起こしかけていた。

それでも、驚くべきことに、パッカード製のマーリン266エンジンはオリジナルがそのまま――少なくとも再生の可能性をじゅうぶんうかがわせる程度には――持ちこたえていた。また、目視による慎重なチェックと、非破壊検査の結果、機体構造物の大半は再利用が可能であることも判明した。実は、再生作業が完了して履歴証明書を確保するとき、この点が重要になってくるのだが、これについては後述する。さらに、再利用不可と判断されたパーツについても、代替品を製造する際の見本として使うことができるという。

下：1940年5月24日、第92飛行隊所属のスピットファイアMk.I P9374は、複数のメッサーシュミットとの戦闘中に致命的な損傷を被り、カレ付近の沖合の砂州に胴体着陸した。この写真はドイツ軍関係者による検分が行われているところ。その後、機体はドーヴァー海峡の漂砂に覆われ、ただ1枚のプロペラブレードだけを水面から突きだして、長い眠りにつくことになる。(Peter R. Arnold Collection)

上：それから40年を経た1980年、漂砂が動き出して、P9374の大部分を露わにした。できる限り機体のオリジナル部品を組み込むという方針で、復元作業が始まったのは2006年5月のこと。
(Xavier Portier)

残骸から復元する
To rebuild a wrecked aircraft

以下に述べるスピットファイアMk.I シリアル・ナンバー P9374の復元は、上述のTE311の再生作業とは事情がまるで異なっている。P9374は、1940年3月、第92飛行隊に配備された機体だった。同年5月24日——ダンケルク撤退作戦の開始前日——、本機はメッサーシュミットと戦い、その最中、冷却系に1発の機関砲弾を受ける。パイロットのピーター・カズィノーヴ少尉は、カレ沖の砂州に本機を胴体着陸させ、自身は浅瀬を歩いて海岸に辿り着き、彼の地で終戦まで捕虜として過ごした。

一方、機体はその後ドーヴァー海峡の漂砂に埋もれ、長い眠りにつく。そして1980年から'81年にかけての冬、漂砂の移動によって、P9374は実に40年ぶりに姿を現したのだった。その際、多くのパーツが海岸に運ばれて検査されたが、なかには長く海水に浸かっていたことを考えれば、驚くほど保存状態の良いものさえあった。

2006年5月、ダックスフォードのHFL（ヒストリック・フライング・リミテッド社）が、P9374の復元を請け負う契約を、アメリカ在住の顧客と交わした。サンダウンのエアフレーム・アセンブリーズ社が、可能な限り多くのオリジナルの部品を再利用しつつ、胴体と主翼、尾翼を製作し、エンジンならびに諸システムの搭載などの最終的な作業は、HFL社でおこなわれることになるという。

この P9374復元の件は、愛好家団体のあいだでおおいに話題を呼ぶとともに、ある重要な問題を提起した。「スピットファイアであることの保証を得るには、どれほど多くのオリジナル部品を必要とするか？」果たして今後は、このように地中から掘り出された残骸からの復元が、スピットファイア再生の主流ということになるのだろうか？

レプリカを製作する
To build a replica Spitfire

わざわざ手間と費用をかけて事故機の残骸を掘り出し、審査に合格するどころか、そもそも再利用できるかどうかも怪しいパーツを回収するのは、どういった理由からだろう？ 申し訳程度のオリジナル部品を使って機体を復元するくらいなら、ゼロから新しいスピットファイアを製作するも良しとすべきではないか。結果として完成した機体が、スピットファイアの姿を忠実に再現し、どこから見てもスピットファイアにしか見えず、スピットファイアの雰囲気を漂わせているのであれば、それもまたスピットファイアであると認定しても差し支えないのではあるまいか。

答えはノーである。そうして完成した機体には、歴史も過去もないからだ。要するにそれはスピットファイアもどきの"B級品"なのであって、転売価格も相応に安くなるだろう。

前述のP9374のように、埋もれている場所が特定できるスピットファイアは、まだ世界中に数十機あるとされる。つまり、残骸なりとも掘り出して、そこから回収したパーツを交えて機体を復元し、履歴証明を取得するに足るようなスピットファイアが、かなりの数眠っているということだ。この"宝の山"を掘り尽くすまでには、まだ相当に長い時間がかかるだろう。

上:航空史家であるアンディ・ソーンダーズ(中央)が海岸に運ばれたP9374の残骸の一部を調査している。
(Peter R. Arnold Collection)

「すべて口コミで……」
'It was done by word of mouth'

　HAC(ヒストリック・エアクラフト・コレクション社)の取締役会に名を連ねるガイ・ブラックは、手持ちのスピットファイアMk.IXを下取りに出して、希少価値のはるかに高い——また彼の会社が長く入手に努力してきた——Mk.Vを買い入れたときの経緯を次のように述べている。

　「ある日、(HFL社の)ティム・ルーツィスが電話をよこして、私にこう切り出すのです。『きみがMk.IXを売りに出すらしいという話を聞いたんだが。もしそうなら、私のMk.Vで手を打つことを考えてみてくれ。実はMk.IXを欲しがっている男に、心当たりがあるんだ。』まあ、ざっとこんな調子です。すべて口コミで進んだ話ですよ。"エクスチェンジ・アンド・マート"〈訳註:イギリスで1868年に創刊された広告専門週刊誌〉にスピットファイア欄なんてものがあるわけでなし、つまり、この業界は誰もが誰をも見知っている——そういう世界なのです。こうして、我が社のMk.IXは南アフリカ在住のアンドルー・トーに引き取られ、我が社はティムのMk.Vを手に入れました。

　修復されたスピットファイアというのは、ある意味、すべて複製品なのですよ。多く(の部品)を交換しなくてはなりませんから。たとえば(多くの)オリジナルのスピットファイアには、あの厄介なマグネシウム鋲が使われていますが、あれを打ち込むと何もかも壊れてしまうなどということもありますし。

　我が社が入手したMk.V(ゲート・ガードから回収されたBM597)は、飛行機としては"完品"でしたが、それについてHFL社の方ではずいぶんと頭を悩ませたようです。現在、皆さんがあちらで目にする機体に、オリジナルの部品が25％も残っているかどうかは疑問ですね。ですが、たとえ1％でも残っているなら、やはりそれはオリジナルの機体と同じことなのです。なぜなら、修復作業に入るまで、その飛行機は確かに存在していたからです。そう、完全に。要するに、私たちがやっているのは、ほぼ全部の部品を交換するメンテナンス作業なのです。妙な言いぐさだと思われるかもしれませんが、でも、RAFにいれば、たとえば主翼が傷んでいたら、別のに取り替えるのは当然の作業だったでしょう。RAFの整備部隊で当時おこなわれていた大がかりな補修作業を、現在の私たちが同じように手がけているというわけですよ。ただし、私たちは機体の外装まで、ほぼ全部取り替えてしまうことになりましたが。」

オーナーに向かない人々　The unsuitable would-be purchaser

スピットファイアを所有するというのは、冗談抜きで裕福な人のみに許される楽しみである。これまでに多くの再生スピットファイアを販売した実績を持つジョン・ロメインによれば、その買い物が自身の財政状況に先々どのような影響を及ぼすかをじゅうぶんに理解しないまま、安易に購入を希望する人が少なくないそうだ。

「スピットファイアを買いたいという人からの問い合わせの電話は確かに多いのですがね。この人がスピットファイアを買うなんてとうてい無理だと、即座にわかるケースがほとんどです。もしかしたら、航空機の個人所有に慣れていて、もっと一般的な——そう、たとえばセスナ150などを買った経験がある人なのかもしれませんが。あれなら整備にかかる費用は年間6,000ポンド、保険料が2,000ポンドといったところでしょうか。1分間に消費する燃料は2～3パイント※1くらいですかね。その調子で、次はひとつスピットファイアでも買おうかという気になった——そういうことなのでしょう。けれども、今度は年間の整備費用が25,000ポンドから30,000ポンド、保険料は50,000ポンドに跳ね上がります。おまけに、1分あたり軽く1ガロン※2の燃料を食う機体です。そもそも値段が半端じゃない。素性の確かな、耐空性のあるスピットファイアとなれば140万ポンドにはなります。と、まあいろいろ説明すると、これらの数字が急にその人の頭のなかでダンスを始めるのでしょう。『うーん、なるほど。まさかそれほどかかるとはね。いや、それなら少し考えさせてもらおう』となるわけですよ。」

ロメイン氏は、商品としてのスピットファイアが準備できたとき、秘書を通じて、待機リスト——とは要するに、スピットファイアに関心を示し、なおかつ購入するだけの財力を備えた人々のリストということだが——に情報を流すという方式を採っている。現実的な商談は、そこからスタートするのだという。

訳註
※1：パイント～容量の単位。英国では1パイントが0.568リットルに相当する
※2：ガロン～液量の単位。英国では1ガロンが4.546リットルに相当する

履歴証明という問題　The question of provenance

シリアル・ナンバーが判明しているのであれば、そのスピットファイアの履歴も確定する。シリアル・ナンバーは機体の外側（胴体後部）と、内側（No.5胴枠にある防火隔壁の正面下部）にそれぞれステンシルで描かれている。また、前方上部燃料タンクにもシリアルが刻印されている機体もある。いずれにせよ、シリアル・ナンバーがわかれば、書式78号——RAFが公式に作成した個々の機体のカルテのようなものであり、現在は大半がヘンドンの空軍博物館に保存されている——と照合することによって、その機体の就役記録を追跡することができる。さらに、キューの国立公文書館で、それが所属していた飛行隊の戦闘日誌を調べれば、出撃記録や戦績までも確認できる。

というわけで、履歴証明書の発行という問題が、ここに浮上してきた。単に復元された機体にシリアル・ナンバーが記入されていれば済むといった話ではない。イギリスでは、この種の証明書の発行は、クラシック・カー愛好の長い伝統によって確立された手続きを踏襲する。オリジナルの機体から回収したパーツが、再生された機体に使われていることが認定されれば、そこには確かに歴史の糸が繋がっているということになる。この"歴史の糸"こそが重視されるのだ。オリジナル部品が組み込まれていなければ、歴史の糸の繋がりもない。となると、次のような疑問も出てくる。「どれほど多くのオリジナル部品を組み込めば、歴史の糸が繋がっていることになるのか？」

一般的な答えはこうだ。「履歴の確かなオリジナルの機体」から回収したパーツが「胴体の基本構造の相当部分（リーズナブル・ポーション）」を占めること——。そして例によって、この「相当」という言葉の明確な定義に、なおも議論の余地が残されているというわけだ（たとえば法廷弁護士の"先生"ならばこれをどう考えるか、一度聞いてみたいところではある）。

再生ビジネスの収益　The bottom line

これまで述べてきたように、オリジナルの機体から回収された部品を交えて機体を復元し、再生エンジンを用意して、飛行可能なスピットファイアを市場に送り出すには、数人×数年越しの作業が要求される。確かな履歴を持つスピットファイアの再生事業には、多少の誤差を見込んでも、一件あたり約100万ポンドかかる。それに対して、転売価格は140万ポンドといったところだろうか。だが、そこに生ずる利鞘（マージン）は、単純計算から予想されるほどではないようだ。つまり——あくまでも推定だが——プロジェクトの完了まで5年やそこらはかかるだろうし、多額の負債を背負いこむことになるかもしれないが、それに見合うだけの見返りが期待できるかどうかは、また別の話になるということだ。さらに、買い手あるいはバイヤーの側も、それだけの資金を通常の株取引にでも投資すれば、どれほどの利益をあげることができるかを検討してみる必要があるだろう。確かに言えることは、ただひとつ。すなわち、純粋に"金儲け"がしたいのであれば、スピットファイアの再生ビジネスへの投資は、ほとんどお勧めできないというのが正直なところなのだ。

必要な事務手続き　The inevitable paperwork

この世界の格言に曰く「書類の重さが機体の重さと並んだとき、その飛行機は飛べるようになる。」いささか誇張が目立つにせよ、ここに確かな真実の響きも含まれていることを、プロフェッショナルな業界関係者なら否定しないだろう。復元されたスピットファイアを空へ戻してやるには、越えなければならない法律

上のハードルがいくつもあるからだ。

復元作業の期間中、担当エンジニアは全員、作業時間と作業内容をはじめ、使用した部品を記載した作業記録（ワーク・パック）を作成する。そもそも航空機の再生・復元の事業は認可制をとっていて、CAA（民間航空局）※3の承認を得た会社だけが参入できることになっている。復元作業が完了し、ワーク・パックもまとまったら、主任エンジニアが総括的な作業報告書"E4リポート"を書く。

その後、該当機に対して、AA20号という書式番号で呼ばれる耐空証明書が交付される。これは、ユーザーに該当機の維持・管理を認めるものだ。こうして、該当機の飛行準備が整うと、CAAからPTT（試験許可書）が発行され、試験飛行の実施が認められる。通常、PTTは1ヶ月の有効期限内に5時間の飛行を許可するものとされているが、これらの制限条項は必要に応じて延長されることもある。この過程が円滑に進むと、さらに"飛行試験計画書"が作成され、CAAに提出される。認可されれば、これがそのままフライト・マニュアルの基本になる。これと同時にオーナーには、整備計画書の立案が要求される。これにもやはりCAAの認可が必要となる。

軍用機には、耐空証明書に代えて、PTF（飛行許可書）が交付される。これは1年ごとに更新手続きが必要だ。再生軍用機は、少なくとも理論上は火器を搭載することも可能なはずだが、その種の"悪用"を防ぐため、PTFには数々の制限条項が含まれている。たとえば、PTFは国内に限って有効であり、該当機に他国の領空への進入を認めるものではない。該当機が他国の領空に進入する場合は、その都度、事前に関係当事国の正式の許可を得なければならない。また、PTFは、夜間飛行もしくは計器飛行を——その装備のない機体には——禁止している。PTF取得機が運賃を徴収して乗客を運ぶことも——たとえ座席の設備が整っていても——禁じられている。

保険費用 Insurance

厳密に言えば、航空機に保険をかけることを強制する法律はない。だが、たとえばダックスフォードなど、クラウン・エージェンツが運営する飛行場の使用許可を得るためには、補償額5,000万ポンドの第三者賠償責任保険への加入が義務づけられる。もっとも、掛け金は年間あたり約4,000ポンドだから、これはまだしも割安と言えるだろう。

むしろ高くつくのは、機体そのものに保険をかける場合である。スピットファイア1機あたりの評価額が140万ポンドとして、オーナーが全額補償を希望するならば、ロイズ加盟業者（保険者）の提示する保険料率は4％といったところだろう。140万ポンドの4％といえば、56,000ポンドになる。ということは、そのスピットファイアが年間25時間飛ぶとして——個人所有の機体の平均値はそのあたりである——、保険料だけで1時間あたり2,240ポンドが食われる計算になる。

この初歩的な算数を目の前に突きつけられれば、オーナーの多くが機体に全額補償の保険をかけるのを躊躇するようになる。そして次のような考え方に傾くことになるのではなかろうか。「たとえば4年も経てば機体はそこそこ傷んでくるだろうが、よほどの大事故でも起こさぬ限り、補修費用は、同じ期間中の保険費用224,000ポンドを下回る額で済むだろう。」

維持費 Running costs

さて、ついにスピットファイアを手に入れたからといって、無論それがゴールというわけではない。むしろ、支出面では、ここからが新たなスタートになる。あなたは新しい自慢の種を抱えて、低価格とかバーゲン価格といったものが成立しない世界に足を踏み入れたのだから。たとえば収支報告書に"雑費"として記載される金額を、幾つか拾ってみよう。着陸30回で交換が必要になる主車輪のタイヤの価格は385ポンド。尾輪のタイヤは300ポンドをどうにか下回る程度か。プロペラ・ハブは、およそ30,000ポンド。プロペラ・ブレードは1枚あたり6,500ポンド前後になる（皮肉なことに、これは現在ドイツの［有］ホフマン社のミュンヒェン工場で製造されている）。プロペラのオーバーホールは、ハブおよびブレードの交換を伴わない場合でも、約10,000ポンドかかる。

また、筆者がこれを書いている今現在、潤滑油（W100もしくはOM270）の価格は1ガロン約11ポンド。ちなみに普通の滑油タンクは容量9.5ガロンである。エンジン運転時、滑油は1時間あたり1〜9パイント減るので、1回のフライトが終わるたびに補充しなければならない。そのうえ、累積飛行時間が25時間に至ると滑油の全量交換が必要となる。

そして、やはり今現在、航空燃料（アヴガス）価格はリッターあたり1ポンド（1ガロンで5ポンド）である。スピットファイアMk.IXの主燃料タンクは容量85ガロンだが、これは約2時間の飛行で消費されてしまう量だ。

訳註
※3：CAA〜航空会社や空港の活動を監視・規制する独立機関

下：タイヤを装着した主車輪1組。タイヤの寿命は、舗装された滑走路を使う場合で、着陸30回程度が限界だ。
（P. Blackah/ Crown Copyright）

「スピットファイアについて何を思い出すかって？ 1機1機はっきりと個性が違っていたということです。どの機体にも明確な特徴というか、癖がありました。自分の乗機に不具合があって、誰かの乗機を拝借して飛ぶことになったとします。と、その違いが瞬時にわかるほどでした。でも、ほかの機種に乗り換えたいとは、ついぞ思いませんでしたね。スピットファイアは、まさしく最高の相棒でした。」
──レイモンド・バクスター大尉、RAF第602飛行隊、スピットファイアのパイロット、TV司会者・コメンテーター

第4章
パイロットの視点から
The pilot's view

　スピットファイアは、
就役したその瞬間から、
パイロットのための戦闘機という定評を得た。
熟練パイロットの手に委ねられれば、
それはまるで
プリマバレリーナのように軽やかに、
また確実に、その性能を余すところなく発揮した。
反対に、訓練不足で飛行時間も足りない
未熟なパイロットが操縦席に座っても、
スピットファイアは
彼のあらゆる無茶な仕打ちに耐え、
彼を無事に基地へ連れ帰ってくれる——
そういう戦闘機だった。
本章では、
スピットファイアを実際に操縦したパイロットたちの
回想を交えながら、
読者の皆さんにコクピットの臨場感を
追体験していただくのを目的とする。

(Photo: Crown Copyright)

スピットファイアが最新鋭の戦闘機だったその昔、向上心に燃えるパイロットなら、誰しも一度は学習曲線の谷底にいる自身の未熟さを自覚したことだろう。彼らは、スピットファイアのあらゆる側面を理解し、その諸システムに関して、じゅうぶんな知識を身につける必要があった。空力的・構造的限界に至るまで——ただし、決してそれを越えないように——機体を使いこなすべく、操縦感覚に磨きをかけることを要求されたのだ。さらには、語られることは少ないが重要な技術である計器飛行、航法、射撃術の達人であらねばならなかった。

そしてもちろん、戦技に長けたドイツ機——いわゆる"太陽を背負った敵機"——との戦闘が控えていた。会敵の可能性がある空域では、たとえば1分間のうち55秒間は、パイロットがスピットファイアを飛ばしているというより、スピットファイアが勝手に飛んでいるも同然だった。というのも、その55秒間、パイロットは視線をもっぱらコクピットの外に向け、敵機を求めて規則的な全周警戒を実施していなければならなかったからだ。索敵がいかに困難な作業だったかについては、空戦で撃墜されたパイロットの大半が、敵機の姿をまったく見ることさえなかったという説もあるほどだ。敵機らしきものは何も見えなかったのに、気がつけば被弾の衝撃にさらされていたというパターンである。そこにどのようなロマンを思い描こうが個々人の自由だが、実際の空中戦とは、およそ命乞いの通用しない苛酷さに彩られた、胸の悪くなるような仕事(ビジネス)だった。"いいカモ"は瞬時に"死んだカモ"になるのが常だ。

もちろん、平和な時代にスピットファイアで空を飛ぶというのは、まったく別の話になる。いまどきの"敵機"は、たとえば飲酒だろう。つまり、自信過剰のパイロット、訓練不足あるいは能力不足のパイロットにとって、危険な罠はいくらでもあるということだ。いずれにせよ、スピットファイアという純血種(サラブレッド)は、常に最大級の敬意を払いつつ扱ってやらねばならない。それを忘れると、飛行機乗りの古い格言に言うとおり「乗機を意のままにできなければ、乗機に意のままにされる」ことになる。

下：現行の MoD（英国防省）書式724。BBMFのスピットファイアの運航記録である。こうした運航日誌は個々の機体ごとに作成され、累積飛行時間や冬期整備以降の着陸回数と飛行時間など、その機体が実施したすべての飛行が詳細にわたって記録される。
（P. Blackah/ Crown Copyright）

Flight No	Date	Take-Off	Landed	Duration	Aircraft Total Hours	Roller	Full Stop	Total	SPC	Station of Landing	Name of Captain (Print)	Flying Hours Since Winter Maintenance
B/F Totals					267:20			358				29:30
1	18 Sep 06	15:25	16:05	:40	268:00		1	359	14	NORTHOLT	PINNER	30:10
2	14 Sep 06	13:00	13:55	:55	268:55		1	360	13	NORTHOLT	PINNER	31:05
3	14 Sep 06	18:15	19:05	:50	269:45		1	361	14	NORTHOLT	PINNER	31:55
4	15 Sep 06	18:35	19:20	:45	270:30		1	362	14	—"—	—"—	32:40
5	16 Sep 06	16:20	17:15	:55	271:25		1	363	14	CONINGSBY	PINNER	33:35
6	22 Sep 06	18:45	19:00	:15	271:40		1	364	13	—"—	JUDSON	33:50
7	26.09.06	14:35	15:55	1:20	273:00		1	365	13	—"—	ROWLEY	35:10
8	4.10.06	16:10	16:20	0:10	273:10		1	366	12	—"—	JUDSON	35:20
9	8.10.06	08:35	09:00	0:25	273:35		1	367	14	DUXFORD	JUDSON	35:45
10	8.10.06	16:00	16:40	0:40	274:20		1	368	13	CONINGSBY	JUDSON	36:25
11	12.10.06	16:00	16:10	:10	274:30		1	369	12	CONINGSBY	PINNER	36:35
12	14.10.06	14:10	14:20	:10	274:40		1	370	12	—"—	PINNER	36:45

Sortie Profile Codes (SPC) Select code which most closely describes your flight

Spitfire: 10 Air Test | 11 Training | 12 Display Only | 13 Transit & Display | 14 Transit Only
Hurri-: 20 Air Test | 21 Training | 22 Display Only | 23 Transit & Display | 24 Transit Only

スピットファイアを飛ばす
Flying a Spitfire

　飛行に備えて、地上員による飛行前点検が実施されるが、これとは別にパイロットも機体の周囲を歩きまわって独自のチェックをおこなう。

エンジン始動
Start-up

　以下の写真は、スピットファイアMk.IXのエンジン始動の手順を段階ごとに追ったものである。

1　スロットル・コントロール・レバーを始動の位置に入れる。（P.Blacker/Crown Copyright）

2　航空交通管制局との交信に備えて、無線送信ボタンを押し込む。ただし、これは本来、爆弾投下用のボタンだった。（P/Blacker/Crown Copyraight）

3　エンジン始動遮断スイッチをオン。（P.Blacker/Crown Copyright）

4　始動用燃料注入プランジャーのロックナットを緩める。（P.Blacker/Crown Copyright）

5　始動用燃料注入を開始。（P.Blacker/Crown Copyright）

6　プロペラ・ピッチ調整レバーを押し込み、最大ピッチとする。（P.Blacker/Crown Copyright）

7　磁石発電機スイッチをオン。（P.Blacker/Crown Copyright）

8　燃料セレクタをオン。（P.Blacker/Crown Copyright）

9　エンジン始動ボタンとブースタ・コイル・ボタンを同時に押す。エンジンが回転しはじめると同時に、始動ポンプが活発に作動する。エンジンが20秒以内に始動しない場合、始動ボタンとブースタ・コイル・ボタンを30秒待ってから再び押す。（P.Blacker/Crown Copyright）

10　排気管から煙が出て、エンジンが呼吸を始める。これを確認して、始動ボタンから指を離す。エンジンが順調に回転するのをたしかめて、ブースタ・コイル・ボタンからも指を離す。始動ポンプのプランジャーのロックナットを締める。（P.Blacker/Crown Copyright）

離陸前チェック
Pre-take-off checks

離陸前には必ず以下のチェックが実施される。

トリム	昇降舵を3時方向から1/2目盛上げ。方向舵は限界まで**右**に
スロットル・フリクション	締める
混合比調整	いっぱいに引く
プロペラピッチ調整	いっぱいに前へ
ピトー管ヒーター	必要に応じて
燃料	燃料コック～オン 低圧警告灯～オフ 始動用ポンプ～ロックナットをいっぱいまで締め込む 容量～満タン
フラップ	UP　機械的指示装置（フラップ作動桿突出部カバー）は主翼面と面一（つらいち）に。
ラジエーター・フラップ	開
ジャイロ	DI（方位計）同調の人工水平儀（のローター軸）を起動、自立制御する
フード	必要に応じて
ハーネス	締結、ロック

着陸
Landing

着陸態勢に入る前には、必ず以下のチェックが実施される。

飛行場進入前チェック	
燃料	残量チェック
QFE（着陸場面高度規正）	（滑走路面に機体があるときに高度計がゼロを指すよう）セットする
DI（方位計）	（ジャイロのローター軸の傾きを修正して）コンパスに同調させる
ラジエーター・フラップ	開
ハーネス	締結、ロック
ROM	2,650rpm

着陸前チェック	
空気圧	空気圧計を確認
降着装置	下げ（120ノット以下（NO）／140ノット以下（NE）） DOWN（緑）を表示 油圧計はIDLE レバーをゲートに
プロペラピッチ調整	いっぱいに前へ
フラップ	DOWN（120ノット以下）、作動桿突出部カバーは上がる
フード	必要に応じて

最終進入前チェック	
降着装置	DOWN（緑）IDLE
空気圧	チェック

着陸後チェック	
ピトー管ヒーター	OFF
フラップ	UP　作動桿突出部カバーは翼面と面一（つらいち）
ラジエーター・フラップ	開位置を確認
空気圧およびブレーキ圧	最少で120psi
スロットル・フリクション	調整

上：アレックス・ヘンショーはキャッスル・ブロミッジ航空機製作所の主任テスト・パイロットで、在任中に彼が飛行試験を担当したのは生産された全スピットファイア10機につき1機の割合を軽く超えるという。彼と歓談しているのは、言わずと知れた当時の英国首相ウィンストン・チャーチル。これはチャーチルが士気高揚のため同製作所を視察に訪れた際に撮影された一葉。(Vickers)

下と右ページ：1941年、実戦部隊に就役した直後に撮影されたスピットファイアMk.V。これは第92飛行隊に所属する機体で、アラン・ライト中尉が搭乗した。(RAF Museum/ Charles Brown)

戦時中のパイロットたち
Wartime pilots' views

製造元テスト・パイロット
── アレックス・ヘンショー ──
Production test pilot —Alex Henshaw

　アレックス・ヘンショーは、戦時中、航空機の大規模生産施設としてフル稼働していたキャッスル・ブロミッジ航空機製作所の主任テスト・パイロットの地位にあり、出荷を控えたスピットファイアの試験飛行の責任者だった。彼が自ら操縦席に座って試験したスピットファイア／シーファイアは2,360機——ということは、総生産数を考えれば、彼が10機のうち2機以上の試験飛行を担当した計算になる。彼は自身の職務について、次のように述懐している。

　「製造元テスト・パイロットというのは、要するに品質管理の責任者ということだ。それが私の職務だった。どこにも不具合がないか、完成した機体が開発意図を裏切らない品質を維持しているか、自分で試乗して確かめなくてはならない。思いがけない欠陥でも見つからない限りは、飛行試験そのものは簡単だ。ただし、手順が型式ごとに多少は違ってくるので、ここではMk.Vを例に説明しよう。

　まずは徹底した飛行前点検をおこなってから離陸するわけだが、いったん周回高度に到達すると、トリム調整のため、操縦桿から手を離した状態で直線水平飛行を試す。Mk.Vには補助翼(エルロン)トリム・タブが装備されておらず、しかも、新品の機体は、たいてい左右どちらかに傾く傾向があった。そうなったら、ただちに着陸だ。飛行場の一隅には整備員が待機していて、調律用音叉(チューニング・フォーク)に似た形の、専用の工具を持って駆け寄ってくる。そして、私の指示にしたがって、エルロン後縁を上下に曲げて調整する。片側が終わったら、もう片側のエルロンを反対向きに曲げて補正する。これが済むと、再び離陸し、操縦桿から手を離した状態でトリムが保たれているか、左右いずれかに機体が傾くことがないかをもう一度確認する。たいていは大丈夫だが、まだ傾くようなら、問題が解決されるまで同じ作業を繰り返すことになる（時には、エルロン後縁の微調整だけでは追いつかず、エルロンをそっくり交換しなければならないこともある）。これがヒース・ロビンソン方式だが、それなりの効果はあった。

　トリムが補正されたのを確かめたら、次には毎分2,850回転のスロットル全開上昇で、過給器の定格高度まで機体を持ってゆく。そこでエンジン出力を、高度および気温と対比させながら、入念にチェックする。読み違いを招く要素はいくらでもあるから、ここは注意したいところだ。たとえば、ブースト計の配管に漏

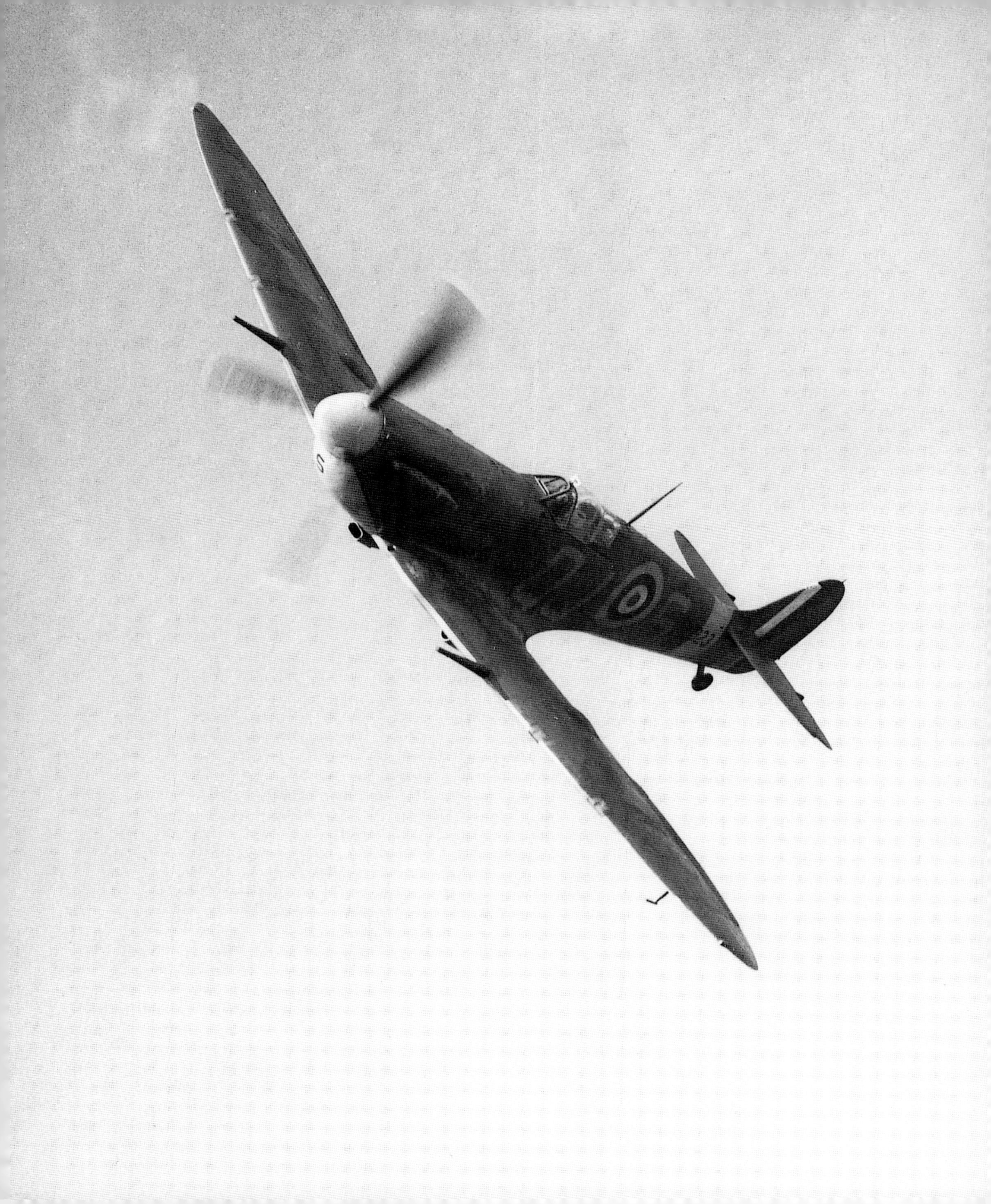

れが生じているとか、気温が高い場合は危ない。あるいは回転計や、はなはだしきは高度計の目盛の規正ミスまで考えられる。すべてに満足すべき結果が得られたら、続いては毎分3,000回転のフル・パワーでダイヴを実行し、460マイル毎時（の指示対気速度）で、両手両足を離した状態でトリムが保たれるかどうかを確かめる。これがうまくいかなければ、昇降舵トリムの補正が必要になる。もしくは、尾翼後縁を若干タイトに張りなおす場合もある。

　個人的には、いくつかの曲技飛行をやってみないことには、その機体の本当の良し悪しは決めかねるところがある。そうした判断基準は、パイロットの疲労度や技量に左右されることもあるのだが。総じて、製造元で実施する試験というのは、至ってあっさりしたものだ。小手調べの周回飛行は10分足らず、本格的な試験飛行も20分から30分で終了する。その後、機体は最後の総点検を受け、何の不具合もないということになれば、あとは出荷を待つだけだ。こうした試験を、私は多いときで１日に20回余り遂行した。生産ラインがフル稼働しているのに、悪天候が続けば、テスト待ちの機体がたちまち山積みになるから、時にはそういうことになる。

　なるほど、私はスピットファイアが好きだった。系列機のどの型でも。とはいえ、後期型になると——スピードという点では確かに進化したが——重量が格段に増えただけでなく、そのぶん操縦しづらくなったことは認めざるを得ない。つまり、機体制御がそう簡単にはいかなくなったということだ。水平飛行から機体を急横転させ、自転の回数を見るという機動性のテストがある。Mk.ⅡやMk.Ⅴであれば２回転半できたのが、重量の増したMk.Ⅸだと１回転半にとどまる。より重い後期型になれば、自転回数はもっと減る。要するに、航空機の設計とは妥協と歩み寄りの産物でもあって、性能限界の一端を向上させようという場合、別の一端を犠牲にせずにこれを成し遂げられることは滅多にないのだ。」

スクランブル！
—— ドナルド・マクドネル少佐の場合 ——
"Scramble!"—
Squadron LeaderDonald MacDonell

　戦闘機軍団の用語で"スクランブル"といえば「可及的速やかに発進せよ」の意味になる。この言葉を耳にした瞬間、パイロットは何を措いても一斉に自分の乗機に駆け寄る。まるでそれが自身の生死の分かれ目であるかのような勢いで。というのは誇張でも何でもない。彼らはまさしくそこに命を賭けていたのだから。発進が30秒遅れるごとに、高度に直すと約1,000フィートの損失が発生し、会敵に際して、それだけ相手に遅れを取るということになる。いかにスピットファイアといえども、上昇中のところをメッサーシュミット109に捕捉され、急降下で襲いかかられたらひとたまりもない。そのことをパイロットたちはよく心得ていた。バトル・オブ・ブリテン期間中、第64飛行隊を率いていたドナルド・マクドネル少佐は、スクランブル発進の手順を次のように説明している。

「……冷静に電話を受けていた担当官が、一転、頭のてっぺんからの金切り声で『スクランブル！』と喚く。と、パイロットたちは一斉に猛烈な勢いで走り出す。もちろん、私もその一人だった。私が乗機に駆け寄ったときには、地上員がすでにエンジンをかけている。別の地上員はパラシュート一式を用意して待ってい

バトル・オブ・ブリテン期間中、第64飛行隊の指揮官を務めたドン・マクドネル少佐。（MacDonell）

て、私がそれを装着するのを手伝ってくれる。それが済むと、私はコクピットに這い登る。そして、やはり地上員の手を借りて、座席ベルトを肩にまわして締める。彼に向かって、親指を立ててOKのサインを送ると、昇降ドアが閉められる。私は種々のベルトやストラップの類を強く引っ張って確認する。それから飛行帽をかぶり、付属のコードを無線送信機に接続する。そうしながら、エンジンが正しく回転しているかをチェックする。すべてが順調なら、車輪止めをはずすよう、地上員に手を振って合図する。そしてスロットルを開き、駐機場の掩体壕を出て草地を横切り、離陸滑走路に向かう。離陸位置に進み出たら、スロットルをじゅうぶんに開いて、離陸滑走を開始する。列をなして離陸の順番を待つ私の配下のパイロットたちも、次々と私のあとに続く。以上の全過程、つまりスクランブルの発令から離陸まで、かかる時間は約1分半というところだ。

　こうして、部隊のスピットファイア全機が離陸して上昇する間に、私は基地の管制室と連絡を取る。管区管制官が応答して、目標と高度を指定する。部隊が編隊の形成に移る一方で、私は低出力で緩やかな螺旋を描きながら上昇し、全機が定位置につくのを待つ。それからスロットルを一気に開いて、できるだけ早く所定の高度を目指す——というのが、おおよその手順だった。」

間一髪！
—— エリック・マーズ少尉 ——
Shaken, but not stirred! —
Pilot officer Erick Marrs

　エリック・マーズ少尉は、第152飛行隊員として、スピットファイアでバトル・オブ・ブリテンに参加した。1940年9月30日の出撃で、彼のスピットファイアは戦闘中に著しい損傷を被りながらも、何とか彼を無事に基地まで運んでくれた。彼は両親に宛てた手紙のなかで、その顛末を以下のように綴っている。

「……今まさに攻撃に出ようかというときのことでした。無線越しに誰かが『メッサーシュミットだ！』と叫ぶや、飛行隊全機がサッと四方に散りました。ところが、それは誤報だったのです。さて、どうするか——と思案した末、そもそも爆撃機が目標だったことに思い至り、僕はとっさに110の群の下に潜り込み、爆撃機（ハインケル111が40機から50機ばかり）を右側面から狙いました。

　相手に3秒ほどの連射を加えてやったとき、ガツンとひどい衝撃を受け、目の前で世界がひっくり返りました！僕は操縦桿を目一杯前に倒して垂直降下に入り、雲の下に抜けるまで耐えました。最大の問題は、燃料がどんどんコクピットに流れ込んできて、足もとに溜まりはじめたことです。コクピットの底は、燃料の池になってしまいました。膝や脚がヒリヒリして、まるでイラクサの茂みに踏み込んだかのようでした。見れば風防ガラスに穴が一箇所。機銃弾が飛び込んできて計器板を直撃、エンジン始動ボタンを吹き飛ばしていたのです。さらにもう一発、これは炸裂弾だったのだと思いますが、操縦桿の前にある燃料コックレバーの1本を吹き飛ばしたついでに、僕の膝まわりに破片をまき散らしたばかりか、下部燃料タンクにまで穴を開けたのです。明らかに僕は、ハインケルの盛大な十字砲火のまっただ中に飛び込んでしまったというわけです。

　燃料が全部流れ出てしまわないうちにと思い、僕は最高速度で帰路につきました。飛行場まで15マイル、燃料の池に脚を浸しながら、いつ火が入るかと気が気でなく、まったくのところ胸のキリキリするような旅でした。そのうえ、飛行場まであと5マイルというあたりで、計器板の下から煙が出てくるではありませんか。これはいつ大爆発が起きてもおかしくない——そう考えて、エンジンを切ったところ、煙も出なくなりました。そのまま滑空状態で飛行場を目指し、車輪を降ろそうとしました。ところが、降りたのは片側だけ。もう片側が降りないので、仕方なく降りた方の車輪を再び上げようとしました。これがまた上がらない。つまり、片脚着陸を強行するしかなくなったのです。飛行場まであと少しと思い、再びエンジンをかけたら、しばらくしてまた煙が出てきたので、慌ててエンジンを切りました。飛行場は目の前です。僕は通常進入して、できるだけゆっくりと着陸を試みました。機体は静かに接地し、着陸は成功でした。ただ、支えられていない側の主翼が徐々に下がりはじめました。少しのあいだは持ちこたえることができましたが、ついに翼端が地面をこすってしまいました。その拍子に機体がぐるりと回転しはじめたので、降りている主車輪のブレーキをかけて、これを相殺しようと試みました。結局、片側の主車輪と尾輪、翼端の三点着陸のような形で、横滑りして機体は停止しました。幸いなことにタイヤが何とか保ってくれたので、機体はほとんど無傷でした。もちろん、被弾箇所を別にすれば、ですが。着陸で傷ついたのは翼端部のみで、これは簡単に交換できるので問題無しというわけです。

　僕は外に飛び出し、そのまま医務室に直行して、手足に刺さった機銃弾の破片を軍医に抜いてもらいました。火も出さず無事に着陸できたことで、僕は我が身の幸運をおおいに喜んでいる次第です。」

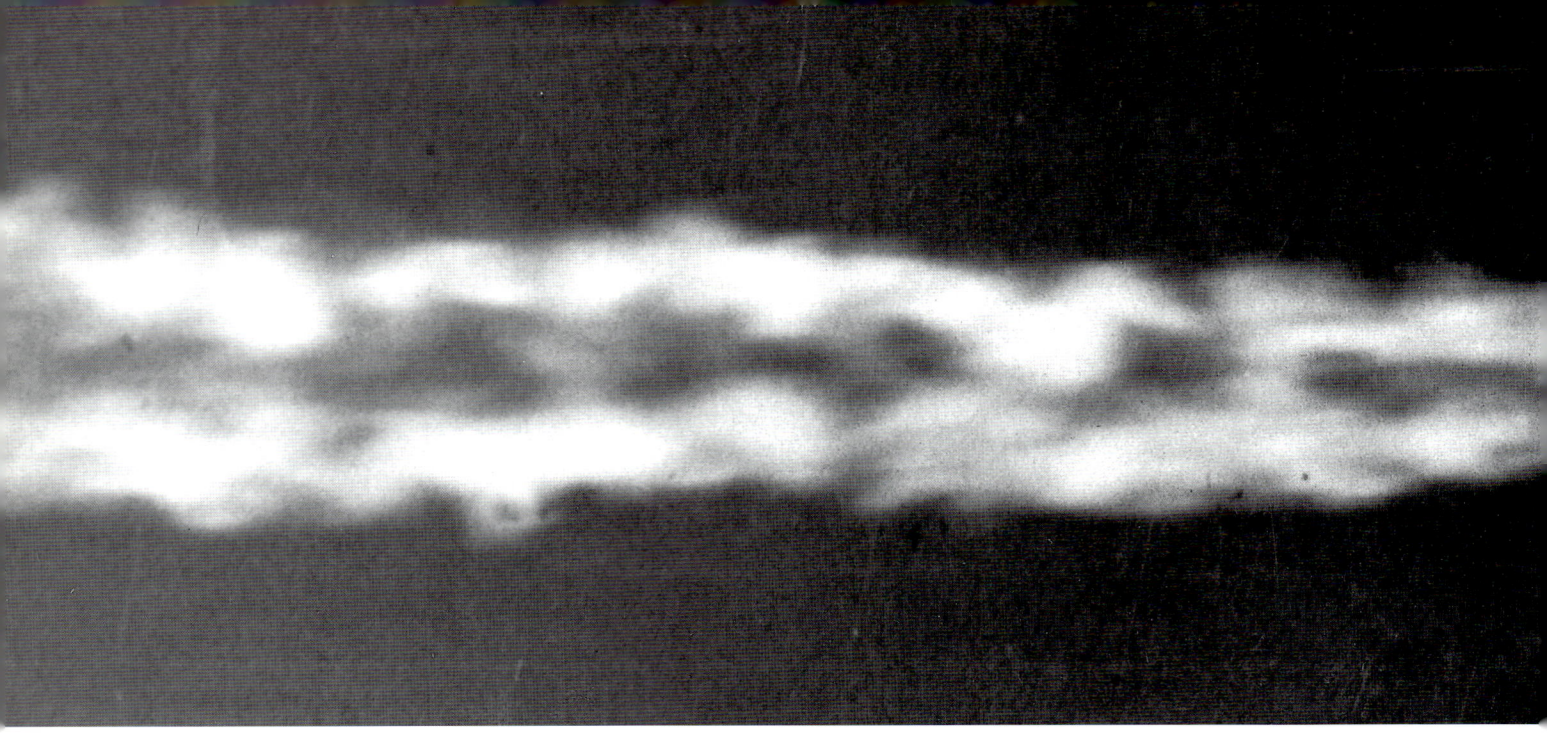

上：水を得た魚〜高高度にある偵察型スピットファイアMk.XIX。胴体下に70ガロン入り自力空輸用燃料タンクを装備して、操縦性能試験を実施しているところ。
(Crown Copyright)

偵察機パイロットの回想
―― ゴードン・グリーン少尉 ――

A reconnaissance pilot remenbers —
Pilot Officer Gordon Green

　ゴードン・グリーン少尉は、大戦初期、PRU（写真偵察隊）のパイロットとして、スピットファイアで任務を遂行した経験を持つ。以下は彼の回想である。
　「PRU勤務当時を顧みて、私が今でも満足に思っているのは、戦争に参加しながらも、一度たりとも怒りにまかせて銃撃せずに済んだことだ。私たち偵察隊は、ある意味、気楽に構えていた。写真を撮って帰る、撮れなければ乗機を持って帰るまでのこと――私たちは常にそう肝に銘じていた。たとえば、エル・アラメインの進軍に参加した歩兵が『こんなこと、やってられるか。おれは今から故郷に帰るぞ！』などと、いきなり決断できるわけもない。彼は言われたことを言われたままに続けるしかない。そこへいくと私たちは、相手を出し抜くチャンスが失われたと思えば、引き返すことが許されていたばかりでなく、むしろ、そうするよう求められていた。
　その一方で、本当の恐怖とはどういうものかを知る機会も幾度となくあった。ブレスト上空へ低高度で侵入したときのことを思い出す。目標まで15分のあたりから心臓が激しく波打ち、口のなかはカラカラに乾いた。あのヨーロッパ随一の守備堅固な軍港へ写真偵察に乗り込むのに恐怖感を覚えないやつがいるとすれば、そいつは人間じゃない。何といっても、写真撮影が可能なところまで目標に迫れば、必然的に対空砲に狙われることになるからだ。こちらから相手が見えるなら、相手からもこちらが見えるということなのだ。だが、偵察機パイロットとしての服務期間中、どうやら私は幸運に恵まれ続けた。敵戦闘機に遭遇したことは一度もなかったし、対空砲にやられもしなかった。実際、ブレスト上空を飛びまわっていた時期、私たちの仲間がやられて帰ってきたのは、ただ一度、ただ1機だけだった。それも、損傷度合いはたいしたことなかったのだ。言ってみれば、あれは狐狩りのようなものだった。狐は無傷で逃げおおせるか、さもなければ捕まって殺される。そのどちらかであって、中間は滅多にない。私たちの任務とは、つまりそういうものだった。」

ドイツ空軍パイロットの回想
―― ハンス・シュモラー -ハルディ中尉 ――

A German pilot remembers —
Oberleutnant Hans Schmoller-Haldy

　ハンス・シュモラー-ハルディ中尉は、バトル・オブ・ブリテン当時――ドイツ側の言い方にしたがうなら対英侵攻『ゼーレーヴェ』作戦期間中、メッサーシュミット109Eでこれに参加した。彼はまた鹵獲品のスピットファイアに試乗した経験もあり、その際の印象を以下のように伝えている。
　「こいつはすばらしいエンジンを積んでいる――。それがスピットファイアに対する私の第一印象だった。その低い唸り。かたやメッサーシュミット109のエンジンは、とても喧しかった。それに、スピットファイアは操縦が容易、着陸も簡単だった。それにひきかえ、我らが109は、いかなる種類の不注意も許してくれな

かった。というわけで私は、乗ったとたんに、スピットファイアに対しておおいに親近感を抱いたのだった。この最初の印象は、その後も変わることがなかった。もっとも、109とのつきあいも長かったので、スピットファイアに乗り換えたいとまでは思わなかったけれども。それに、速度は109の方が上だという気がした。特に急降下のときには。それが証明できるほどスピットファイアを乗りこなしたわけではないが。パイロットの視界も、109の方が良好だったろう。スピットファイアの操縦席はかなり後退していて、ほとんど主翼越しに座っているような感覚だった。

だが、戦闘機同士の戦いという観点に立つなら、武装についてはスピットファイアが109を凌駕していたといえる。109の（20mmエリコン）機関砲は、戦闘機相手の場合、たいして役にたたなかったし、機首に搭載した機銃はしょっちゅう作動不良に見舞われた。確かに、機関砲は命中すれば大打撃を与えることができたが、発射速度が遅いのが難点だった。だから、私たちは常にこう言われていた。格闘戦に際して、50mより遠距離からの命中を期するべからず、と。要するに、私たちは相手にできる限り肉薄しなければならなかったということだ。」

下：捕獲されたスピットファイアMk.I。ベルリン近郊、ドイツ空軍レヒリン試験場で撮影されたもの。（Alfred Price Collection）

展示飛行のパイロットたち
Display flying a Spitfire

　さて、こんな話を聞いたことがあるだろうか？　ある起業家が、スピットファイアを航空ショーに貸し出して利益を得るという新手のビジネスを思いついた。彼は300万ポンドから始めて、引き際を心得ていたので、数百万ポンドの収益をあげた——。もちろん、こんなのは夢物語だ。

　その世界——すなわちパイロット仲間や航空機コレクターのあいだでは、エア・ショーの興行主の評判は芳しくない。彼らは常に支払いを渋り、最小限の金額で済ませようとする、というのがその理由だ。確かに彼らは、展示飛行に参加する航空機に、然るべき金額を払っているとは言えないし、またおそらくは払えないのだ。支払い基準は、エア・ショー開催地の遠近によるし、プログラムの長短にも左右される。個人所有のスピットファイアが、60マイル離れた会場での展示飛行に出演するとしたら、報酬の相場は2,500ポンドといったところだろうか。だが、この金額では燃料代と整備費用をどうにか賄えるに過ぎず、ここから保険費用までをカバーするのは無理だ。スピットファイアを飛ばすのに本来必要なコストは、諸費用込みで1時間あたり5,000ポンドにはなるだろうから。

　実を言えば、エア・ショーの数自体が少ないというのが、もうひとつの問題でもある。たとえば、2007年のシーズン中のイギリス国内を例にとると、飛行可能なスピットファイアは、どの週末でも20機ほどは確保できたはずである。だが、さすがに毎週末20ものエア・ショーが開かれるわけではない。エア・ショー以外の稼ぎ場所となると、何があるだろう？　映画やTVに貸し出せば、はるかに高額の報酬が約束されるかもしれない。かといって、スピットファイアを必要とするようなTV番組や映画の数も、そうそうないのが現実だ。

デザイン上の欠点
Design defect

　スピットファイアにデザイン上の欠点があるとすれば、主翼下面、主脚収納部の直後に——これはプロペラ後流の外側ということでもある——冷却器（ラジエーター）が配置されていることだろう。暑い日であれば、地上滑走は7分が限度である。それ以上になると、冷却液が沸騰する危険がある。そうなったとき、エンジンを高出力で運転すれば、あっけなく故障するのがおちだ。これがマスタングやハリケーンであれば、冷却器はプロペラと一線上に配置されているので——したがって常に一定量の空気が流入ダクトにいやでも押し込まれるため——こうした問題は起こりにくい。

　暑い日の展示飛行となると、スピットファイアのパイロットは、離陸後、まずは飛行場から離れた待機空域に移動することが多いようだ。そこで数分間、巡航出力——普通は毎分2,000回転、ブースト圧＋1ポンド——で待機し、その間に展示飛行に備えてエンジンをクール・ダウンさせるわけだ。

　また、彼らは着陸時も同様の問題に直面する。降着装置を降ろすとき、これが冷却器の直前に位置するため、冷却器へ流れ込む気流が部分的に遮断される。いったん降着装置を降ろしたならば、パイロットは絶えず冷却液温度計をチェックしていなければならない。フラップを下げれば、この状況にさらに拍車がかかる。フラップは冷却器の後ろに位置するため、空気の流れがさらに停滞するからだ。熟練したパイロットはこのことをよく心得ているので、着陸パターンに突入後、フラップを下げるタイミングをできるだけ遅くし、地上滑走時にエンジンがオーバーヒートするのを防ごうとする。

クリフ・スピンクが語るディスプレイの魅力
Cliff Spink, air display pilot

　クリフ・スピンクは、自身が所有するスピットファ

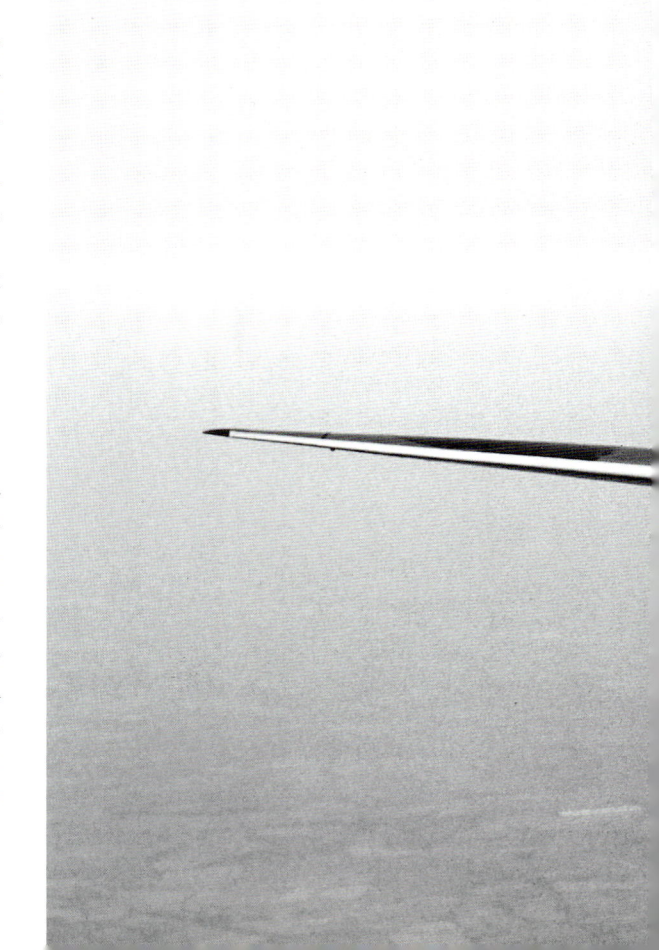

上：1944年にキャッスル・ブロミッジ航空機製作所で製造されたMk.IX ML417は、同6月2日に第443（カナダ）飛行隊へ配属され、Dデイ当日はフランス上空で任務に就いていたことがわかっている。戦績は撃墜2機（Bf109）・撃破2機（Bf109とFw190各1）。現在はトム・フリードキン所有で、カリフォルニア州チノの飛行場を拠点に飛び続けている。
(Neil Bridges)

下：航空写真家チャールズ・ブラウン撮影のスピットファイアMk.22。主翼下に設置されたラジエーターがはっきりと写し出されている。
(RAF Museum/ Charles Brown)

上：スピットファイアMk.XVI TD248。クリフ・スピンクがしばしば飛行展示で使用する機体。(Neil Bridges)

イアMk.XVI TD248で、展示飛行に出演することが多い。その際の基本的な方針について、彼は次のように解説する。

「展示飛行(ディスプレイ)を計画する際、まず考慮すべきは、機体の寿命を縮めないことだ。おもしろいディスプレイをやろうとして、必ずしも機体の性能限界を脅かす必要はない。エンジンは航空機の心臓なのだから、これを管理するのもディスプレイの重要な側面になる。できれば、1基のエンジンから飛行時間500時間は引き出したいところだ。つまり、年間25〜50時間飛んでいることを考えれば、1基のマーリンで10年は保たせるのが望ましいということになる。

元来、私たちは節約術に長けている。軽装備で低く飛ぶので、エンジンを酷使することなく、最大定格出力の半分ほどで運転すれば済む。もちろん、その気になればブースト圧＋12ポンドのエンジン全開で飛ばすこともできるが、そうまでしてわざわざ貴重なマーリンを消耗させる必要もなかろう、ということだ。実際のディスプレイでは、私ならエンジンを最大継続出力――ブースト圧＋6ポンド――に設定することが多い。つまり、かなりの余力を残して運転しているわけだ。

スピットファイアは、美しくも堂々たる大きな主翼を特徴としていて、低速だろうが高速だろうが、幅広い速度領域で運用できる機種だ。ただし、ディスプレイの際、荷重4Gを上回る機動は実施不可だ。それに――言うまでもないだろうが――そう長い時間、4Gを維持できるものでもない。垂直機動に入っても、4Gが作用するのは最初の一瞬だけで、スピードが落ち着くにつれ、荷重も急速に軽減されるものだ。ディスプレイにおける最高速度は、270ノット（311マイル毎時）あたりだろう。

スピットファイアでディスプレイを披露する場合、私が必ず採り入れる機動的飛行がいくつかある。ループ、バレル・ロール、エルロン・ロールだ。水平8字(ホリゾンタル・エイト)を実行すると、ゼロGの状態に至ることもあるが、いわゆる"マイナスG"には陥らないようにしたい。エンジンがそれに向いていない、というか、その状態で運転できる構造にはなっていないし、いずれにせよ、それがディスプレイに役立つわけでもないからだ。

そもそも、このような骨董品クラスの飛行機を操縦したがるのは、心底それが好きな人間に限られる。その飛行機の熱狂的ファンというやつであって、金銭目的じゃないことは確かだ。なにしろ、儲からない商売なのだから。私たちは操縦すること自体を楽しんでいる。こういう飛行機で飛ぶというのは、実にスリリングな体験だ。と同時に、こういう飛行機で飛ぶことを許されているというのは、大変な名誉であるとも思っている。

確かに、軍用機パイロットのあいだには強烈な仲間意識が存在する。実際、つきあっていて楽しく、おもしろい連中だ。しかも、こういった古い飛行機を飛ばすだけの技量と度胸ともにじゅうぶんであることを証明してきたという自負もある。だが、私が多分に希望を込めて思うに、私たちのあとには熱意あふれるサポーターの一団が控えていて、ゆくゆくは彼らの手で古い飛行機が守られ、飛び続けることになるだろう。ここは決して排他的な会員制クラブではない。私たちは、いつでも門戸を開いて待っている。そこにいるはずの多くの優秀な人材が、勇気をもってこの世界に飛び込んでくるのを。機体を維持するのと同様に、パイロットを確保するのも大事な仕事だ。ヴェテランのパ

イロットが、いっせいにこの世界からリタイアし──これは、まんざら冗談ではなく、今まさにそうなろうとしているから言うのだが──誰も跡を継ぐ者がいないという状況は、好ましいものではないだろう。」

スピットファイアのエキスパートが語る
ディスプレイの基本
Paul Day, Spitfire display pilot

　続いて紹介するポール・デイは、1996年から、自身が退役する2004年までBBMF（バトル・オブ・ブリテン・メモリアル・フライト）の指揮官を務めた人物であり、退役後も、モーリス・ベイリス所有の複座型スピットファイアMk.IX シリアル・ナンバーMJ627で飛び続けている。その彼が語るBBMF時代の苦労話、そしてBBMFの精神とは──。
「BBMFにやってくる志願パイロットというのは、ほんの２シーズンか３シーズン限りで部隊を去るケースが多い。そんな短期間では、とても曲技飛行の技を極めるというわけにはいかない。当然ながら、ディスプレイも至って単純な構成にせざるを得ない。高度な曲技一辺倒でなく、曲技的要素を採り入れた飛行展示というスタイルだ。パイロットの技量を披露するというより、機体を見せることを主眼としていた。まあ、観客もおおかたは飛行機が見たくて来てくれていたのだろうし。

　私がBBMFに勤務していた頃は、ディスプレイのプログラムは実質的に一定不変だった。それを退屈だと評する向きもあったかもしれないが、多くの人は、機体を大事にする私たちの方針を支持してくれた。機

左：通称"少佐殿"とはこの人のこと。ポール・デイ空軍少佐は1980年に志願パイロットとしてBBMFに加わり、1996年に部隊指揮官に任命され、退役する2004年まで、その地位に留まった。
（Crown Copyright）

下：RAFを退いてからもポール・デイはスピットファイアに乗り続けている。写真は、モーリス・ベイリス所有の複座型Mk.IX練習機MJ627を操縦する"少佐殿"である。
（Andrea Featherby）

体の扱い方をよく心得ている、と。観衆の面前で、その飛行機の魅力を最大限引き出してみせる、しかも、機体を危険にさらすことなくそれを実行するというのが、私たちの任務だった。

そのための方策、それも無事故というのが絶対条件──となると、練度の高いパイロットによる、非常にシンプルなディスプレイというのがベストだ。もっといえば、天候の如何にかかわらず、いつでも何度でも反復可能なシンプルなディスプレイを、選りすぐりの整備員によって維持管理された機体で、選りすぐりのパイロットが実行する、ということだ。単純なことのようでいて、これが思いのほか難しい。

通常のプログラムで作用する荷重は＋３Gまでを限度とし、＋４Gを超える機動、あるいはマイナスGが作用する機動は実施しないことになっていた。対気速度は270ノット（311マイル毎時）、横風は10〜15ノット（スピットファイアの型式と、パイロットの経験値に左右される）が限度だ。雨天の飛行は見合わせるのが普通だった。木製のプロペラ・ブレードが傷むからだ。具体的な演技についていえば、宙返りは避けて、急上昇反転(ウィングオーヴァー)と横転(ロール)をメインに据えた。

パイロットが回復の難しいシチュエーションに陥ることのないように──というのが、ディスプレイを構成する際の要点だった。機体を危険にさらしてまで披露するに値するディスプレイなどない。そして、優秀なパイロットというのは、トラブルを回避するパイロットのことだ。決して逸脱行為をしない、自分の技量に酔うことのないパイロットが、良いパイロットだといえる。」

BBMFのディスプレイ
The BBMF display

展示飛行に使用する軍用機からは、言うまでもなく、武装が撤去される。種々の軍用装備も同様だ。すると、たとえばスピットファイアの場合、第二次大戦時の機体より約25％の軽量化が実現する。つまり、それだけ機体の敏捷性──もしくは機動性が向上することになる。

BBMFがディスプレイを実施する際の基調となる考え方について、現指揮官であるアル・ピナーは、次のように解説する。ディスプレイの目的とは、何よりもまず、機体を観衆に披露することにある。それも、エキサイティングであると同時に安全なスタイルで──というのは、周知のとおりだ。

「BBMFに加わろうというパイロットに対して、私はいつもこう言い渡すことにしている。こういう機体で飛ぶときにはいっさいの気負いを捨てろ、パイロットが誰であるかなど観客はたいして気にかけないんだ、

と。観客が期待しているのは、クラシックな飛行機が飛ぶ懐かしい光景であり、往時を彷彿させるエンジン音だ。彼らはそういうものを味わいたくてやって来る。だからこそ我がBBMFは、一定不変かつシンプルなディスプレイを守りとおしている。したがって、限られた飛行時間を訓練で過度に浪費する必要もない。」

では、アル・ピナーがスピットファイアで披露するソロ演技とは、実際どのようなものか。それを詳しく聞いてみよう。標準的なプログラムは、観客席上空への最初のアプローチから最後のヴィクトリー・ロールまで、観客には長く感じられるかもしれないが、わずか４分半のスペクタクルである。

「最初のアプローチは、観客席の左手からだ。まずは高度100フィートで観客席の正面中央まで進み、それから左へ水平離脱(レヴェル・ブレイク)する。機体は観客席に対して30°ほど逸れながら、数秒間そのまま飛行する。続いて、約30°の機首上げを経て左にロールを打ち、背面飛行に移る。すなわちデリー式ウィングオーヴァーだ。そして、右にバンクして観客席に接近し、ハイ・スピードで右から左へ航過する。

観客席のセンター・ラインを航過して数秒後、もう一度、引き起こしから左にデリー式ウィングオーヴァーを決めて、右へ旋回する。これで、機体は観客席の左手から45°の角度でセンター・ラインへと戻ることになる。そのまま今度は左にブレイクして360°の旋回に突入する。そこからロールを打って、30°のラインに沿って観客席から遠ざかり、ひと呼吸おいて、また機首を引き起こして右方向へウィングオーヴァーする。

　次いで、観客席の右から左へ航過しながら、センター・ラインを過ぎると90°のブレイクで観客席から離れる。私たちのあいだでは"馬蹄形(ホースシュー)"と呼ばれる演技だ。それを約5秒間維持してから、機首を上げて右にウィングオーヴァーで観客席の方に戻る。さらに今一度、右へブレイクして、45°の角度で観客席左手から離れる。引き起こして左へウィングオーヴァー、観客席に沿って今度は左から右へ航過しつつ、いよいよヴィクトリー・ロールだ。観客席センター・ラインを背面飛行で飛び抜け、そのまま右手から退場。これでディスプレイは終了する。所用時間は4分半だ。」

夢を叶えて
A boyhood dream fulfilled

　多くの少年たち、あるいは"もと"少年たちと同じように、以下に紹介するクライヴ・デニーも子供の頃からスピットファイアで空を飛ぶことを夢みていたという。努力して、アマチュアのパイロット資格――すなわちPPL 自家用操縦士免許を取得したのち、彼はスピットファイアMk.XVI RW382の修復プロジェクトに携わり、ついに少年時代の夢を実現させた。現在、クライヴと妻リンダは、航空機の羽布の修復や塗装を専門に手がけるヴィンテージ・ファブリックス・リミテッド社を経営している。ここに彼がその体験記を寄せてくれたことは、筆者望外の喜びとするところだ。

クライヴ・デニーが語るスピットファイアの魅力
Clive Denny
— Spitfire pilot and restoration expert

　誰でもいい。道行く誰かをつかまえて、こう尋ねてみよう。あなたが知っている飛行機の名前をふたつ挙

BBMF所属のMk.IX MK356が、飛行展示を披露すべく離陸する。(Crown Copyright)

げてください、と。かなりの確率で、ひとつはコンコルド、もうひとつはスピットファイアという答えが返ってくるだろう。そして、パイロットには——どのレヴェルのパイロットでもかまわない——次のように尋ねてみるといい。あなたにとって、飛ぶという行為の素晴らしさに目覚めるきっかけとなった飛行機は何ですか、と。大半は「スピットファイアだ」と答えるだろう。

では、こんな時代遅れの小型戦闘機の、何がいったい人気の理由なのだろうか。私の場合は、子供の頃に手に入れたエアフィックスのキットが原点だった。透明のビニール袋に入った、2シリングのスピットファイアは、その美しいラインを垣間見せながら、飛びたくてうずうずしているようだった。それは組み立てられ、塗装され、私の家の裏庭を飛びまわることになった。急降下も自由自在、2本の指で挟まれて、いとも軽やかに飛ぶ僕のスピットファイア——。

それから30年後、私は本物に出会おうとしていた。1機のスピットファイアMk.XVI——シリアル・ナンバーRW382——の再生に3年越しで携わり、それが検査にも合格したのだ。ここダックスフォードで、7月の、ある晴れた日のことだった。本物のスピットファイアがそこにあり、しかも私はPPLを取得していて、計275時間の飛行を経験済みだった。

どんな気分だったかって？ 信じられないくらい興奮していた。とはいえ、すでに3年間をともに過ごしてきたRW382とは、もう旧知の間柄という気でいたし、いざとなればこいつが何とかしてくれる、とさえ思っていた。

入念に機体のまわりを歩いてチェックを済ませれば、いよいよ搭乗だ。何と快適なのだろう——というのがコクピットの第一印象だった。確かに狭いけれども、あらゆるレバーやボタンがすべて手の届きやすい配置になっていて操作しやすく、操縦席に座ると、心地良いフィット感に包まれた。盲目飛行用の計器板は、イギリス機に標準的な——それもヴィンテージ機にお馴染みのアレンジだった。おかげで、たちまち気が楽になる。

そして、強力なマーリンを始動させるときが来た。ブレーキ、作動。燃料コックを開く。アイドル-カットオフはOFF位置に。プレ・オイラー作動、準備注油を2分間。始動用燃料注入ポンプを開放、10秒間待って、吸気ラインに燃料を行き渡らせる。さらに、ポンプを6回引いて、エンジンにも燃料を送る。これでエンジン始動の準備ができた。アイドリング遮断スイッチをオン、プロペラ・ピッチは最大に。スロットルをセット。ブースタ・コイル・ボタンと始動ボタンのカバーを外す。機体の周囲を確認してから、大声で「プロペラから離れろ」と告げる。ブースタ・コイル・ボタンとエンジン始動ボタンを同時に押す。巨大なプロペラが回転しはじめる。マグネトー・スイッチをオン。排気の匂いと、12気筒エンジンの奏でる妙なる音楽。これはコクピットに座った者にしか味わえない。温度・圧力すべてOKなら、タキシング開始だ。

「ダックスフォード、こちらスピットファイアG-XVIA、受信確認とタキシーを要求します。」自分がそう言っているのが信じられなかった。少年時代からの夢が、今まさに現実のものになろうとしている。

ダックスフォードの管制が応答する。「スピットファイア、タキシー許可します。左側06番滑走路を使用してください。QFE1016、QNH1018です［原注：飛行場の滑走路面の気圧1016ミリバール、平均海面の標準気圧1018ミリバールということ］。」

「スピットファイア、了解。」

スロットルを絞り、手を振って車輪留めを外してもらう。ブレーキ解除。機体が緩やかに前進する。ブレーキを素早くチェックしつつ、離陸待機地点へタキシング。この地上滑走というのも、本当に楽しいものだ。たとえ、長く突き出た機首が前方視界を妨げようとも。縫うように進む標準的な尾輪滑走方式が簡単である点は、タイガー・モスやチップマンクの場合と変わらない。

離陸待機中は、離陸前の最後のエンジン点検の時間でもある。機首を風上に向けてから、ブレーキを作動させ、温度や圧力関係の計器をざっと確認する。すべてOKなら、出力を毎分1,800回転まで上げる。操縦桿を強く引くと、エンジン音が格段に大きく響く。温度系統の目盛りも上昇し、もうぐずぐずしてはいられない。マグネトー・スイッチ1と2をチェック［まずスイッチNo.1を、次いでNo.2をオフにする。毎分50回転が最低限度だ］。いずれもOK、となればプロペラを2度［最大ピッチで］チェックする。それから過給器のテストだ。冷却液温度が限度内であるのを確認し、低速回転のチェックをおこなう。

さあ、ここから先はもっと忙しくなるぞ。リストには頼らず、頭のなかで離陸前チェックをする。自動トリムをセットし、昇降舵2°上げ。右方向舵ペダルを思いきり前に踏み込む。スロットルはロックしたか、（いちばん大事な）燃料コックは開いているか、キャノピーをロックしたか。ハーネスは固定されている。3舵は自在に操作できるか、最後の確認。

「スピットファイア、離陸準備完了。」気温は華氏95°。

——「スピットファイアの離陸を許可します。風向70°、風速10ノットです。」

ついに、このときが来た。もう後戻りはできない！

私は、徐々にスロットルを開いた。エンジン音は天にも届かんばかり。操縦桿をできるだけ右に倒し、右

方向舵も一杯に踏み込んだ。驚くなかれ、彼女（スピットファイア）は一直線に突き進む。さらに出力を上げて、ブースト圧は＋6ポンド、機尾が上がる。と、彼女はあっさり地面を離れた。続いては、初めての機体を操縦するパイロットにとって、懸念の的となる作業——脚上げ——が待っている。そのためには操縦桿を握る手を換えなければならないからだ。だが、これまた驚くなかれ、何ということもなかった。脚がロックされた手応えがあり、赤いランプが点灯した。脚上げ成功。あっという間だった。これが現実とは思えない、一体ここはどこだ？ ホームシックにかかった天使のように、彼女は上昇する。私は出力を＋4ブーストの2,400回転に戻し、時速140マイルで彼女に上昇を続けさせた。そして、実感した。本当の純血種（サラブレッド）とは、こういうものなのだと。

エルロンはかなり重かったが、反応はすこぶる良好だったし、昇降舵もすんなりと上げ下げできた。私たち——彼女と私——は、みごと離陸に成功したのだ。冷却器フラップは自動操作に、エンジンはゼロブーストの2,000回転に設定した。操縦のコツを掴むためにも、このまましばらくは空中遊泳を楽しむことにしよう。狭いコクピットからの眺めは抜群だった。水滴状キャノピーの効果であることは間違いない。この美しい飛行機が、そもそもは殺傷マシーンとして設計されたというのが、信じられなかった。こうしていると時間が1940年に戻ったような気がするが、今は確かに1991年だ——。そして、これが私のスピットファイアによる初飛行であり、学ぶべきことはまだ数多く残されていた。

私は何回か失速回復をやってみた。着陸装置を上げたままと、下げた状態の両方で試してみた。特に驚くようなことは起こらなかった。最終打ち合わせ（ブリーフィング）で説明されたとおり、わずかな振動現象（バフェッティング）と、機体が若干左右にロールするウィング・ドロップが発生したが、すべては正常な反応で、回復動作には何の支障も来さなかった。それから高度をとり、滑走路視認のための場周経路を使って、周回進入の訓練だ。着陸装置を下げ、時速160マイルを切りながら、ダウンウィンド※1に入る。ダウンウィンド経路の終端でフラップを下げる。驚くほど機首が跳ねた。スピードを調整して、時速110マイルに。これではオーバーシュート※2だ。脚を上げて、着陸復行（ゴー・ラウンド）となる。高度は約2,000フィート。だが、高度を保ちながらの場周飛行は快適だったので、その状態をなお5分ほど楽しんでから、本格的な着陸態勢に入った。いくら楽しくとも、永遠に飛び続けるわけにはいかないのだから。

「ダックスフォード、スピットファイア北進中、応答願います。」

——「スピットファイアの通信受理しました。そのまま直進、右側の06番滑走路に入ってください。」

私は高度800フィートでダックスフォードにさっそうと進入し、06番滑走路の終端で右旋回、スピードを160に落とすとともに着陸装置を下ろして、ダウンウィンドに入った。ダウンウィンド通過後、ファイナル・アプローチへの進入をコール、さらにトリム調整してスピードを時速85マイルまで落とす。まるでレールの上を走っているかのような安定感。カーブを描きながら最終アプローチを通過すると、滑走路が翼の下に隠れる。滑走路番号の指示標識の上を時速80マイルで越え、接地に備えて機首を引き起こし、出力を絞る。みごとに接地。機体は軽くスキップして、そのまま真っ直ぐに着陸滑走する。軽くブレーキをかけたものの、そのままスピードが落ちるのを待ち、停止する頃合いを見計らって左旋回、滑走路から離脱した。

管制塔の前で、同僚や友人、家族が待っているのが見える。私は風上に機首を向けた。冷却液温度が100°に達していたので（許容限度は115°だ）、そろそろ潮時だった。エンジン停止の手順を実行する。マグネトー・スイッチをチェックしたあと、無線のスイッチを切り、アイドル - カットオフもオフに。エンジンの回転数が一瞬上がって、停まる。静寂。マグネトー・スイッチをオフ、燃料コックを閉鎖、ブレーキもバッテリーもオフに。ジャイロ・コンパスを収納。今や聞こえてくるのは、熱くなった排気管が冷えるときに断続的にたてる、カン、という甲高い金属音だけだ。コクピットには、上等な香水にも似た、温かな香気が立ちこめていた。

待ちかまえていた友人や家族が私を取り囲んで、いっせいに話しかけてきたが、何を言われたのかは、もう憶えていない。ただ、私は今ここで積年の夢を叶えたのだ——それだけは確かだった。そして、その一秒一秒を、できるだけ長く噛みしめていたかった。だが、そろそろ降りなくては。事後報告（デブリーフ）に出頭し、機体の手入れをしなくてはならない——。

というわけで、これすべて16年前の話になるのだが、この日のことは今も私の胸に鮮やかによみがえる。思い出すたびに笑みがこぼれるし、これからもきっとそうだろう。そして、私は相変わらずスピットファイアで飛ぶことを楽しんでいる。系列機の操縦経験も増え、Mk.V、Mk.IX、Mk.XVIなど5機に達した。だからこそ断言できるが、この先もスピットファイアほど非凡な飛行機に巡り会うことはないだろう。彼女はすべてのパイロットの夢だ。願わくは、彼女がずっとそうでありますように——。

訳註
※1 ダウンウィンド：着陸機の交通整理のため、着陸滑走路の周囲に設けられた場周飛行経路の一部を指す名称
※2 オーバーシュート：進入高度が高すぎる、もしくは着陸予定地点を飛び越す状態

「自分がただの地上員に過ぎなくとも、こんな歴史的に有名な飛行機を相手に仕事ができるというのは、とても名誉なことだし、スリルを感じる。技術屋の古い言い習わしに『丈夫そうに見えるものは、たいてい大丈夫』というのがあるが、スピットファイアがまさしくそうだ。原型機の初飛行から70年も経つというのにね」
——ポール・ブラッカー、BBMF機体整備スペシャリスト

第5章
エンジニアの視点から
The engineer's view

航空機のデザインとテクノロジーは
絶えず進歩しているが、
その反面、
歴史的な機体の保守点検、そして、
それを実際に飛ばすために必要な技術は
徐々に失われつつある。
60余年前にはありふれた技術だったはずが、
今や特殊技術となり、
しかもそれを守り続けているのは
BBMFなどの専門部隊、
エアクラフト・レストレーション社、
ヒストリック・エアクラフト社といった専門企業と、
ごく一部の個人所有者だけだ。
本章では、
スピットファイアの修復と日常的な整備について、
読者の皆さんに、
さらに踏み込んで理解していただくのを目標に
記述を進めたい。

(Photo: P. Blackah/ Crown Copyright)

```
71/00 Engine Danger Areas   71/00 エンジン危険区域

Do not go into the areas shown in Fig 1 if the engine is
in operation unless you are specifically detailed to do
so.
エンジン運転中、特に任務遂行上の必要がない限り、図1に示した区域には立ち入らないこと。

                    12ft RADIUS 半径12フィート
                         (3.7m)

              100ft
             (30.5m)

              20ft
             (6.1m)

Drg No: G010
15/11/2004
```

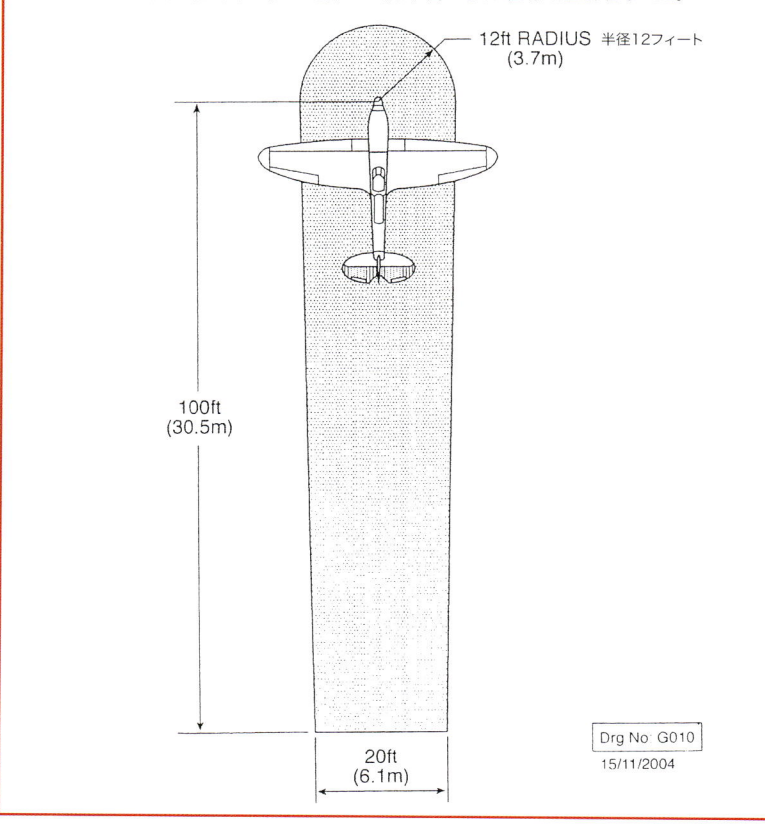

上：エンジン駆動中にプロペラおよびその後流によって生じる危険区域を表示した図。
(Crown Copyright)

右：BBMFの移動式工具収納庫。タグを利用して、それぞれの工具が使用中か否かを確認するシステムが採用されている。現に出払っている工具が一目瞭然で、これは機内への工具の置き忘れを防ぐ意味もある。
(Crowr Copyright)

安全第一！
Safety first!

スピットファイアは、たとえ地上にあるときでも、然るべき敬意を払って接してやらねば、人間を簡単に死に至らしめるだろう。駆動中のプロペラが、ともすれば人に危害を与えかねないのはわかりきったことだ。だが、駆動中だろうが静止中だろうが、プロペラは常に"生き物"として扱わねばならない。イグニションが"OFF"位置になっていても、手回し始動の場合のプロペラは――エンジンが熱くなっているときは特に――回転し続けることがあるので要注意だ。

操縦翼面が操作されるときも、付近に近づかないこと、周囲の備品を片付けることなど、じゅうぶんな注意が必要だ。フラップに一撃されたら、その日1日が台無しになる。

エンジン運転中は、耳当て・耳栓が必須だ。長時間に渡ってエンジン音にさらされていると、一時的な難聴に陥ることがある。着衣にも気を配らねばならない。どんな場合でも、その場にふさわしいスタイルというものがあるだろう。整備作業にルーズなベルトやネクタイ、装身具類は厳禁だ。機器類に引っかかって思わぬ怪我をしたり、はなはだしい場合は、それが手足を失う大事故につながる恐れもあるからだ。

潤滑油を補充する際は、容器の中身を確認することが重要だ。単に潤滑油や作動液と言っても多くの種類があり、それらが同じサイズ、同じ色の容器に入っているため、間違いが起こりやすい。取り違えることのないよう、注意を払わねばならない。

そして、コクピットに入るときは、衣服のポケットを空にしておかねばならない。FODすなわち"異物の紛れ込みによる損傷"が発生するのを防止するためである。ポケットから落ちた小さいもの――たとえばコインが偶然に3舵の操作装置に挟まったり詰まったりして作動不良を起こし、それが飛行中であれば、ことによると致命的な結果を招くからだ。

工具類
Tools and working facilities

スピットファイアの日々の管理には、BA規格あるいはBSF規格、ホイットワース規格の厳選された各種スパナとソケット類が不可欠である。ドリルやリベットハンマーなどの空気動工具も、ワイヤーロッキング・プライヤー、やすり、その他さらに一般的な工具類とともに揃っているのが望ましい。

より高度に専門的な作業、たとえば油圧系統のコンポーネントやエンジンの分解などには、関連マニュア

ルに指定されている専用工具が必要となる。なかには特殊すぎて一般には入手困難な工具、個々にオーダーしなければ手に入らない受注生産の工具もある。

ジャッキングと機体の支持
Jacking and airframe support

ジャッキアップと支持の手順
Jacking and trestling

　機体をジャッキアップするときは、まず尾部を吊り上げて、尾部用の架台（あるいは"馬"）に載せる。その際、機体が前のめりに傾いてプロペラを損傷することのないよう、胴体後部にバラストを掛ける。次に、5tジャッキを2基、No.5胴枠の直下——ここにはジャッキ端の球状部に対応するカップ状のジャッキ受けが設けられている——に据える。そして、主脚を収納できる高さまで機体をジャッキアップする。最後に、主翼支持用の架台を左右各翼の下に配する。

アーク・リフティング
Arc lifting

　これは主車輪もしくはタイヤ交換時の機体支持方法である。まず、尾輪と左右いずれか（ジャッキアップしない側）の主車輪を車輪止めで固定する。次いで、ジャッキアップする側にジャッキを据えて、車輪の取り外し作業が可能となる高さまで機体を押し上げる。短時間で完了する作業なので、主翼支持用の架台は使わない。

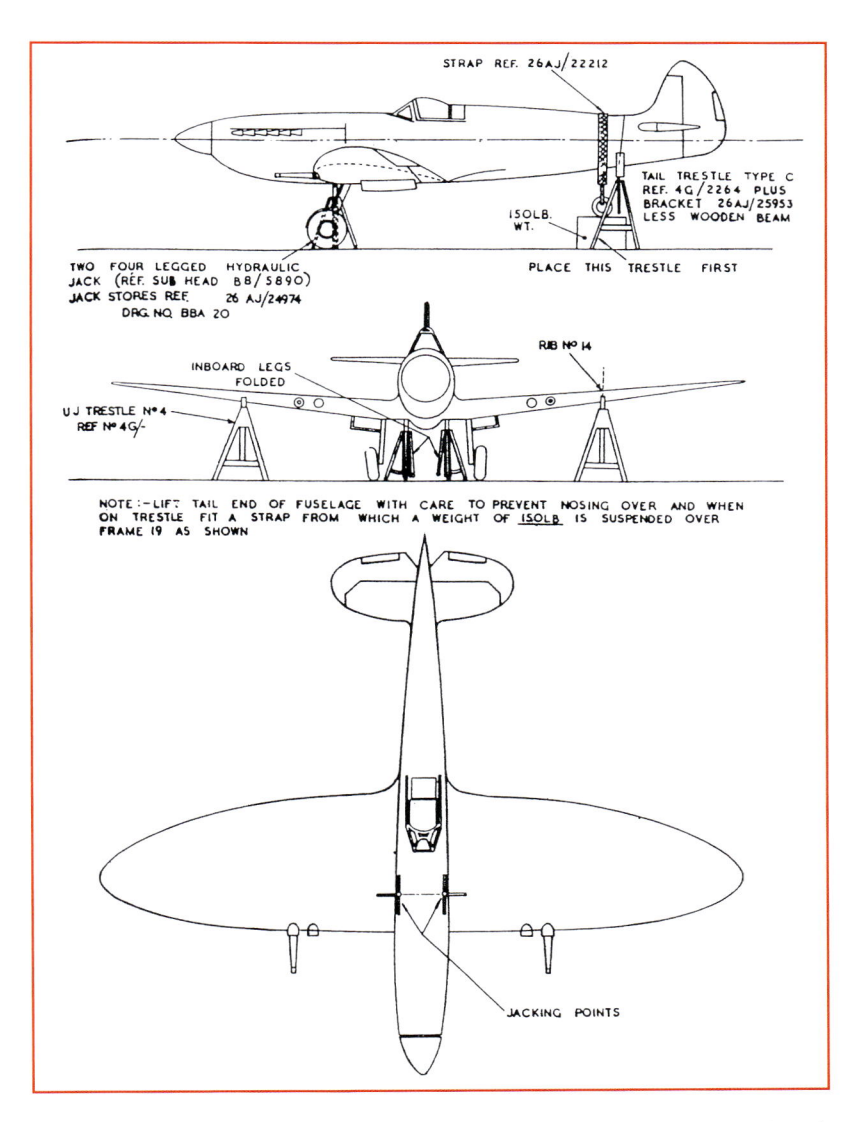

上：ジャッキアップ作業の際の、各ジャッキ・ポイントおよび機体支持ポイントを示す図。
（Crown Copyright）

左：尾部を持ち上げた状態のMK356。水を入れたジェリカン2個をロープで繋ぎ、写真のように胴体後部に振り分けにして引っかける。ローテクには違いないが、機尾が浮き上がらないようにするには、これがいちばん簡単で確実な方法だ。胴体防火隔壁下にあるジャッキング・パッドは、機体重心近くに位置することになる。そのため、こうしてバラストを仕掛けておかないと、特に胴体後部の装備類を取り外した状態であれば、機体は釣り合いの悪いシーソーさながらに機首側へ傾いて、プロペラが潰される危険性がある。（Crown Copyright）

上左：主翼付け根の下、第5胴枠にあるジャッキング・ポイントにジャッキを設置する。(P. Blackah/ Crown Copyright)

上：ジャッキを上げて、機体を支える。
(P. Blackah/ Crown Copyright)

左：MK356のジャッキアップが完了。降着装置と地面とのクリアランスもじゅうぶんで、必要とあれば脚を収納することもできるようになった。
(P. Blackah/ Crown Copyright)

左下：ジャッキアップを終えると、両翼の下にも架台が据えられる。
(P. Blackah/ Crown Copyright)

推奨滑油および作動液類
Recommended lubricants and fluids

燃料	航空ガソリン 100LL/F18
エンジン滑油	OM270/W100
油圧作動液	OM15/H515
冷却液	AL3
グリース	XG287/G354（軸受け）
潤滑剤	OX14（ヒンジ・ピン、チェーンなど）
防蝕剤	PX24
主脚緩衝装置用およびタイヤ用充填ガス	窒素

スピットファイアの整備
Servicing a Spitfire

それがBBMF所属機であろうが民間機であろうが、飛行機が飛行可能なコンディションを維持するためには定期点検が欠かせないのは同じで、その方法や手順もおおむね共通している。本稿では、BBMFで運用されているスピットファイアの整備点検を例に、その実際のプロセスを追ってみたい。個人所有の民間機の整備も、個々の環境に応じた若干の変更点はあるかもしれないが、だいたいのところはこのパターンを踏襲しているはずだ。

BBMFでは、1機のスピットファイアの大規模な点検周期を8年に設定している。これは種々の要因——年間の飛行時間、装備品の状態、機体構造上の潜在的な機能不全の可能性、機体年齢60年の飛行機を飛ばすリスクなど——をもとに算定された数字である。これらを勘案して、各々の点検スケジュールが組まれる。もちろん、機体のことばかりではない。部品の寿命も、飛行時間と経年劣化の双方を踏まえて、考慮の対象となる。たとえば、マグネトーの寿命は250時間とされており、寿命に達したら取り外して整備もしくは交換となるが、これは機体の整備点検スケジュールとはまた別個に実施される。使用期限が定められている装備品についても同様で、たとえばパラシュートは6ヶ月ごとに検査され、詰め直しされる。

飛行前整備と折り返し整備は、通常、1人の技術兵(テクニシャン)が担当する。作業が終了すると、その機体が点検を終えて飛行準備状態にあることを確認し、それを明示するため、整備担当兵は書式700の機体運航日誌(エアクラフト・ログブック)のなかの書式705という専用書類にサインする。パイロットも、当該機が飛行準備を完了しているのを了解したといういしるしに、同じ書類にサインする。

飛行前整備は、離陸予定時刻までの24時間以内に限って実施されなければならない。何らかの理由で離陸が延期された場合は、整備もまたその時刻にあわせてやり直しとなる。

離陸前整備
Before Flight Servicing

1. 外から機体全体を目視でチェック。各パネルがしっかり取り付けられているか確認。
2. 操縦系統の点検。各操縦翼面が正常に作動するか、支障なく動くかをチェック。
3. 電気系統の点検。たとえば航法灯、ピトー管ヒーターなど。
4. 潤滑油・冷却液・空気圧・油圧の各系統で、作動流体が確実に充填されているかチェック。
5. タイヤの空気圧をチェック。
6. 必要に応じて、風防あるいはキャノピー全体をきれいにする。
7. 燃料（100オクタンLLアヴガス）を給油。
8. パラシュートを点検、各ストラップ類を所定の位置に整理。

飛行任務を終えて帰着したパイロットは、コクピットのなかで再び書式705にサインし、飛行中に判明した不具合があれば、それを整備担当兵に報告する。さらに、書式700の関係箇所に必要事項を記入する。一方、整備担当兵は、パイロットから報告された不具合を作業カード(ジョブ)に記入する。実際に飛行して初めて判明する不具合とは、たとえば、計器類の故障もしくは規正ミス、エンジンの振動、トリム不均衡などが考えられる。

下左：整備を担当する技術兵は、機体点検が済んでおり、いつでも飛行できることを明示するため書式705に署名する。
(P. Blackah/ Crown Copyright)

下右：書式705の実例。技術兵が飛行準備完了の署名をしたら、パイロットは受諾了承のサインをしなければならない。
(P. Blackah/ Crown Copyright)

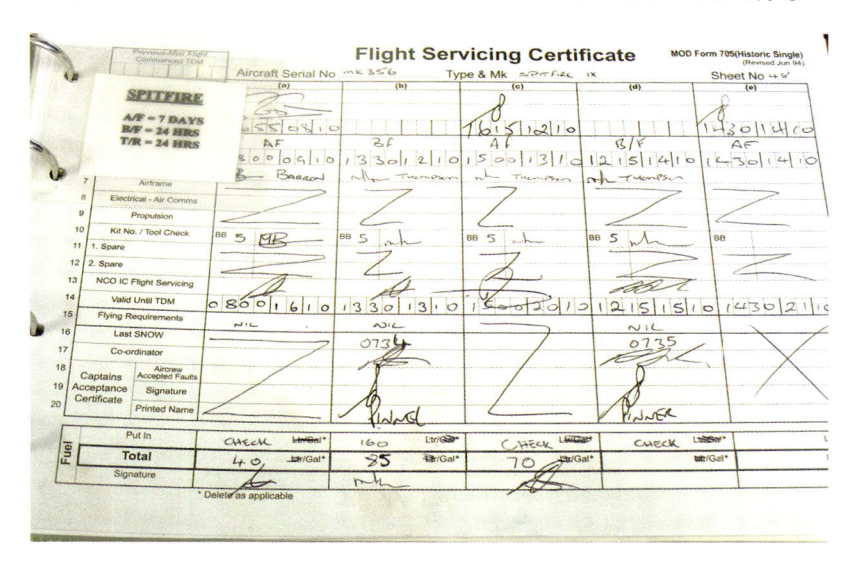

リークの発見と対処法
Leaks

　飛行前整備、飛行後あるいは折り返し整備の際は、駐機路面に水たまりができていないかチェックすることが大切だ。液体の漏出は何にせよ潜在的な危険をはらむもので、何らかのリークすなわち漏れの兆候を認めたら、ただちに発生箇所を突きとめなければならない。もっとも、普通に機体を運用していれば、小規模の漏出はつきものでもある。たとえば、潤滑系統が熱くなれば、エンジンから多少の滑油が排出されることがある。気温の高い日は、主翼の下に燃料が滴り落ちた跡が認められることも珍しくない。いわゆる満タン状態であれば、燃料がわずかながら膨張して、外に漏れ出るからだ。BEMFの格納庫でもしばしば起こる現象であり、たまたま訪れていた見学者がそれを目ざとく発見し、大慌てで整備員をつかまえて、「燃料漏れの大事故」を通報してくれるという微笑ましい光景が展開されるのも、よくあることらしい。

　燃料、潤滑油、冷却液その他油圧系の作動液の漏出は、入れ過ぎが原因ということもある。整備員は漏れ出てきたところを拭き取って少し待ち、リークが続くかどうかを見きわめてから、その危険性を判断することになる。漏出が止まらないとなれば、最もありがちな原因は、配管の継ぎ目の緩みである。たとえば、漏出の発生箇所がエンジンだろうという見当がつけば、カウリングを外して、配管の点検をする。発生箇所が判明したら、締金を締めて問題解決。配管に割れや亀裂が生じていたら、当該系統全体の排液作業をおこない、配管を交換する。交換用の配管がないときは、新たに製造しなければならないが。

　主翼から冷却液が漏れ出ている場合は、やはり配管の継ぎ目が緩んでいるか、ラジエーターにリークが発生していると思わなければならない。ラジエーターが原因なら、これを取り外して、修理あるいは交換する。ラジエーターの修理は、専門の業者にまかせることになり、期間は──業者のその時々の作業スケジュールの混み具合に左右されるが──2週間から4週間といったところだろう。

　右側エンジン・パネルから油圧系統の作動液が漏れている場合は、油圧ポンプの交換が必要になるだろう。これは4時間から5時間の作業で済む。あるいはまた、タイヤの横から油圧の作動液が漏れていれば、オレオ式緩衝支柱のシール材の交換が必要というサインだ。主脚を取り外して、シール材を交換し、支柱内部に作動油と窒素を再充填する。これもやはり5時間程度の作業になる。

　燃料漏れが止まらないときは、いくつかの原因が考えられる。燃料漏れは、機体表面に青い染みが広がり、強烈なガソリンの臭気も漂うので、すぐにそれとわかる。配管に原因があれば、緩んだ箇所を締めるか、配管そのものを交換するなど、比較的単純な作業で解決できるだろう。

　最悪のシナリオは、下部燃料タンクにリークが起こっている場合だ。そうなると、燃料系統全体の排液作業を実施し、しかるのちに上部タンクを取り外して、ようやく下部タンクに到達ということになる。ここの漏出の原因として、いちばん考えられるのは、下部点検パネルのボルト先端の接触だろう。だが、下部タンクは、ゴム引きした布帛の防漏カバーに覆われている。漏れ出た燃料がタンクを覆うゴム層に達すると、瞬時に化学反応が始まり、ゴムが膨潤して漏出孔をふさぐようにできている。つまり、ゴムがスポンジのように燃料を吸収する結果、リークの発生箇所が余計わかりにくくなる。ともあれ、リークが確認できたら、タンクを取り外して修理し、防漏カバーも全面的に取り替えなくてはならないが、これは専門業者の仕事になる。修理を終えて戻ってきたタンクを取り付ける際は、主脚の格納試験をおこなってみる必要がある。下部タンクの前を走る油圧系の配管と、タンクとのあいだにじゅうぶんなクリアランスが確保されているか、配管がタンクの防漏カバーを傷つけるようなことはないか確認しなければならないからだ。問題がないようなら、上部燃料タンクを取り付け、タンクの各配管を繋ぎなおす。そして、タンクが乾いていた時間が長すぎなかったことを祈りつつ、系統全体に燃料を行き渡らせる。タンクがあまりに長いこと乾いていると、またリークが発生して、一からやり直しという事態になりかねないからだ。以上、幸運に恵まれれば2日間の作業だが、そうでなければ、最悪の場合、当該機は2週間あるいはそれ以上、格納庫に留め置かれることになる。

　時には、まさに飛行中にリークが発生する。しかも、それが実に恐ろしい現れかたをすることがある。たとえば、BBMFがサウスエンドで展示飛行を実施したときのハプニングだが、同部隊のスピットファイアMk.XIXが演技中に煙の尾らしきものを引きずりはじめた。あれがエンジン火災の前触れなら、パイロットは一刻も早く脱出しなければ駄目だ──と誰もが思う場面だ。そうとは気づかぬ当のスピットファイアは、同部隊の地上員を乗せたランカスターに接近し、編隊飛行の演技に入った。そのとき、ランカスターに乗り組んでいた地上員には、噴き出しているのが煙ではなく、エンジンオイルであることがわかった。緊急度はいくらか低くなったものの、やはりパイロットには可及的速やかに着陸するよう指示が出された。着陸進入にかかったとき、油圧計の指針はゼロを指していたというが、同機は無事に着陸した。その後の検証の結果、潤滑油復路の配管が外れて、『グリフォン』エンジンに滑油が回らなくなっていたことが判明した。エンジンが焼き付いて停止する寸前に、パイロットが先にエンジンを切り、事なきを得たのだった。

　もうひとつ、水たまりができるわけでも、飛行中に航跡になって現れるわけでもないリークがある。圧縮空気を利用してフラップ操作や車輪のブレーキ操作をおこなう、空気圧系統のリークだ。これは計器板の空気圧計でそれと知れるが、むしろフラップやブレーキが操作不能となって初めてわかったりする。空気圧系統のリークの発生箇所を特定するには、スヌープなどの中性洗剤の溶液を使用する。これを塗りつけて、泡が出たところが発生箇所である。ガス管のガス漏れ点検などによく使われる手法だ。

飛行後整備
After Flight Servicing
1. 再給油。
2. ディスプレイに耐えるコンディションを維持するため、機体外板、風防あるいはキャノピー全体を洗浄。アードックスなどの合成洗剤を吹き付けて、手作業で拭き取る。
3. パラシュートを点検、各ストラップ類を整理。
4. 亀裂や破損を生じていないか、目視による検査。たとえば、排気管の破損、パネルを留めたファスナーやネジの緩み。

　飛行後の整備は、着陸後、可及的速やかに実施されることになっている。地上員が確認した不具合が、次回の飛行までに確実に是正されなければならないからだ。着陸後に地上員によって確認される不具合とは、たとえば、タイヤの摩耗、ファスナー類の破損、オイル漏れなどが考えられる。

折り返し整備
Turnaround Servicing
　着陸後数時間以内に再び飛行が計画されている場合は、以下のような整備作業が実施される。
1. 再給油、ただし必要に応じて。
2. 風防あるいはキャノピー全体の洗浄。
3. 目視による速やかな検査。

　注：このときは潤滑油系統が過熱状態にあるため、オイル点検は実施されない。

基本整備
Primary Servicing
　これは累積飛行時間が28時間に達したあたりを目安に実施されるもので、機体およびエンジンの全般的な損耗度合いが確認される。実際の作業は、3名の技術兵によって遂行され、特に問題がなければ、ほぼ1日で終了する。このとき、以下の項目も実行される。

BBMFのカークパトリック伍長が、年次整備でMK356のエルロン作動機構を点検中。
(P. Blackah/ Crown Copyright)

上：部分的な分解点検をともなう年次整備のためのハンガー入りを控え、その前段階としてのエンジンの地上運転に備えて、MK356が拘束繋留されている。主車輪前方には車輪止めが嵌め込まれ、エンジンを最大出力で運転したときに、前進しようとする機体に押し出されないよう、尾部の下にある繋留具に留められたロープと繋がっている。尾部前方に巻かれたストラップは尾部が持ち上がるのを防止するもの。(P. Blackah/ Crown Copyright)

左：点検パネルが外されたMK356の左翼上面。火器搭載区画が空になっているが、本来ここにはイスパノ20㎜機関砲、ブローニング.303インチ機銃2挺、それらの弾倉が収容される。(P. Blackah/ Crown Copyright)

1. 操縦翼面や降着装置のヒンジに潤滑油を差す。
2. プロペラ定速機のフィルター、排油系統のフィルターを取り外して、堆積した不純物あるいはゴミを除去する。
3. 潤滑油を交換する。その際、SOAP用のサンプルを採取する。
4. マグネトーの断続器が正しくセットされているかをチェック。

年次整備
Annual Servicing

これは累積飛行時間が70時間に達したとき、または（前回の年次整備から）1年が経過したときの、いずれか早い方で実施される。通常は航空ショーのシーズンが終わる9月から実施されることが多い。スピットファイアの場合は、技術兵3名から4名で約5ヶ月がかりの作業となる。もちろん、より多くの人員が投入できれば、期間短縮も可能だ。作業はエンジンの地上運転から始められる。これによって、エンジンの性能をチェックする。続いて、機体を格納庫に入れてジャッキアップし、パネルを外して詳細な検査に取りかかる。

不具合の多くはBBMFに蓄積された経験的手法によって解決できるが、たとえばスペアパーツがどうしても手に入らないという事態になれば、多少は余計な時間がかかるだろう。そういう場合は、専門分野のメーカーに連絡を取り、設計図から、もしくは使用に耐えなくなったオリジナル部品を見本に、交換用の部品を新たに作らせることになる。

年次整備では、基本整備よりさらに踏み込んだ作業が展開され、後者の作業項目に以下の項目が加えられる。

1. 主脚を取り外して、取付ピントルを非破壊検査にかけ、潜在的亀裂の有無を確認する。
2. 主脚内部の作動油を交換する。
3. 亀裂、腐食、リベットの緩みの有無を詳細に検査する。
4. 操縦翼面の各操作索を取り外し、摩耗あるいは損耗度合いを調べる。
5. エンジンのシリンダーヘッド・カバーを取り外し、カムとカム・フォロワー（タペット）の損耗度合いを検査。プロペラ、エンジン取付架のフレームやボルトの摩耗状況も検査する。
6. 電気系統の配線の損耗度合いを検査する。
7. 以上のシステムの復旧作業とテスト。主脚の引き込み動作を試験し、操縦翼面の作動範囲が万全で

上：ジャッキに載せられたMK356。右翼下面の点検パネルが取り外されている。
(P. Blackah/ Crown Copyright)

訳註
※SOAP：オイル分光分析検査。エンジンの潤滑に使用されたオイルに含まれる微量の金属元素を検知し、ベアリングなどに異常が発生していないかを調べる検査方法。採取したオイルを分光分析装置にかけ、金属元素を定量分析する

胴体、翼にある各種アクセス・ドア、点検ハッチの一覧図
（Crown Copyright）

1 方向舵トリム用スクリュー・ジャッキおよび操作索
2 トリム索プーリー
3 胴体後部アクセス用
4 無線搭載部（現在は荷物搭載用）
5 主燃料タンク・カバー
6 主燃料タンク給油口
7 中間冷却器冷却液注入口
8 エンジン・カウリング・パネル
9 主冷却液注入口
10 電気回路接続部、バラスト、尾脚ユニット
11 尾脚緩衝装置（左右）
12 地上電源用ソケット
13 滑油タンク注入口
14 スターター・クランク差し込み口
15 電気回路接続部
16 繋留索固定部
17 機関銃／砲、弾薬箱
18 電気回路接続部、脚収納庫
19 配管接続部
20 冷却液排出コック
21 電気回路接続部
22 機関銃／砲、弾薬箱
23 ブローニング機銃
24 ピトー管（左翼のみ）
25 フラップ作動ギア
26 ラジエーター配管連結部
27 冷却液配管連結部
28 燃料排出コック
29 エルロン操作索ドラム
30 ラジエーター取付部
31 フラップ駆動ジャッキ
32 エルロン操作索プーリー
33 アンテナ取付部（右翼のみ）
34 エルロン操作レバー
35 エルロン・ヒンジ

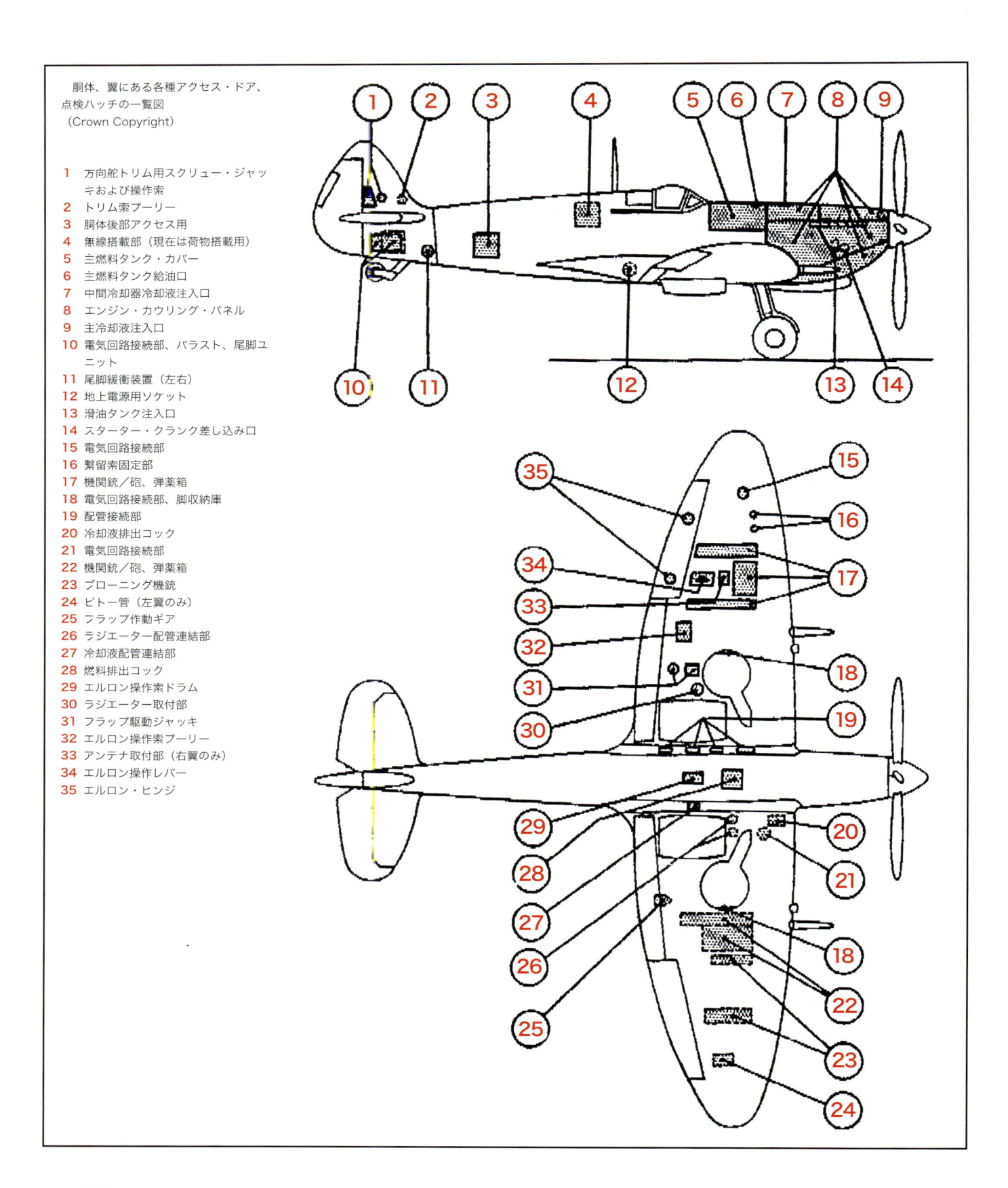

134

あるかをチェック、さらにエンジンを地上運転する。

8. 年次整備作業が完了すると、当該機は飛行試験に臨む。結果が満足すべきものであれば、エンジンのカウリングを外して、配管類を改めて締め直す。これで当該機は飛行適格あるいは耐空性能ありとみなされることになる。飛行試験で何らかの不具合が認められれば、修正作業を経て、同じプロセスが繰り返される。

年次整備の過程では、操縦席を撤去してコクピット底部の装備まで点検しなければならない。このコクピット底部の点検というのが、実は、かなり辛い作業なのだ。極端に狭いうえ、そもそもスピットファイアのコクピットには床というものがない。辛うじてパイロットが足を載せる小さいボードが2枚あるだけだ。技術兵は、ただでさえ狭いスペースのなかで、周辺機器を蹴飛ばしたり踏みつけたりしないよう気を遣いつつ、胴枠を足がかりに、しゃがみ込むような姿勢で作業しなければならない。時には無理にでも体をひねりながら、不自然な体勢で長時間の作業に耐えねばならないため、終わったときには当然のように腰痛を起こしていたり、膝に打ち身ができていたりする。

また、第4項目では、操縦翼面の操作ケーブルを取り外して摩耗の度合いを調べるということになっている。言葉のうえでは、いかにも簡単そうだ。だが、操

冬の年次整備のため、格納庫に列置され、分解されているBBMF所属のスピットファイア。いちばん手前がMk.XIX PM631。2006年11月。(Crown Copyright)

作ケーブルは胴体後部の奥深くを走っていて、その点がまさに問題なのだ。作業する技術兵は、尾部の前にある2フィート四方のハッチから胴体内に潜り込まなくてはならない。いわゆる「体格の良い人」には、それだけで確実に難題である。痩せ形の人にとっても、スピットファイアの胴体後部は閉所恐怖症を引き起こしそうなほど狭く、体を自由に動かす余地などほとんどないことがわかるだろう。

　ところで、RAFにおける整備実施の基本方針として、機体の操縦系統を取り外して交換する場合は、その作業に参加していない先任下士官が、独立してチェックをおこなうことになっている。そうすることで、各装置が正しく交換されているか、各操縦翼面が正常な範囲内で自由に動くか、新鮮な眼差しで確認がなされるわけだ。

マイナー整備
Minor Servicing

　これは累積飛行時間が280時間に達したとき、もしくは（前回のマイナー整備から）4年が経過したときの、いずれか早い方で実施される。所要時間は年次整備と変わらず、投入人員数も同じである。ただし、構造的に重要な部品の、より徹底した点検が含まれる。たとえば、主翼の後ろ桁と胴体の接合基部、No.5胴枠の主桁支持基部、同エンジン取付架支持基部などを対象として、目視によるチェックのほか、場合によっては外から観察できない部分には超小型カメラ付きプローブを挿入しての検査がおこなわれる。

　要するに、年次整備で扱う全検査項目が実行されるとともに、部分的にはさらなる精査がおこなわれるのがマイナー整備である。燃料タンクも取り外して点検されるので、その下の支持枠の点検も可能となる。

メジャー整備
Major Servicing

　これは累積飛行時間が560時間に達したとき、もしくは（前回のメジャー整備から）8年が経過したときの、いずれか早い方で実施される。ただし、この整備方式は常に外部委託という形を取り、年度初めに入札によって業者が選定される。そして、航空ショーのシーズンが終わると、落札した会社に機体が搬入される。実のところ、BBMFにもメジャー整備を実施するだけの施設と機材は揃っている。ただ、人手が足りないのだ。さらに、外部委託には、それなりの利点もある。と言うのは、機体が例の「新鮮な眼差し」で点検されることになるからだ。この整備方式は、以下の項目を含む。

1．機体の塗装を剥がし、金属の地肌を出す。これは機体構造の精密な検査のための措置だが、マーキング類を変更するには良い機会となる。
2．エンジンを取り外し、エンジン取付架をX線検査にかける。これは専門チームが担当し、内部の腐食や亀裂の有無を確認する。
3．主翼主桁、胴体、縦通材をX線検査にかける。
4．垂直安定板(フィン)を取り外す。その他の操縦翼面も同様に。方向舵と昇降舵については、羽布を外して骨組みを検査する。検査終了後は、新しいアイリッシュ・リネンを張り直す。
5．ラジエーターや滑油冷却器、冷却液ヘッダータンク、燃料タンクなどの大型の機器類を取り外して工場整備にまわす。漏出(リーク)の有無を確認するプレッシャー・テストと、不純物の流水洗浄。そのうえで必要に応じて修理がおこなわれる。
6．降着装置とその他すべての油圧式装備品を取り外し、工場整備へ。プレッシャー・テストで漏出の有無を確認するとともに、必要に応じてオイルシールを交換する。
7．空気圧系統の装備品を取り外して工場整備へ。
8．飛行試験の前に機体重量を測定し、重心位置が許容範囲内にあることを確認する。これは再塗装によって機体重量が変化し、したがって重心位置にも影響が出るため、必ず実行される手順である。

運航記録の保存
Keeping records

　イギリス空軍は、航空機の飛行時間と、あらゆる不具合を記録するF700（書式700運航日誌）システムを採用している。当該機が就役している限り、その飛行時間と故障発生はF700に記録され続ける。一例を挙げれば、BBMFの現所属機であるスピットファイアMk.VB AB910の場合、1943年にさかのぼるF700が今も更新されつづけている。

　民間の個人所有者でも、やはり同様の運航日誌をつけるという作業は必要だ。CAA（民間航空局）に飛行許可を申請する場合に、提出が求められるからだ。

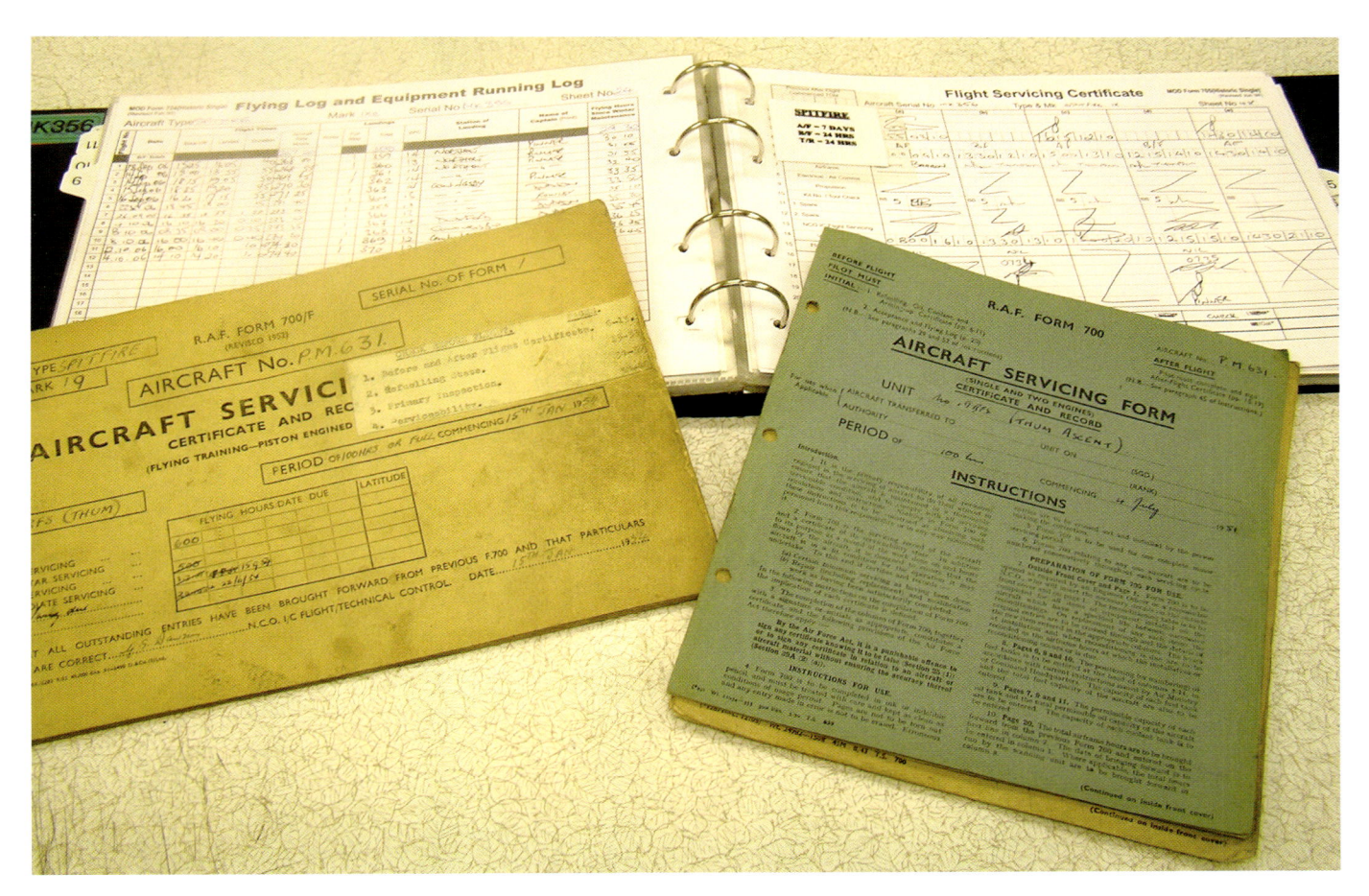

長期保管の手順
Presarving a Spitfire

　念願かなってスピットファイアのオーナーになった人は、たいてい、その新しい宝物を一刻も早く飛ばしてみたくてうずうずしているものだ。そのなかで、スピットファイアを、インフレーションと希少価値増大の同時進行を踏まえて大事に長期保管すべき、まじめな投資の対象と考えている人は、ほとんどいないかもしれない。確かに、綺麗なお嬢さんと一緒で、スピットファイアも長いこと放っておかれるのを好まない。とは言え、もしも、ある程度長期に渡る保管が予定されているなら、その機体には、全般的飛行停止手順というものが施されなければならない。つまり、再び飛ぶ日まで機体を万全の状態で保管・保存しておくための措置である。

　この手順は、まず地上走行によって、エンジンを暖めることからスタートする。次に、エンジンを切って機体を格納庫に搬入し、潤滑油と冷却液、燃料を抜いて、それら各系統を空にする。点火栓を取り外し、その挿入孔からシリンダー内に防錆油を吹き付け、ピストン頂部とシリンダー内壁をコーティングする。その後、点火栓をもとどおり装着する。排気系統にも防錆油をスプレーし、排気弁を保護する。

　さらに、気化器を腐食抑制油で満たす。同じものを燃料タンクと燃料ポンプにもスプレーする。冷却液系統は腐食抑制剤を含む溶液で満たす。潤滑油系統は、やはり腐食抑制油で満たす。それから、エンジンの外側にWD40オイルもしくはアスプラム（腐食抑制剤）をスプレーし、腐食予防とする。プロペラ・ハブにも同様の処置を施す。主脚その他結露しやすい部品すべて、同様に処置する。機体が長期間の格納庫入りとなるのであれば、ジャッキアップして支持スタンドに載せ、車輪と緩衝支柱に負荷をかけないよう配慮する。

　圧縮空気系統からは空気を抜く。ボンベは取り外し、内部に防錆オイルをスプレーしてから、暖かい場所で保管する。油圧系統については、作動油が腐食防止の役割を果たすので、そのままにしておいて差し支えない。

　以上の手順を完了するのに必要な期間は、約1週間である。

上：1940年代から今日までの――年代ごとに体裁は変わっているが――書式700航空日誌。F700システムは、その機体の飛行時間と故障発生を逐一記録するもの。(P. Blackah/ Crown Copyright)

エピローグ
Epilogue

M.メイフリー　M. Mafre

　現存するスピットファイアは実に少ない。かつてはオークニー諸島からワイト島までのイギリスの空にあまねくその姿が認められ、単独で、または分隊で、そして飛行隊で、航空団で海峡を越え、木の梢をかすめたかと思えば高度 30,000 フィートでパ・ド・カレからエルベ河南部流域の上空までも席巻し、砂を嚙みながらアフリカ軍団をニル・アラメインからチュニジアへと追い立て、孤立したマルタ島を救い、敵をゴシック・ラインから狩り出したかと思えば、陽光に灼かれながらベンガル湾を偵察し、ほろ酔い加減の水兵よろしく危なっかしい足取りで空母に着艦した、あの無数のスピットファイアは、今や数えるほどしか残っていない。

　あの無数のスピットファイアの操縦席では、無数の会話が交わされた。カナダやアメリカやイギリスのパイロットたちが、無線でくだけたやりとりをした。亡命フランス人、ノルウェー人、ポーランド人のパイロットたちが、黒い十字を帯びたドイツ機を発見しては雄叫びをあげた。オーストラリアや南アフリカ出身のパイロットたちが、それぞれの訛りを披露しあった。圧倒的な高々度で——。

　やがて、そのスピットファイアに対して、進歩と改良の名目で数々の無礼が働かれた。低高度性能の向上のためと称して、その主翼は切断され、過給器のブレー

ドが切り詰められた。翼を折られた鳥は"寸足らずのスピッティ"の渾名を奉られる。プロペラのブレードは増やされ、ついには2重反転プロペラが搭載された。主翼から不格好な機関砲が突き出すことにもなった。尾部にはフックが取り付けられ、猛禽は海鳥に仕立てられた。スピットファイアがわざわざ爆弾架にビア樽を吊ってノルマンディの海岸堡に運んだという話もある。

それでも、往年の戦闘機パイロットたちは、弧を描いて飛ぶスピットファイアの独特の鋭いエンジン音を今なお懐かしんでいる。あるいは、靄のかかった夜明けの飛行場で、薄明かりのなか、離陸を待っているときのマーリン・エンジンの低い唸りを思い出してはノスタルジーに浸る。戦争を生きのび、いわば"神からの借りものの時間"を生きていると感じているであろう人々は、スピットファイアの強靭な鉄の心臓が機械的限界を克服し、再び空で息を吹き返したことに驚異の念を抱いているかもしれない。また一方で、スピットファイアとその時代を知らない人々は、旧世代の人々がガソリンの悪臭にまみれた思い出を、なぜそうまで甘美なものとしていつまでも大事にしているのか、むしろそのことに疑問を抱いているかもしれない。だが、それは誰にも説明のつかないことなのだ。

(Photo:Crown Copyright)

巻末付録1 Appendix 1

現存するスピットファイア／シーファイア

A representative selection of surviving Spitfires and Seafires

ここでは今なお飛行可能もしくはそれに近い状態にあるスピットファイアおよびシーファイアを選んで、1機ずつその履歴と現状を確認する。

スピットファイアMk.I　AR213

ヨーヴィルのウェストランド社で製造、第57 OTU（実戦訓練部隊）に届いたのは1941年7月である。1943年2月には第53 OTUへ移送。RAF戦闘機エースである"赤毛のレイシー"ことジェイムズ・レイシーも、同部隊配属中に、この機体で飛行したうちのひとりだった。長期保管の後、1947年3月になってアレン・ホイーラーに払い下げられたものの、飛行状態に戻されて映画『バトル・オブ・ブリテン』（邦題『空軍大戦略』）に"出演"する1967年まで、本機はそのまま死蔵されていた。その後1978年、パトリック・リンゼイに売却。1986年にリンゼイが死去すると、本機はブッカーのウィカム・エア・パークにある有限会社パーソナル・プレーン・サーヴィスィズのヴィクター・ゴーントレットに買い取られた。2003年にゴーントレットも亡くなるが、本稿執筆時現在、本機は同社で大幅な整備点検の途上にある。

スピットファイアMk.II　P7350

飛行可能状態で現存するスピットファイアのなかではいちばん古い機体で、1940年にキャッスル・ブロミッジ航空機製作所で製造された。同年9月初旬、バトル・オブ・ブリテンが最高潮に達する頃、第266飛行隊に引き渡され、数日後には第603飛行隊へ移籍。翌10月、Bf109と戦闘中に損傷を被って不時着（修復された被弾痕が今も左翼に確認できる）。第1民間補修部隊に送られ、そこで補修を終えた1941年3月、第616飛行隊に配されるも、翌月には第64飛行隊に移動。その後1942年4月、サットン・ブリッジの中央砲術学校へ、1943年2月には第57実戦訓練部隊に移る。1944年7月には格納庫入りとなり、最終的には登録抹消されてジョン・デイル＆サンズ社にスクラップ処分品として払い下げられた。ところが、添付文書によってその輝かしい履歴を確認した同社が、本機をRAFカラーン駐屯地へ譲渡する。それから本機は1967年まで同基地の付属博物館の格納庫に置かれていたが、映画『バトル・オブ・ブリテン』に参加すべく、飛行可能状態に整備された。1968年10月、映画の撮影終了後、本機はRAFヒストリック・エアクラフト・フライトに引き渡される。そして、1973年に同部隊がバトル・オブ・ブリテン・メモリアル・フライトに改編された後も、その所属機として飛び続け、現在に至る。

スピットファイアMk.V　AB910

1941年にキャッスル・ブロミッジで製造された本機は、同年8月に第222飛行隊へ配されたのを皮切りに、第130〜133（イーグル＝アメリカ人）〜242〜416（RCAF）〜402（RCAF）の各飛行隊で運用される。さらにヒブルストウの第53実戦訓練部隊を経て、1945年5月、保管用格納庫に送られた。1947年7月にはアレン・ホイーラー大佐に買い取られ、主としてエア・レースに使用される。1959年、本機はヴィッカーズ‐アームストロング社に売却され、1965年には同社からRAFヒストリック・エアクラフト・フライトに譲渡された。映画『バトル・オブ・ブリテン』にも使われ、現在もBBMFで活躍中である。

スピットファイアMk.V　AR501

ヨーヴィルのウェストランド社で製造された本機が第301（チェコ人）飛行隊に配備されたのは1942年7月。以後、第504〜312（チェコ人）〜442（カナダ人）の各飛行隊で就役。続いて実戦訓練部隊にまわされるが、1944年9月に事故で損傷する。補修作業を終えて、1945年4月、本機は中央砲術学校に送られた後、格納庫入りとなった。1946年、本機はラーフバラ・カレッジ所有となり、教材として使用される。1961年にはシャトルワース・コレクションに加えられ、飛行可能状態に整備されて、映画『バトル・オブ・ブリテン』にも参加。その後しばらくの休眠期間を経て、長期に渡る修復作業に入った本機が、次に空を飛んだのは1975年6月のことだった。本機は今なおシャトルワース・コレクションにとどまり、本稿執筆の時点では、本格的なオーバーホールの最中とのこと。

スピットファイアMk.V　AR614

本機はヨーヴィルのウェストランド社製で、1942年9月、第312（チェコ人）飛行隊に配備された。1943年5月、戦闘中に損傷し、有限会社エア・サーヴィス・トレーニングで補修作業を受ける。以後も第610〜130〜222の各飛行隊で運用され、1944年9月には第53実戦訓練部隊にまわされた。1945年7月、RAFセント・アサン基地に教育用機材として送られ、その後はパッドゲート、ウェスト・カービイ、ブリジノースの各駐屯地を転々とし、ゲートガードに利用された。

1963年になって、本機はカナダのカルガリー航空博物館に売却され、さらにオンタリオ州カパスケーシング在住のドン・キャンベルの所有となって、飛行可能状態を取りもどすべく修復作業に入った。1992年10月、本機はイギリスに里帰りし、オールド・フライングマシーン・カンパニーに送られて、より本格的な修復作業を受けることに。1994年5月には、ニュージーランド在住のサー・ティム・ウォリスとアルパイン・ファイター・コレクションが本機の新たな所有者となり、修復の仕上げ作業はヒストリック・フライング・リミテッドが請け負う形になった。修復後の初飛行は1996年10月。2002年、シアトルのFHC（フライング・ヘリテッジ・コレクション）が本機を獲得、現在に至る。

スピットファイアMk.V　BM597

　キャッスル・ブロミッジ製の本機は、1942年5月、まずは第315（ポーランド人）飛行隊に配された。その4ヶ月後、同じポーランド人部隊である第317飛行隊へ移動。1943年2月、着陸時の事故により、カテゴリーB※の損傷を負う。補修作業を受けた後、いったん格納庫入りとなり、1945年4月に改めて第58実戦訓練部隊へ。同年10月、本機はセント・アサン基地に教育用機材として送られる。その後、ヘンスフォード、ブリッジノース、チャーチ・フェントンの各駐屯地でゲートガードを務めた。その一方で本機は、映画『バトル・オブ・ブリテン』製作時、爆発炎上シーン用にグラスファイバーのレプリカ機を作成する際の原型としても利用されている。以後はチャーチ・フェントンのゲートガードに戻り、さらにリントン-オン-ウーズ基地に移った。1989年5月、ティム・ルーツィス代表のヒストリック・フライング・リミテッドが本機を獲得。同社による修復作業を経て、本機はHAC（ヒストリック・エアクラフト・コレクション・オブ・ジャージー）に売却され、現在もダックスフォードを拠点とする同協会がこれを所有する。

スピットファイアMk.V　EP120

　キャッスル・ブロミッジ製の本機は、1942年6月、第501飛行隊に配されたのを手始めに、その後は第19および第402飛行隊に移籍。1942年8月から1943年11月までに7機の空中戦果を稼ぎ出しているが、これは飛行可能状態で現存するスピットファイアのなか

訳註
※カテゴリーB：機体損傷有り。修理可能。ただし、整備部隊、民間委託会社または製造会社の設備・施設・器材を要する。

スピットファイアMk.V BM597は目下ヒストリック・エアクラフト・コレクションの保有機で、ダックスフォードのARCo社格納庫に保管されている。
（Alfred Price Collection）

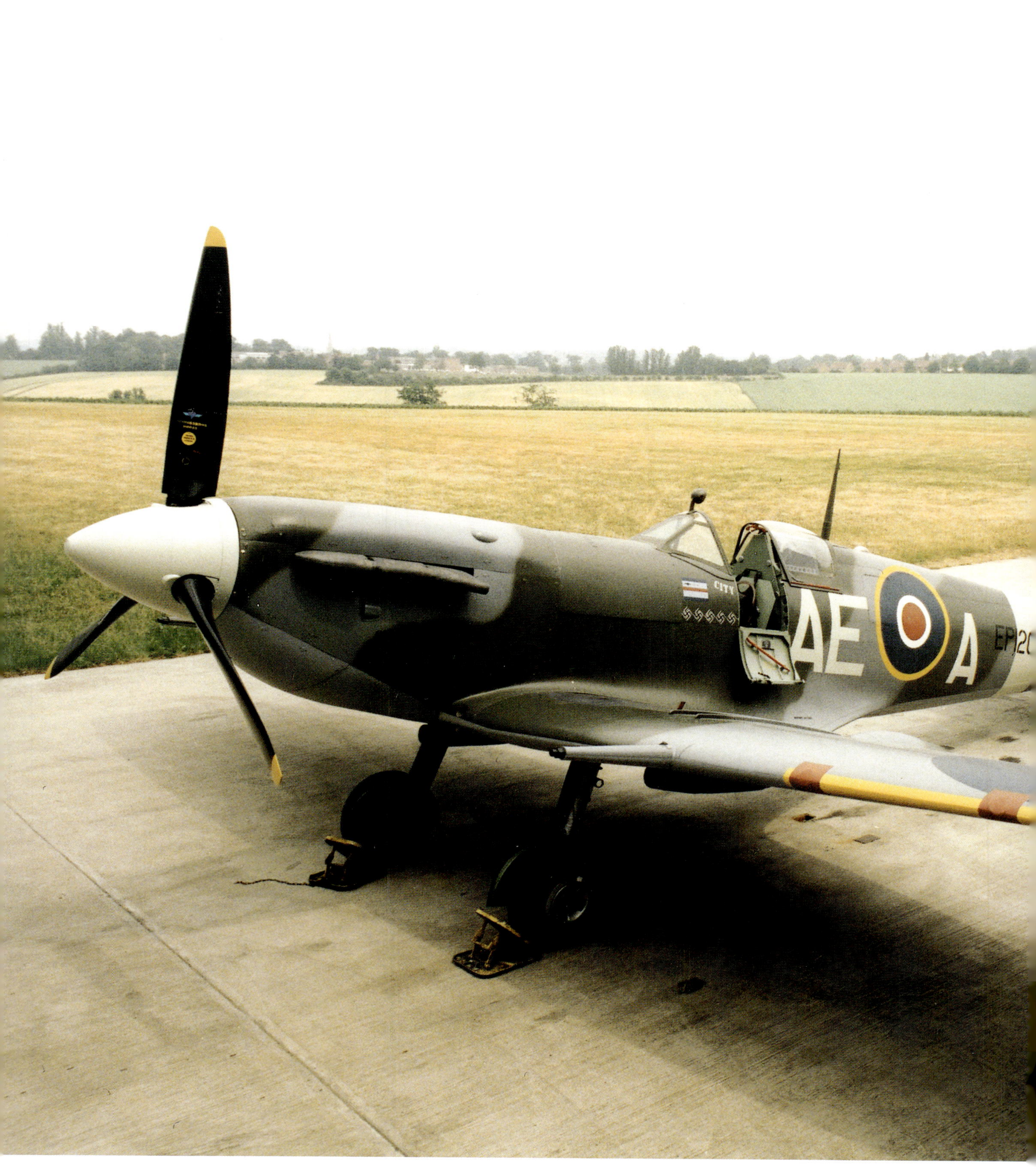
CITY
AE
A

では最高の記録だろう。だが、飛行中の事故により破損、補修のためキャッスル・ブロミッジの工場に戻されて、結局は格納庫入りとなる。1945年6月になって、RAFセント・アサン基地に教育用機材として送られた後、ゲートガード機として、ヘンスフォード、ウィルムズロウ、バーチャム・ニュートン、ブーマーの各RAF駐屯地を転々とした。1968年には映画『バトル・オブ・ブリテン』に、地上シーンのみながら出演している。その後1989年まで、RAFウォッティシャム基地に依然ゲートガード機として留め置かれていたが、1991年、修復のためヒストリック・フライング・リミテッドに送られた。かくて1995年9月には飛行可能状態を回復、ダックスフォードのTFC（戦闘機コレクション）に加えられ、少なくとも本稿執筆の時点では、そのまま同地に保存されている。

左：Mk.V EP120は現在、ダックスフォードに本部を置くファイター・コレクションの保有機である。（Peter R. Arnold Collection）

スピットファイアMk.VIII　MT719

本機はサウサンプトンのヴィッカーズ社で製造され、1944年6月、コスフォードの第9整備部隊に引き渡された。さらに海路インドへ送られ、9月にはセイロン島バブニヤ駐屯の第17飛行隊のもとに到着する。以後、ビルマ方面へ数回の任務出撃を実施。戦後はインド空軍に払い下げられるが、以降の詳細は知られていない。ただ、1978年春になって、インドを訪れたヘイドン-ベイリー兄弟に買い取られたことで、本機はようやく故国イギリスに戻ることになる。その後、1979年にはイタリア在住のフランコ・アクティスに売却され、船舶輸送でトリノに移される。長期間におよぶ修復作業を経て、本機が再び空を飛んだのは1982年10月のこと。現在の所有者は米国テキサス州アディソン在住、CFM（キャヴァノー飛行博物館）のジム・キャヴァノーである。

スピットファイアMk.VIII　MV154

1944年、サウサンプトンのヴィッカーズ社で製造された本機は、同年9月、第6整備部隊に引き渡された。海路オーストラリアのシドニーへ送り出され、11月に到着。同地で1948年5月まで保管された末に、オーストラリア空軍によって公式に登録抹消される。同年12月、本機は同じシドニーの航空機建造専門学校に移され、各種システムの実験用の機材として使用されるようになった。1961年以降は、何人かの個人所有者のあいだを転々としたが、結局はロバート・ランプルーが本機を購入、飛行可能状態にまで補修すべくイギリスに送り返したのが1979年のことだ。修復後の初飛行は1994年5月。現在もブリストル-フィルトン飛行場にあって、飛行可能状態を維持している。

右：グレース - メルトン製の改修キャノピーを使って複座仕様に改造されたスピットファイアMk.IX MH367。1943年当時チュニジアでスピットファイアを運用していたアメリカ陸軍航空隊第4戦闘飛行隊の塗装になっている。
(Harry Stenger)

スピットファイアMk.VIII MV239

　本機はサウサンプトンのヴィッカーズ社製で、1945年3月、第6整備部隊に引き渡された。その後、海路シドニーに送られ、6月に到着。同地で1949年まで保管された末に登録抹消され、シドニー技術専門学校に教材として下げ渡される。1961年以降は、複数の個人所有者のあいだを転々としたが、その後ニュー・サウスウェールズ州のカムデン航空博物館に貸与され、地上滑走が可能な状態にまで修復された。さらに1983年にはペイ大佐に引き取られて、大がかりなオーバーホールに臨み、1985年12月、修復完了後の初飛行を果たす。本稿執筆中の現在、本機の所有者はニュー・サウスウェールズ州のテモーラ航空博物館のデイヴィッド・ローウィである。

スピットファイアMk.IX MH367

　本機はキャッスル・ブロミッジで製造され、1943年8月、キングズノース駐屯の第65飛行隊に配備された。10月9日の戦闘で損傷を被り、補修作業を経て、12月には第229飛行隊に、また、翌1944年9月には第312飛行隊へ移籍となる。その後しばらく保管用格納庫に控置されていた本機は、1947年4月、エンパイア飛行学校に送られる。1948年7月、降着装置が折れるアクシデントで本機はカテゴリーBの損傷機となり、翌月にはRAFの登録を抹消される。ウィルトシャー州の某スクラップ集積場から、朽ち果てつつある本機の部品のいくつかが発見されたのは、それからかなりの年月が経ってからのことだ。さらに時は流れて1991年、チャールズ・チャーチ・スピットファイアズの、技術系の系列会社ディック・メルトン・アヴィエーションが、ひとつずつ部品を集めて、複座練習機型スピットファイアを再現するプロジェクトに乗り出した。1989年にチャーチが死去した後、彼の遺産として相当量のスピットファイアの部品が行く先を待っていたのだ。そして、これとは別に、米国フロリダ州のジェットキャップ・コーポレーションが、その未完の練習機型スピットファイア復元プロジェクトを買い取る動きを見せた。同社のピーター・ゴドフリーは、プロジェクトの購入と実現に意欲的だったが、復元機にはRAFのシリアル・ナンバーに象徴されるような一貫した"身元保証"が欠けることに懸念を抱いてもいた。そこで、上記MH367の残骸を買い入れたうえで、地元フロリダ州バートウのハリー・ステンガーに依頼し、再利用可能な部品をプロジェクトに組み込むことにした。と同時に、キャノピーをグレース - メルトン製に入れ換えるよう指示した。

　こうして、再生MH367が初飛行したのは2006年9月である。機体には、1943年6月当時に米陸軍航空

145

上：Mk.IX MH434は、もっとも有名な復元機に数えられる。この写真は、1944年3月当時、ホーンチャーチを基地とする第222飛行隊で運用されていた本機の姿を伝えるもの。(Bill Burge)

隊第4戦闘飛行隊がチュニジアのラ・スバラ基地を拠点に運用していたスピットファイアと同じ塗装が施された。本機は現在、フロリダ州バートウにある。

スピットファイアMk.IX MH434

　キャッスル・ブロミッジ製の本機は、1943年8月、第222飛行隊に配備された。南アフリカ出身のヘンリー・ラードナー‐バーク大尉が本機を乗機として、撃墜2機（Fw190）、協同撃墜1機（Bf109）を記録している。1944年の一時期は第350飛行隊で運用されたが、結局は第222飛行隊に戻った。その後しばらく格納庫に控置されてから、オランダ空軍に売却される。同空軍の第322飛行隊所属機となった本機は、インドネシア独立戦争さなかの1947年、ジャワ島のスマランに送られ、戦闘に参加。不時着した際に破損し、オランダに送り返されて補修作業を受け、格納庫入り。やがて本機はベルギー空軍に譲渡され、コクセイデの上級パイロット・スクールで使われるようになる。1956年3月、本機はCOGEA機構に標的曳航機として払い下げられ、OO-ARAの登録記号で民間登録される。そのまま7年間が経過したところで、今度は航空会社勤務のパイロットだったティム・デイヴィスが本機を購入、イギリスに送り返す。故国で全面的なオーバーホールを受けた結果、本機は飛行可能状態に。そして、『オペレーション・クロスボウ』（邦題『クロスボー作戦』）『バトル・オブ・ブリテン』と2本の映画に出演した。その後、本機はキャセイ・パシフィック航空会長のサー・エイドリアン・スワイアに買い取られ、『ア・ブリッジ・トゥー・ファー』（邦題『遠すぎた橋』）など、さらに数本の映画に参加する。1983年、レイ・ハナがノールファイア・アヴィエーション・リミテッドの組合の委託を受けて本機を購入。続いて本機は、ダックスフォードのオールド・フライングマシーン・カンパニーに引き取られ、現在も同地にある。

スピットファイアMk.IX MJ627

　キャッスル・ブロミッジ製の本機は、1943年12月、第9整備部隊に引き渡され、配備を待つ。翌年9月、第441飛行隊に配されるも、1945年3月に事故で損傷。補修作業を経て格納庫入りし、1950年7月になってヴィッカーズ社に払い下げられた。同社で複座練習機型に改造され、1951年6月にアイルランド空軍に売却される。1960年に退役後、本機は教材として利用されていたが、1963年末にフィルム・アヴィエーション・サーヴィスィズ社へ。1976年にはモーリス・ベイリスに買い取られて、現在に至る。1993年11月には修復後の初飛行にも成功、以後も耐空性を保ってイースト・カービイ飛行場にある。

スピットファイアMk.IX MJ730

　キャッスル・ブロミッジで製造され、1943年12月、ライナム駐屯の第33整備部隊に引き渡される。海路

カサブランカへ送られ、同地に到着したのが1944年2月。第249飛行隊に配備となる。1946年6月、本機はイタリア空軍に売却され、さらに1950年にはイスラエル空軍に転売される。1976年、あるキブツの片隅に放置されて廃品と化していた本機が発見され、ロバート・ランブルーがこれを買い取って、イギリスへ送ったのが1979年。トレント・エアロ社での修復作業を経て、再び空を飛んだのが1988年11月のことだった。その後、本機は米国ヴァージニア州サフォークにあるタイドウォーター・テック・ファイター・ファクトリーのジェリー・イェーゲンに買い取られ、現在に至る。

スピットファイアMk.IX MK356

本機はキャッスル・ブロミッジで製造され、1944年3月に第443（カナダ人）飛行隊に配された。同年6月のノルマンディ侵攻前後の航空作戦に活発に従事。同年8月、胴体着陸を強行した際に損傷を被り、補修のため第83航空群支援部隊に送られ、そのまま格納庫入り。1945年10月、教育用機材としてRAFホールトン基地へ移される。1951年、本機はRAFホーキンジ基地に移動、以後10年間はゲートガードに。1961年になってRAFビスター基地で修復作業を受けたものの、次にRAFロッキング基地へ送られ、やはりゲートガードを務めることになる。映画『バトル・オブ・ブリテン』に地上シーンのみで参加したのは、この時期のこと。続いて、RAFヘンロー基地に保管されていたが、1969年に空軍博物館の保存コレクションに加えられ、セント・アサン預かりとなった。その後、8年間におよぶ修復作業を経て、本機が再び空を飛んだのは1997年11月。それからBBMFの所属機となり、最初の配属先だった第443飛行隊でのコード・レター"21"を負った切断翼のスピットファイアF Mk.IXとして、今も活躍中である。

スピットファイアMk.IX MK732

キャッスル・ブロミッジ製で、1944年3月、第485飛行隊に配される。同年6月6日のノルマンディ上陸作戦に際しては航空支援に従事、1機のJu88を協同撃墜したとされる。9月初めには戦闘中に損傷を被り、いったん補修されたものの、同月末には事故によってさらに深刻なダメージを負う。そのため、民間補修部隊に送られながら、結局は格納庫入りとなった。1948年6月にはオランダ空軍に売却され、トウェンテの戦闘機学校に配される。1949年11月、事故による損傷を補修するためフォッカー社に送られた後、1951年4月から1953年9月までは第322飛行隊で運用された。1969年、本機はBBMFのスピットファイアに部品を提供するという目的でイギリスに戻される。1984年3月になって、機体の残存部はオランダに返されるが、1991年、再びイギリスで飛行形態を取り戻すための作業に入る。再生した本機が初飛行

上：Mk.IX MJ730が1976年にイスラエルのカブリ共同農場で発見された当時の状態。復元後、本機が再び飛行したのは1988年10月のこと。
(Peter R. Arnold Collection)

に成功したのは1993年7月のこと。本稿執筆時現在、本機はヒルゼ-レイエンのオランダ空軍ヒストリック・フライトで現役である。

スピットファイアMk.IX MK912

本機はキャッスル・ブロミッジで製造され、1944年6月、第312（チェコ人）飛行隊に配された。その後の戦績などは不明だが、1945年4月にはライナムの第33整備部隊の保管用格納庫に送られた。1946年7月、本機はオランダ空軍に売却され、インドネシア独立戦争期間中、ジャワ島駐留の第322飛行隊で運用された。1949年の同戦争終結とともに、海路オランダに送り返され、1950年にはベルギー空軍に転売される。フォッカー社でオーバーホールされた後、ブリュ

ステンの上級飛行学校へ、次いでコクセイデの戦闘機学校へ配される。1965年、本機はコンクリートの台座に据えられて、サフラーエンベルクのベルギー空軍技術学校のエントランスに展示されるようになり、そのまま30年間を過ごした後、イギリスに送られ、ヒストリック・フライング・リミテッド社で飛行可能状態に修復されることになった。2003年、修復作業を終えた本機は、エド・ラッセルに買い取られた。購入金額は100万ポンドと伝えられている。現在、本機はカナダのナイアガラにある。

スピットファイアMk.IX ML407

本機はキャッスル・ブロミッジ製で、最初の配備先は第485飛行隊、1944年4月のことである。同年12月に第145航空団付きとなり、翌年1月、第341（アルザス）飛行隊に配された。ところが、続く数週間で第308〜349〜485〜345〜332の各飛行隊を転々としたのち、1945年9月にはイギリスに戻されて格納庫入り。1950年7月、ヴィッカーズ社に買い取られ、複座練習機型に改造されて、1951年6月にアイルランド空軍に転売された。1960年には同空軍を退役し、そのまま格納庫入りする。1968年には払い下げ処分となり、次々と所有者が変わった末、ニック・グレースに買い取られたのが1979年8月。1985年、本機は希少なグレース-メルトン製の交換用キャノピーを利用した複座型に改造されて、修復を完了した。1988年10月、ニック・グレースが交通事故で死亡した後、本機は妻のキャロリンに引き継がれ、彼女自身の操縦で定期的に航空ショーに参加している。現在の所在地はダックスフォード。

スピットファイアMk.IX ML417

1944年にキャッスル・ブロミッジで製造され、同年6月2日、第443（カナダ空軍）飛行隊に引き渡された機体。Dデイに際してフランスへの出撃を実施、同月末には、ノルマンディのサン・クロワ-スュル-メールの前進飛行場から作戦に臨んで、2機撃墜（Bf109）のほか、2機に損傷を与える（Bf109とFw109各1機）という戦績を残す。続いて、第401〜441〜442の各飛行隊で運用され、1945年8月、格納庫入り。翌年10月、ヴィッカーズ-アームストロング・リミテッドが本機を買い戻し、インド空軍向けに複座練習機型に改造する。実際にインド空軍に就役したのは1948年10月のことで、このときのコード・レターはHS543だった。1967年、本機はパラムのインド空軍博物館に収蔵される。同館を訪れた合衆国上院議員ノーマン・ガーが本機を買い取って、米国に送ったのが1971年4月。翌年11月には、ニュー・オーリンズの格納庫で眠っていた本機をスティーヴン・グレイが買い受け、イギリスに送り返した。帰国後、本機はブッカーのパーソナル・プレーン・サーヴィスィズ社で修復作業に入り、本来の単座形態を取り戻した。1984年2月に再生後の初飛行に成功、ダックスフォードのファイター・コレクションに加わる。1999年、ル・トゥケ飛行場に駐機中、本機は脚折れのアクシデントに見舞われた。

左：Mk.IX ML407は、珍しいグレース-メルトン製の改修用キャノピーを使って複座仕様に改造された。写真は2006年9月3日の航空ショーで、並み居るヴィンテージ機の先頭に駐機するML407。現在の所有者は、操縦もこなすキャロリン・グレース。(Peter R. Arnold)

応急修理に続いて、ダックスフォードで本格的なオーバーホールに入った本機が、次に飛んだのは2001年6月である。その後、本機はトム・フリードキンに売却され、米国に。現在もカリフォルニア州チノの飛行場を拠点に飛び続けている。

スピットファイアMk.IX PT462

キャッスル・ブロミッジ製の本機は、1944年7月、第39整備部隊に引き渡された。1945年、地中海連合空軍に送られ、第253飛行隊に配される。1947年6月、本機はイタリア空軍に移り、1952年にはイスラエル空軍に売却される。1983年になって、イスラエルを訪れたロバート・ランプルーが、キブツの敷地内で廃品と化していた本機を発見、イギリスに送り返した。1985年、チャールズ・チャーチが部品を調達し、本機をMk.IX複座練習機型に改造して空に戻すべく、修復事業に乗り出す。甦生した本機の初飛行は1987年7月。チャールズ・チャーチが、自ら操縦する愛機（やはりスピットファイアだった）とともに不慮の死を遂げた後、本機は米国に送られ、フロリダ州のジェットキャップ・コーポレーションに買い取られた。だが、それもつかの間、続いてアンソニー・ホジスンがダックスフォードのエアクラフト・レストレーション社のために本機を購入、本機は再びイギリスへ。現在もドラゴン・スピットファイア・フライトの一翼を担って、ノース・ウェールズの私有滑走路から飛び立っている。

スピットファイアMk.IX TE308

本機は1945年6月にキャッスル・ブロミッジで製造されたが、書類が紛失したらしく、RAFでの就役記録は不明。判明しているのは、1950年7月に本機がヴィッカーズ-アームストロング社に買い戻され、複座練習機型に改造されて以降の履歴である。1951年7月、本機はアイルランド空軍に移り、1961年に登録抹消されるまで同空軍にとどまった。1968年に映画『バトル・オブ・ブリテン』に参加した後は、ドン・プラムに買い取られて、カナダのオンタリオ州に移る。その後、単座機に見えるように後部コクピットをフェアリングで覆う処置が施された本機は、1975年、米国メイン州ロックランドのアウルズ・ヘッド交通博物館に買い入れられた。以降も数人の所有者のあいだを転々として、現在はコロラド州アスペン空港のビル・グリーンウッドのもとにある。

スピットファイアMk.XIV MV293

本機はキーヴィルのヴィッカーズ-アームストロング社で製造され、1945年8月、インドへ移送された。10月、カラチに到着するも、時期的に戦争には間に合わず、そのまま格納庫入り。1947年12月になって、インド空軍がこれを買い受けた。ジャラハリのインド空軍テクニカル・カレッジで教材として使用されていた本機は、次にウォーバーズ・オブ・グレート・ブリテンに買い取られてイギリスに送り返され、さらに、現在の運用者であるファイター・コレクションに買い入れられた。修復後の初飛行は1992年8月のこと。本機は現在ダックスフォードにあり、その機体には、かの"ジョニー"・ジョンソンが1945年春に搭乗して戦闘に臨んだスピットファイアを再現したMV268のシリアル・ナンバーと"JEJ"のイニシャルが描かれている。

スピットファイアMk.XVI TE184

1945年にキャッスル・ブロミッジで製造された本機は、同年5月、第9整備部隊に引き渡されている。大戦も終結し、そのまま格納庫入りしていたが、1948年9月に第203上級飛行訓練学校へ。次いで1950年2月には第607飛行隊へ、同年11月には中央砲術学校へ移される。第64リザーヴ・センターに送られたのが1951年2月、翌年は第1855（ロイトン）飛行隊訓練団にまわされた。その後、本機はRAFフィニングリー基地に送られ、同地の博物館のコレクションに加わる。さらに修復作業を経て、アルスター郷土・交通博物館に移譲され、保管されていた本機をニック・グレースが買い取ったのは1986年のことだ。マイアリック・アヴィエーション・サーヴィスィズの登録機となり、1990年11月には修復後の初飛行を敢行。1995年にはアラン・ド・カドゥネに売却され、現在はポール・アンドルーズが本機を所有、ブッカーのパーソナル・プレーン・サーヴィスィズ社で修復中である。

スピットファイアMk.XIX PS853

サウサンプトンのスーパーマリン社で製造された本機は、1945年1月、RAFベンソン基地駐屯の中央偵察隊に引き渡された。その数週間後には、ブリュッセル／メルスブルーク駐屯の——のちにエイントホーフェンに移駐する——第2戦術空軍の偵察部隊である第16飛行隊に移動。本機は計9回の作戦出撃を実施するが、このうち数回は『クロスボウ』作戦の一環としての写真偵察任務で、V1あるいはV2ロケットの発射基地があると疑われる地域へ飛んだもの。戦争終結後、第16飛行隊は占領軍の一部隊としてドイツのツェレに移る。

1946年3月、本機はイギリスに戻り、シュロップシャー州ハイ・アーコールで格納庫入りとなった。ところが、1949年1月、明らかに再利用の準備段階での飛行事故で、本機はカテゴリーBの損傷を被り、補修

のため製造元に送られる。

　本機の次なる所属先は、ショート・ブラザーズ＆ハーランドのフライング・サーヴィスィズ事業部が政府委託のもとに運営する気象観測部隊だった。新たな活動に備えて本機は、コスフォードの第9整備部隊で、カメラその他偵察任務用の装備を撤去して、代わりに観測記録システムを搭載する作業を受けた。そして、1951年初頭からTHUM（上層気団温度・湿度観測）任務に従事、フートン・パークから気象観測飛行に飛んだ数機のPR Mk.XIXのうちの1機となった。なお、1952年4月、部隊はウッドヴェイルに移駐する。

　1957年6月、部隊がモスキートに装備変更することになり、本機は同月10日に最後のTHUM任務を遂行した。同月14日、（本機を含む）3機のPR Mk.XIXがビギン・ヒル基地に飛び、RAFの新設部隊ヒストリック・エアクラフト・フライト略称HAFに加わる。1958年3月、HAFはノース・ウィールドへ、続いて翌月にはウェスト・ライナムへ移駐するが、そこで本機は飛行不適格の判定を下される。

　そのままウェスト・ライナムに残されていた本機が修復されることに決まったのは1961年のことだった。本機は飛行可能状態の回復を目指して第19整備部隊へ送られ、その後ウェスト・ライナムに戻された。そして1964年4月まで待機して、HAFに復帰する。

　それから30年間にわたって本機は同部隊にとどまったが、1994年、部隊にただ1機のハリケーンが不時着炎上して深刻なダメージを負ったことから、その補修費用を賄うため、売却されることになった。紆余曲折の末、ユアン・イングリッシュが本機を購入したものの、直後に彼は（本機ではない、別の機体での）飛行中の事故で死亡する。遺された妻が本機をオークションに出し、1994年9月、ロールス-ロイス公開有限会社が本機の新たな所有者となった。同社により、本機は飛行可能状態を維持したまま、現在ブリストル-フィルトン飛行場にある。

スピットファイアMk.XIX PS915

　サウサンプトンのスーパーマリン社製の本機は、1945年4月にRAFベンソン基地へ納入され、第541飛行隊所属機として就役。1948年7月には、ドイツのヴューンスドルフに駐留中の第2飛行隊に移る。飛行中の事故による破損〜補修作業を経て、いったん格納庫入りとなりながら、1954年6月、ウッドヴェイル駐屯当時の気象観測部隊に配属されることに。1957年6月、同部隊の解隊にともない、本機はビギン・ヒル基地のHAFへ移動する。だが、直後に飛行任務を解かれ、ウェスト・モーリングを始め、ルーハーズ、ブローディの各RAF駐屯地にゲートガードして定置されるようになる。本機はその後1984年から`86年まで、飛行可能状態の回復を目指して、ウォートンのブリティッシュ・エアロスペースで修復作業を受ける。飛行再開は1986年12月。1987年3月、本機はBBMFに引き渡され、今も現役で飛んでいる。

シーファイアMk.XVII SX336

　本機はヨーヴィルのウェストランド・エアクラフト社製で、処女飛行は1946年5月。同年8月にアボッツィンシュの海軍航空機待機部隊に引き渡された。海軍航空隊での実績についてはほとんど知られておらず、ただ1953年にはブラムコット、`55年にはストレットンの各海軍航空隊基地にいたことが記録されているのみだ。しかも、その後しばらくすると本機はウォリントンのブリティッシュ・アルミニウム社に払い下げられ、スクラップ処分されることになった。

　というわけで、本来ならばここで本機は姿を消すはずだった。もしもウォリントン・スクラップヤード・オブ・ジョゼフ・ブライアリー＆サンが、粉砕された本機の残骸を回収し、適当な購入希望者が現れるまで自社で保存するとの決定を下さなければ──。そして数年後、購入者としてまたとない人物が名乗りをあげた。スピットファイア／シーファイアの研究家で収集家でもあるピーター・アーノルドその人だ。上記のスクラップ集積場に2機のシーファイアMk.XVII──本機SX336と、姉妹機のSX300──の主要な部品が、辛うじて同定できる状態で残されているという情報を得た彼は、さっそく現地を訪ねた。そして、170ポンド＋付加価値税を払って、その場で2機の残骸を買い取った。これが1973年7月のことである。

　続いて、SX300より良好な状態だった本機の部品群は、交換取引でネヴィル・フランクリンに引き渡され、さらに次々と転売されて、所有者が替わるたびに種々の装備品が付け加えられたりしながら15年が経過する。その間には、クレイグ・チャールストンやピーター・ウッドが本機の再生に熱心に関わったりもした。そして2001年6月、本機の部品群はクランフィールド飛行場のケネット工房に引き取られ、ここで再生を果たす。復元された本機は、2006年5月に初飛行を実施、イギリス国内に唯一残る飛行可能なシーファイアとなった。

シーファイアMk.47 VP441

　本稿執筆時現在、本機は今なお飛行可能な状態で生き残っているスピットファイア／シーファイアのなかで最も"若い"機体である。1947年11月、サウス・マーストンで処女飛行した本機は、1948年1月、当時サセックス州フォードの海軍航空隊基地でシーファ

右：飛びたい時にいつでも飛べる〜ジム・スミス所有のシーファイアMk.47が、モンタナ州クリスタル・レイクにある彼の私有飛行場の滑走路で位置につく。このシーファイアの他に、彼は20機あまりの軍用機コレクションを保有している。(Peter R. Arnold)

イアMk.XVからMk.47へ装備転換の途上にあった第804飛行隊に配備された。8月、同飛行隊は、軽艦隊空母『HMS オーシャン』に乗り組み、地中海に向かう。地中海地域では、マルタ島のハルファー飛行場が、彼らの沿岸基地となった。なお、同飛行隊は一時期だが空母『HMS トライアンフ』に乗り組んでいたこともある。

1949年3月、本機は何らかの損傷を被ったらしく、部隊を離れてフォードの航空機待機部隊に戻り、さらに5月にはフリートランズの航空機修理基地に移る。その後、本機はマナドンの海軍航空隊訓練学校に送られた。同校では地上訓練用の機体として利用され、そのまま1954年1月に登録抹消となる。

次の行く先はプリマス近郊ソルタッシュの飛行訓練団飛行隊で、本機はその本部棟の外に定置されるようになった。以後10年間、本機は同地にあって、確実に劣化が進むばかりだったところ、HAPS（歴史的航空機保存協会）がこれを救う形になる。同協会と、カルドローズ海軍航空隊基地の航空機エンジニアリング部門によって、本機は展示可能な状態に補修され、1965年の海軍基地祭の日に公開された。その後、本機はブラックプール近郊スクワイアズ・ゲートのHAPS本部に移ったが、ここが安住の地になることはなかった。1972年に同協会が財政難に陥り、滑走路使用料などの未払いを巡って飛行場オーナーに提訴され、高等法院の支払い命令を受ける事態に至ったからだ。協会所有の航空機コレクションは競売にかけられ、本機は次の所有者の指示を待つあいだ、ブッカーのパーソナル・プレーン・サーヴィスィズの格納庫に預けられることになった。

1975年、本機はジョン・ストークスに買い取られ、米国テキサス州へ送られる。そのまま格納庫に死蔵されて20年ほどが経過した頃、今度はジム・スミスが本機を自身の20機を越える軍用機コレクションに加える。この新たな所有者は潤沢な資金を背景に、機体の技術的問題点の解決策を生み出すだけの余裕があり、事実、テキサス州ブレッケンリッジのエゼル・アヴィエーション社が本機の修復作業を手がけた際にも、これに積極的に関与した。本機は、油圧式の主翼折りたたみ機構を含めて、本来備えていた数々のシステムを取り戻し、再生を果たした。今のところ世界で唯一生き残っているシーファイアMk.47ということになる本機は、純正の二重反転プロペラを駆動させるため、もとシャックルトン四発機用のグリフォン58エンジンを搭載し、2004年4月に再生後の初飛行に成功した。

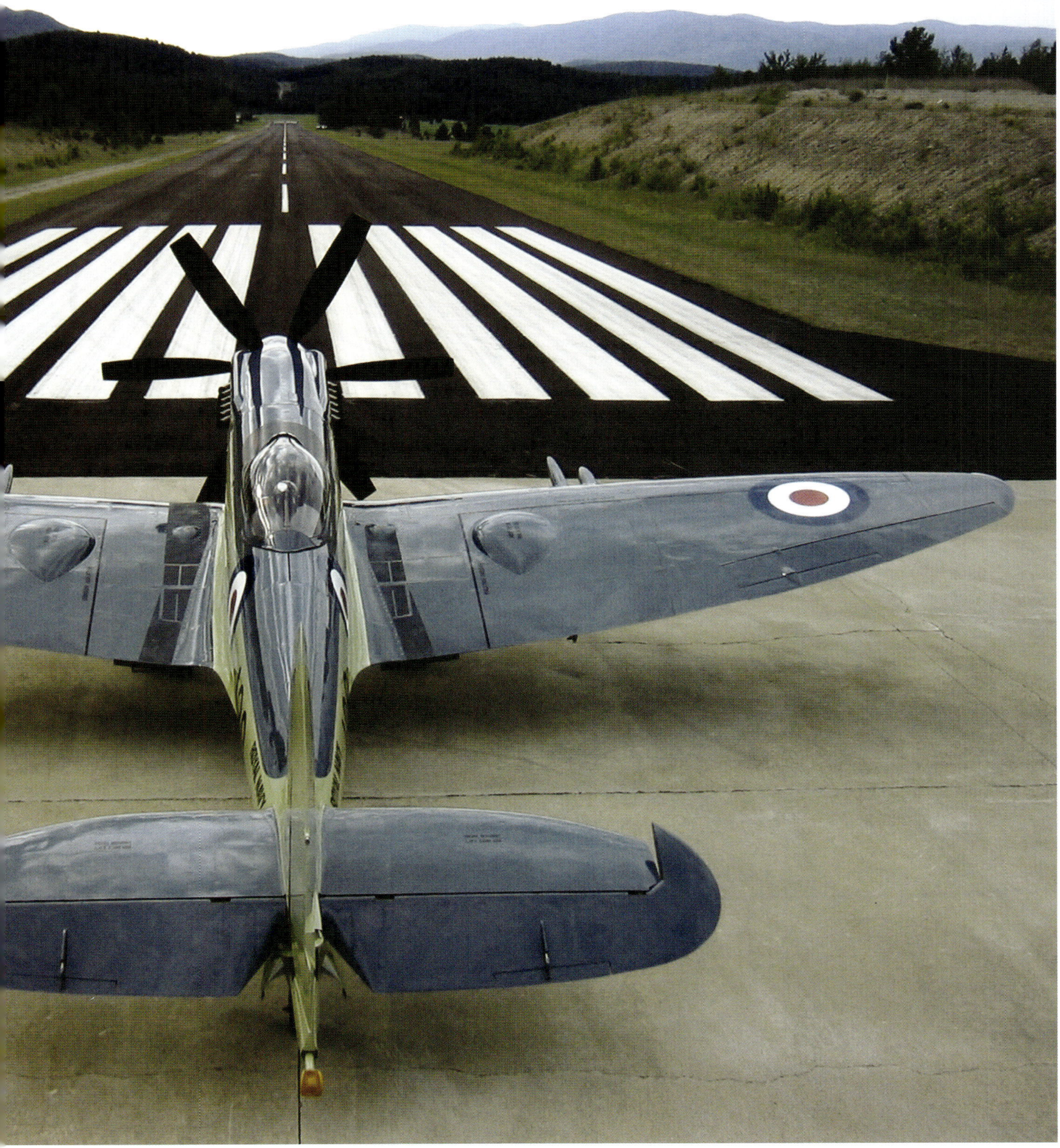

巻末付録2 Appendix 2
今なお飛行可能なスピットファイアは全世界にどれだけ存在するか？
How many airworthy Spitfires are there now, worldwide?

今日なお耐空性を維持しているスピットファイアは、世界各地にどれほど残っているのか？ 実のところこれは、はっきりとは答えにくい質問だ。「耐空性を維持」とはつまり飛行に適した状態を保っているということになるだろうが、この言葉を各人がどう解釈するか。すべてはそれにかかっているからだ。たとえば「明日の朝、格納庫を出てエンジンを始動させ、離陸できる機体に限る」のだろうか？ その場合、正確な数は日々変動するため、質問の答えは「20機前後」とせざるを得ない。季節の要素も大きい。冬季は例年のメンテナンス期間に入っている機体が多く、すぐに飛ぶことのできるスピットファイアの数は当然ながら減る。昨日まで飛んでいても、何らかの整備修復作業に入ったという機体、損傷して補修中の機体も除外されるだろう。最近まで飛び続けていても、所有者がその機体を"休ませる"ために格納庫にしまい込んでしまったり、博物館に寄贈する気になったりすることもあるだろう。そういう機体は勘定のうちに入るのか、入らないのか。

正解の出せない質問を繰り出すより、問題の設定を変えられるものなら、そのほうが建設的だ。耐空性を保持したスピットファイアの数が最も落ち込んだのは1960年代半ばのことで、世界中見渡しても、その数10機に過ぎなかった。ところが、1969年、例の映画『バトル・オブ・ブリテン』が大ヒットしたのをきっかけに、世界中の富裕層のあいだでスピットファイアを所有し、あるいは修復し、自らこれを操縦して飛ぶことがブームのようになった。というわけで、今なお飛行可能な——もしくはその可能性を秘めている——スピットファイアの数を把握するには、この1969年という見逃せない年を基準に、これ以降飛んだ機体、あるいは飛べるまでに修復された機体を数えるというのがベストだろう。本稿執筆時（2007年が明けて間もない）現在、そうしたスピットファイア／シーファイアは70機になる。今日の"スピットファイア産業"の活況を考えれば、その数が今後とも増え続けることは、ほぼ疑いないところだ。

下記のリストの70機のうち、42機は——日常的なメンテナンス作業が必要なのは当然のこととして——"常時飛行可能"にランク付けされる。次の航空ショーのシーズンには、この42機すべてが——そして願わくはさらに1機でも多くの機体が——活躍できるよう祈りたい。

なお、本稿をまとめるに際しては、ピーター・アーノルド氏の貴重な示唆を得ることができ、また掲載したリストは氏の協力によるものであることをここに記して、筆者は謝意を表する。

	RAFシリアル	民間登録記号	型式	現所有者／保管者	所在地	現状
1	AR213	G-AIST	F.Mk.I	シェリンガム・アヴィエーション	ブッカー(英)	整備点検中
2	P7350	——	F.Mk.II	英国防省	カニングズビー（英）	常時飛行可能
3	AB910	——	F.Mk.V	英国防省	カニングズビー（英）	常時飛行可能
4	AR501	G-AWII	F.Mk.V	シャトルワース・トラスト	オールド・ウォーデン（英）	整備点検中
5	AR614	N614VC	F.Mk.V	ポール・アレン／FHC	ワシントン州シアトル（米）	常時飛行可能
6	BM597	G-MKVB	F.Mk.V	ガイ・ブラック／HAC	ダックスフォード（英）	常時飛行可能
7	EE606	G-MKVC	F.Mk.V	デイヴィッド・アーノルド	——	墜落後登録抹消（現在はパーツのみ）
8	EP120	G-FVB	F.Mk.V	スティーヴン・グレイ／TFC	ダックスフォード（英）	常時飛行可能
9	JG891	G-FVC	F.Mk.V	トム・ブレア／スピットファイアLtd.	ダックスフォード（英）	常時飛行可能
10	MT719	N719MT	F.Mk.VIII	ジム・キャヴァノー／CFM	ダラス（米）	常時飛行可能
11	MT818	N58JE	TR.Mk.VIII	プロヴナンス・ファイター	カリフォルニア州ムリエタ（米）	売り出し中
12	MV154	G-BKMY	F.Mk.VIII	ロブ・ランブルー	フィルトン（英）	常時飛行可能
13	MV239	VH-HET	F.Mk.VIII	デイヴィッド・ローウィ	テモーラ（豪）	常時飛行可能
14	NH631	——	F.Mk.VIII	インド空軍ヒストリカル・フライト	パラム（印）	飛行停止中
15	MA793	N930LB	F.Mk.IX	TAM博物館	サン・カルロス（伯）	博物館展示中
16	MH367	N367MH	TR.Mk.IX	ピーター・ゴドフリー	フロリダ州バートウ（米）	常時飛行可能
17	MH434	G-ASJV	F.Mk.IX	オールド・フライングマシーンCo.	ダックスフォード（英）	常時飛行可能
18	MH415	N415MH	F.Mk.IX	ウィルソン・エドワーズ	テキサス州ビッグ・スプリング（米）	長期保管中
19	MJ627	G-BMSB	TR.Mk.IX	モーリス・ベイリス	イースト・カービィ（英）	常時飛行可能

	RAFシリアル	民間登録記号	型式	現所有者／保管者	所在地	現状
20	MJ730	N730MJ	F.Mk.IX	ジェリー・イェーゲン	ヴァージニア州サフォーク（米）	常時飛行可能
21	MJ772	N8R	TR.Mk.IX	ダグ・チャンプリン	ワシントン州シアトル（米）	博物館展示中
22	MK297	NXBL	F.Mk.IX	—	ハミルトン（加）	焼失後登録抹消
23	MK356	—	F.Mk.IX	英国防省	カニングズビー（英）	常時飛行可能
24	MK732	PH-OUQ	F.Mk.IX	オランダ空軍ヒストリック・フライト	ヒルゼ・レイエン（蘭）	常時飛行可能
25	MK912	C-FFLC	F.Mk.IX	エド・ラッセル	ナイアガラ（加）	常時飛行可能
26	MK923	N521R	F.Mk.IX	クレイグ・マッコウ／飛行博物館	ワシントン州シアトル（米）	博物館展示中
27	MK959	N959RT	F.Mk.IX	レイボーン・トンプスン	テキサス州ヒューストン（米）	常時飛行可能
28	ML407	G-FIX	TR.Mk.IX	キャロリン・グレース	ダックスフォード（英）	常時飛行可能
29	ML417	N2F	F.Mk.IX	トム・フリードキン	カリフォルニア州チノ（米）	常時飛行可能
30	NH238	G-MKIX	F.Mk.IX	デイヴィッド・アーノルド	グリーナム・コモン（英）	長期保管中
31	PL344	N644TB	F.Mk.IX	トム・ブレア	ダックスフォード（英）	整備点検中
32	PT462	G-CTIX	TR.Mk.IX	アンソニー・ホジスン	ブリングウィン・バッハ（英）	常時飛行可能
33	PV202	G-CCCA	TR.Mk.IX	カレル・ボウ／FL	ダックスフォード（英）	常時飛行可能
34	TA805	G-PMNF	F.Mk.IX	ピーター・モンク	ダックスフォード（英）	常時飛行可能
35	TE213	—	F.Mk.IX	南ア空軍ミュージアム・フライト	ランゼリア（南ア）	事故後保管中
36	TE308	N308W	TR.Mk.IX	ビル・グリーンウッド	コロラド州アスペン（米）	常時飛行可能
37	TE554	—	F.Mk.IX	イスラエル空軍博物館	ベールシェバ（イスラエル）	常時飛行可能
38	TE566	VH-IXT	F.Mk.IX	アヴィエーション・オーストラリア	ブリスベーン（豪）	事故後保管中
39	PL965	G-MKXI	PR.Mk.XI	ピーター・タイシュマン	ノース・ウィールド（英）	常時飛行可能
40	PL983	G-PRXI	PR.Mk.XI	プロップショップ／FL	ダックスフォード（英）	整備点検中
41	MV293	G-BGHB	FR.Mk.XIV	スティーヴン・グレイ／TFC	ダックスフォード（英）	常時飛行可能
42	NH749	NX749DP	FR.Mk.XIV	コメモラティヴ・エアフォース	カリフォルニア州カマリロ（米）	整備点検中
43	NH799	ZK-XIV	FR.Mk.XIV	ポール・ペイジ	アードモー（ニュージーランド）	整備点検中
44	NH904	N114BP	FR.Mk.XIV	ボブ・ポンド	カリフォルニア州パームスプリングズ（米）	常時飛行可能
45	RM689	G-ALGT	F.Mk.XIV	ロールス・ロイス	ブリストル（英）	整備点検中
46	RN201	G-BSKP	F.Mk.XIV	トム・ブレア／スピットファイアLtd.	フロリダ州キシミー（米）	常時飛行可能
47	SM832	N54SF	F.Mk.XIV	トム・フリードキン	カリフォルニア州チノ（米）	常時飛行可能
48	TZ138	C-GSPT	FR.Mk.XIV	ロバート・イェンス	バンクーバー（加）	飛行可能
49	RR263	—	F.Mk.XVI	航空博物館	パリ（仏）	博物館展示中
50	RW382	NX382RW	F.Mk.XVI	スティーヴン・ヴィザード	ワイト島（英）	事故後保管中
51	RW386	G-BXVI	F.Mk.XVI	ビルト・ハルサーブ	エンイェルスホルム（スウェーデン）	常時飛行可能
52	SL721	C-GVZB	F.Mk.XVI	マイク・ポッター	オタワ（加）	常時飛行可能
53	TB863	VH-XVI	F.Mk.XVI	デイヴィッド・ローウィ	テモーラ（豪）	常時飛行可能
54	TD248	G-OXVI	F.Mk.XVI	トム・ブレア／スピットファイアLtd.	ダックスフォード（英）	常時飛行可能
55	TE184	G-MXVI	F.Mk.XVI	ポール・アンドルーズ	ブッカー（英）	整備点検中
56	TE356	N356EV	F.Mk.XVI	エヴァーグリーン・ヴェンチャーズ	オレゴン州マックミンヴィル（米）	博物館展示中
57	TE384	N384TE	F.Mk.XVI	ケン・マックブライド	カリフォルニア州ホリスター（米）	長期保管中
58	TE392	N97RW	F.Mk.XVI	ロバート・ウォルトリップ／LSFM	テキサス州ガルヴェストン（米）	常時飛行可能
59	TE476	N476TE	F.Mk.XVI	カーミット・ウィークス	フロリダ州ポークシティ（米）	博物館展示中
60	SM845	G-BUOS	FR.Mk.XVIII	カレル・ボウ／FL	ダックスフォード（英）	常時飛行可能
61	SM969	G-BRAF	F.Mk.XVIII	スティーヴン・グレイ／TFC	ダックスフォード（英）	整備点検中
62	TP280	N280TP	FR.Mk.XVIII	ルーディ・フラスカ	イリノイ州アーバナ（米）	常時飛行可能
63	TP298	N41702	FR.Mk.XVII	マリー・ギルクリスト	ブリスベーン（豪）	事故後保管中
64	PM631	—	PR.Mk.XIX	英国防省	カニングズビー（英）	常時飛行可能
65	PS853	G-RRGN	PR.Mk.XIX	ロールス・ロイス	ブリストル（英）	常時飛行可能
66	PS890	F-AZJS	PR.Mk.XIX	クリストフ・ジャカール	ディジョン（仏）	常時飛行可能
67	PS519	—	PR.Mk.XIX	英国防省	カニングズビー（英）	常時飛行可能
68	PK350	—	F.Mk.22	—	ハラーレ（ジンバブウェ）	墜落後登録抹消
69	SX336	G-KASX	F.Mk.XVIIシーファイア	ティム・マナ	ノース・ウィールド（英）	常時飛行可能
70	VP441	N47SF	FR.Mk.47シーファイア	ジム・スミス	モンタナ州クリスタルレイクス（米）	常時飛行可能

巻末付録3
Appendix 3

スピットファイア復元に際して役立つ、主な関連会社の連絡先を掲載しておく。

エアフレーム・アッセンブリーズ
Airframe Assemblies
Hangar 6S
Isle of Wight Airport
Sandown
Isle of Wight, PO36 0JP
Tel 01983 408661/404462
Produces replacement airframes.
交換用機体構造材の製造

アングリア・ラジエーターズ
Anglia Radiators
Unit 4
Stanley Road
Cambridge, CB5 8LB
Tel 01223 314444
Build replacement radiators and of coolers.
交換用ラジエーターおよび冷却機器製造

エアクラフト・レストレーション・カンパニー
ARCo (Aircraft Restration Company)
Duxford Airfield
Cambs, CB2 4QR
Tel 01223 835313
Provides maintenance facilities for historic aircraft.
ヴィンテージ航空機用の整備施設の提供

ダウティ・プロペラ
Dowty Propellers
Anson Business Park
Cheltenham Road East
Gloucester, GL2 9QN
Tel 01452 716000
Builds and refurbishes propeller.
プロペラの製造と整備再生

ダンロップ・タイヤ
Dunlop Tyres
40 Fort Parkway
Erdington
Birmingham
West Midlands, B24 9HL
Produces replacement tyres for Spitfires.
スピットファイア交換用タイヤの製造

ヘンリー・スミス
Hanley Smith
7 South Road
Templefields
Harlow
Essex, CM20 2AP
Tel 01279 414446
Overhauls undercarriage legs.
主脚の分解整備

ヒストリック・フライング
Historic Flying
Duxford Airfield
Cambs, CB2 4QR
Tel 01223 839455
Builds and rebuilds Spitfires.
スピットファイアの製造、復元

オーモンド・エアクラフト Ltd
Ormonde Aircraft Ltd
Hangar 2
Nottingham Airport
Tollerton Lane
Nottingham, NG12 4GA
Tel/Fax 01159 813343
Produces replacement airframe components.
代替用機体構造コンポーネントの製造

パーソナル・プレーン・サーヴィスィズ Ltd
Personal Plane Services Ltd
Wycombe Air Park
Booker
Marlow
Buckinghamshire, SL7 3DS
Tel 01494 449810
Overhauls and rebuild aircraft.
機体の分解整備と復元

レトロ・トラック&エア
Retro Track and Air
Upthorpe Iron Works
Upthorp Lane
Dursley
Gloucestershire, GL11 5HP
Tel 01453 545360
Overhauls engines
エンジンの分解整備

スカイクラフト
Skycraft
12 Silver Street
Litlington
Nr Royston
Herts, SG8 0QE
Tel 01763 852150
Build and refurbishes propellers.
プロペラの製造と整備再生

スミズ・インダストリーズ、エアロスペース
Smiths Industries, Aerospace
www.smiths-aerospace.com
Aircraft instrument.
航空計器類

スーパーマリン・エアロ・エンジニアリング Ltd
Supermarine Aero Engineering Ltd
Michell Works
Steventon Place
Burslem
Stoke-on-Trent
Stafford, ST6 4AS
Tel 01782 811344
Machine components.
航空機の各種機器

ヴィンテージ・ファブリックス Ltd
Vintage Fabrics Ltd
Michell Hangar
Audley End Airfield
Saffron Waldon
Essex, CB11 4LH
Tel 01799 510756
Fabric for the flying controls, rudder and elevators.
方向舵、昇降舵等操縦翼面用の羽布

主な翻訳参考文献　(順不同)

SPITFIRE THE HISTORY
／E.B.Morgan and E.Schacklady／Key Books Ltd.
／5th impression (revised)／2000

The Spitfire Mk V Manual
／Aston Publications／1988

From The Cockpit SPITFIRE
／Wg Cdr T. E. Neil DFC*, AFC,AE
／Ian Allan Ltd.／1990

PILOT'S MANUAL for SUPERMARINE SPITFIRE
／Aviation Publications／1989

Spitfire LF. Mk.IX in detail　Special Museum Line No.26／Wings & Wheels Publications／2002

SPITFIRES AND POLISHED METAL
／Graham Moss and Barry McKee／Airlife Publishing Ltd／1999

'BORN AGAIN' Spitfire PS 915／Wally Rose／Midland Counties Publications (Aerophile) Limited／1989

The Squadron of the ROYAL AIR FORCE
James.J.Halley／Air-Britain(Historians)Ltd.／1985

BRITISH PISTON AERO-ENGINES AND THEIR AIRCRAFT／Alec Lumsden／Airlife Publishing Ltd／1997

AIRCRAFT TECHNICAL DICTIONARY／James Foye／IAP, inc.／1980

BBC PRONOUNCING DICTIONARY OF BRITISH NAMES
／G.M.MILLER／OXFORD UNIVERSITY PRESS／1971

新航空工学講座第3巻『航空機システム』／藤原洋・島英洋／社団法人日本航空技術協会／1985

新航空工学講座第4巻『航空機材料』／赤永功他／社団法人日本航空技術協会／1989/1997

新航空工学講座第6巻『航空用ピストン・エンジン』／社団法人日本航空技術協会編・刊／1991/2001

新航空工学講座第7巻『プロペラ』／中村資朗／社団法人日本航空技術協会／1988/1995

新航空工学講座第10巻『航空計器』／田島奏・加藤敏／社団法人日本航空技術協会／1987/1996

新航空工学講座第11巻『航空電気装備』／加藤昭英／社団法人日本航空技術協会／1985/1994

航空用語辞典／鳳文書林出版販売（株）／平成5年、平成12年

改訂新版航空実用辞典／片桐敏夫監修・日本航空広報部編／朝日ソノラマ／1997、2000

金属表面工学―増補版―／大谷南海男／日刊工業新聞社／昭和37年、昭和52年

材料名の事典［第2版］／長崎誠三ほか編／アグネ技術センター／2006

航空学辞典／木村秀正監修／地人書館／昭和34年、昭和46年

図説 機械用語辞典［増補版］／岡野修一ほか／実教出版株式会社／2004

メカニズムの事典／伊藤茂 編／理工学社／2005

スピットファイア／モデルアート1992年4月号臨時増刊No.387／野原茂／モデルアート社／1992

スピットファイアMk.I/IIのエース1939-1941／アルフレッド・プライス著、岡崎淳子訳／大日本絵画／2001

索 引 Index

アーク・リフティング　Arc Lifting　127
アーノルド、ダグ　Arnold, Doug　11, 48
アーノルド、ピーター　Arnold, Peter　11, 151, 154
アイルランド空軍　Irish Air Corps　92, 146, 149-150
アウルズ・ヘッド交通博物館　Owl's Head Transportation Museum　150
アヴロ・シャックルトン　Avro Shackleton　152
アヴロ・ランカスター　Avro Lancaster　13, 16, 19, 130
アクティス、フランコ　Actis, Franco　143
圧縮空気系統　Compressed air system　137
アメリカ（米）陸軍航空隊　US Army Air Force (USAAF)　8, 30
　第14写真偵察飛行隊、第7写真偵察航空群
　　　14th Photo Squadron, 7th Photo Group　30
　第4戦闘飛行隊　4th Fighter Squadron　144
アリスン、ジョン　Allison, John　11
アルスター郷土・交通博物館　Ulster Folk and Transport Museum　150
アルパイン・ファイター・コレクション　Alpine Fighter Collection　141
アンドルーズ、ポール　Andrews, Paul　150
イースト・カービィ飛行場　East Kirby airfield　146
イェーゲン、ジェリー　Yagen, Jerry　147
イギリス海軍　Royal Navy　30
　航空機待機部隊　Aircraft Holding Unit　151
イギリス海軍航空隊　Fleet Air Arm　151
イギリス海軍航空基地　Royal Naval Air Stations
　アボッツインシュ　Abbotsinch　151
　ブラムコット　Bramcote　151
　フォード　Ford　151
　ストレットン　Stretton　151
イギリス空軍基地　RAF bases
　アウストン　Ouston　48-49
　アビンドン　Abingdon　99
　ウィルムズロウ　Wilmslow　143
　ウェスト・カービィ　West Kirby　140
　ウェスト・モーリング　West Malling　151
　ウェスト・ライナム　West Raynham　151
　ウォッティシャム　Wattisham　143
　ウッドヴェイル　Woodvale　8, 10, 33, 151
　ヴューンズドルフ　Wunsdorf　151
　カニングズビー　Coningsby　16, 19, 96, 99
　カラーン　Colerne　140
　キングズノース　Kingsnorth　144
　ケンリー　Kenley　48-49
　コスフォード　Cosford　143, 151
　サットン・ブリッジ　Sutton Bridge　140
　セレター　Seletar　33
　セント・アサン　St Athan　140, 141, 143
　ダックスフォード　Duxford　25, 40
　タングミア　Tangmere　99
　チャーチ・フェントン　Church Fenton　13, 141
　ノース・ウィールド　North Weald　151
　バーチャム・ニュートン　Bircham Newton　143
　ハイ・アーコル　High Ercall　49, 150
　パッドゲート　Padgate　140
　ビスター　Bicester　147
　ビッギン・ヒル　Biggin Hill　8, 10, 16, 151
　ヒバルストウ　Hibaldstow　140
　フィニングリー　Finningly　150
　フートン・パーク　Hooton Park　151
　ブーマー　Boulmer　143
　ブリッジノース　Bridgnorth　140
　ブローディ　Brawdy　151
　ヘンスフォード　Hednesford　141, 143
　ベンソン　Benson　99, 150-151
　ヘンロー　Henlow　10, 147
　ホーキンジ　Hawkinge　147
　ホールトン　Halton　147
　ホーンチャーチ　Hornchurch　146

マートルシャム・ヒース　Martlesham Heath　23
マウント・ファーム　Mount Farm　30
ライナム　Lyneham　146-147
リントン・オン・ウーズ　Linton-on-Ouse　141
ルーハーズ　Leuchars　151
レッドヒル　Redhill　48-49
ロッキング　Locking　147
イギリス空軍志願予備役　RAF Volunteer Reserve　17
イギリス空軍博物館　RAF Museum, Hendon　13, 102, 147
維持費　Running costs　103
イスパノ機関砲　Hispano cannon　42, 132
イスラエル空軍　Israeli Air Force　10, 147, 150
イタリア空軍　Itarian Air Force　147, 150
イングリッシュ、ユアン　English, Euan　17
インド空軍　Indian Air Force　143, 149-150
インド空軍博物館　Indian Air Force Museum　149
ウィカム・エア・パーク、ブッカー
　　　Wycombe Air Park, Booker　140, 149-150, 152
ヴィッカーズ社　Vickers Ltd　23, 143, 144, 146
ヴィッカーズ・アームストロング・リミテッド
　　　Vickers-Armstrong Ltd　140, 149
ヴィンテージ・ファブリックス・リミテッド　Vintage Fabrics Ltd　60, 122
ウォーバーズ・オブ・グレート・ブリテン　Warbirds of Great Britain　150
ウォーンズ伍長、レイチェル　Warnes, Corp. Rachael　18
ウォリス、サー・ティム　Wallis, Sir Tim　141
ウッド、ピーター　Wood, Peter　151
エア・サーヴィス・トレーニング、(有)　Air Service Tiainig Ltd　49, 140
エアクラフト・レストレーション・カンパニー（ARCo)
　　　Aircraft Restoration Co.　83, 90, 93, 141
エアフレーム・アセンブリーズ
　　　Airframe Assemblies Ltd　57, 90, 93, 100
エアロ・ヴィンテージ・リミテッド　Aero Vintage Ltd　50, 91, 94
HMS イーグル　HMS Eagle　29
HMS イラストリアス　HMS Illustrious　31
HMS オーシャン　HMS Ocean　152
HMS テーセウス　HMS Theseus　33
HMS トライアンフ　HMS Triumph　152
HMS ハンター　HMS Hunter　31
エゼル・アヴィエーション社　Ezell Aviation　152
エドワーズ-ジョーンズ空軍中将、サー・ハンフリー
　　　Edwards-Jones, Air Marshall Sir Humphrey　23
F700（書式700運航日誌）システム　F700 system　129, 136-137
エリコン機関砲　Oerlikon cannon　115
エンジン始動　Engine start-up　107-108
エンパイア飛行学校　Empire Flying School　144
オーストラリア空軍　Royal Australian Air Force　143
オールド・フライングマシーン・カンパニー
　　　Old Flying Machine Co.　141, 146
ガー、ノーマン　Garr, Norman　149
カークパトリック伍長　Kirkpatrick, Corp　131
カズィノーヴ少尉、ピーター　Cazenova, Pilot Officer Peter　100
カムデン航空博物館　Camden Museum of Aviation　144
カルガリー航空博物館　Air Museum of Calgary　141
滑油および作動液類　Lubricants and fluids　128
機体寸法　Dimensions (Mk.IX)　87
キャヴァノー、ジム　Cavanaugh, Jim　143
キャヴァノー飛行博物館（CFM）　Cavanaugh Flight Museum　143
キャセイ・パシフィック航空　Cathay Pacific Airways　146
キャッスル・ブロミッジ航空機製作所
　　　Castle Bromwich factory　45, 47, 60, 110
キャンベル、ドン　Campbell, Don　141
クィル、ジェフリー　Quill, Jeffrey　40, 43
空気圧系統　Pneumatic system　69-71, 88, 130
空軍大戦略（バトル・オブ・ブリテン）、映画
　　　Battle of Britain, the film　10-11, 140, 143, 146-147, 150, 154
グッドウッド　Goodwood　92
クランフィールド飛行場　Clanfield airfield　151
グリーン少尉、ゴードン　Green, Pilot Officer Gordon　114
グリーンウッド、ビル　Greenwood, Bill　150
グレイ、スティーヴン　Grey, Stephen　149

グレース、キャロリン　Grace, Carolyn　149
グレース、ニック　Grace, Nick　149-150
グレース-メルトン製キャノピー　Grace-Melton canopy　144, 149
グロウ、ピート　Glow, Pete　57
クロスボー作戦（映画）　Operation Crossbow　146
計器板　Instrument panel　84, 89
ゲートガード　Gate guardians　13, 97, 99, 140, 141, 143, 147, 151
ケネット工房　Kennet Workshop　151
航空機建造専門学校、シドニー
　　　School of Aircraft Construction, Sydney　143-144
工具類　Tools　126
降着装置　Undercarriage　66-71
購入　Purchasing　96, 102
ゴーントレット、ヴィクター　Gauntlett, Victor　140
コクピット　Cockpit　58, 84-86, 89
国防省（MoD）、イギリス　Ministry of Defence (MoD)　13
国立公文書館、キュー　National Archives, Kew　102
ゴドフリー、ピーター　Godfrey, Peter　144
コンコルド　Concorde　122
サウサンプトン空港、イーストリー飛行場
　　　Southampton Airport, Eastleigh　13-14, 22
サウス・マーストン　South Marston　30, 151
残骸からの復元　Rebuilding a wreck　92-93, 95, 99-100
COGEA　10, 146
ジェットキャップ・コーポレーション　Jetcap Corporation　144, 150
試験許可書（PTT）　Permit to Test　103
シドニー技術専門学校　Sydney Technical College　144
シャーヴォール、アーサー　Shirvall, Arther　29
ジャッキングと機体の支持　Jacking and trestling　127-128, 132
シャトルワース・コレクション　Shuttleworth Collection　140
修復　Restoring　96, 98-99
重量　Weights　34-35, 87
シュナイダー杯　Schneider Trophy　22, 29
シュモラー-ハルディ、ハンス、中尉（ドイツ空軍）
　　　Schmoller-Haldy, Oberleutnant Hans　114
主翼　Wings (Main-planes)　61-65, 91
ジュリスト、エド　Jurist, Ed　48-49
潤滑油系統　Oil system　82
ショート・ブラザーズ＆ハーランド　フライング・サーヴィシズ事業部
　　　Short Bros & Harland Flying Services Division　151
書式705　Flight Servicing Certificate (Form 705)　129
処女飛行、F37/34　Maiden Flights: F37/34　22, 24
ジョゼフ・ブライアリー＆サン　Joseph Brierley & Son　151
書類と記録　Paperwork and records　102-103, 136
ジョン・デイル＆サンズ　John Dale & Sons　140
ジョンソン中佐、"ジョニー"
　　　Johnson, Wing Commander 'Johnnie'　48-49, 150
シリアル・ナンバー　Serial numbers　102
スクラン飛行場　Seclin airfield　25
スクランブル　Scrumble　112
スクワイアズ・ゲート、ブラックプール
　　　Squires Gate, Blackpool　152
ステンガー、ハリー　Stenger, Harry　144
ストークス、ジョン　Stokes, John　152
スピットファイア産業　Spifire industry　90, 156
スピンク、クリフ　Spink, Cliff　116
スペアパーツ　Spare parts　88
スペイン空軍　Spanish Air Force　10-11
スマート、ニール　Smart, Neil　8
スミス、ジム　Smith, Jim　152
スミス、ジョー　Smith, Joe　8
スワイア、サー・エイドリアン　Swire, Sir Adrian　146
整備　Servicing　129-136
　折り返し整備　Turnaround servicing　129-131
　年次整備　Annual servicing　133-136
　飛行後整備　After flight servicing　131
　離陸前整備　Before flight servicing　129-130
整備計画書　Maintenance schedules　103
戦闘性能試験　Combat trials　41
ソーンダーズ、アンディ　Sounders, Andy　101

| 耐空証明書　Airworthiness Approval Note　103
タイドウォーター・テック・ファイター・ファクトリー
　　Tidewater Tech Fighter Factory　147
タック、ロバート・スタンフォード　Tuck, Robert Stanford　25
ダックスフォード　Duxford　13-14, 83, 90, 92, 100, 103, 122-123, 141, 143, 146, 149-150
ダン、ウィリアム、米国空軍中佐　Dunn, Lt-Col. William　21
ダンケルク撤退　Dunkirk evacuation　25, 100
地中海連合空軍　Mediterranean Allied Air Force　150
チャーチ、チャールズ　Church, Charles　11, 150
チャールズ・チャーチ・スピットファイアズ
　　Charles Church Spitfires　144
チャールストン、クレイグ　Charleston, Craig　151
着陸　Landing　109, 116
チャンドラー少尉、J.　Chandler, Pilot Officer J.　27
中間冷却器　Intercooler　80, 82
長期保管　Storage, long-term　137
朝鮮戦争　Korean War　33
TAM（ブラジル航空）　48-49
デイ、ポール　Day, Paul　119-120
Dデイ・ノルマンディ侵攻
　　D-Day invasion, Normandy　36, 45, 116, 146-147
デイヴィス、ティム　Davies, Tim　146
偵察機型スピットファイア　Reconnaissance Spitfires　25, 27, 31, 33, 43, 45-46, 114, 146
ディック・メルトン・アヴィエーション　Dick Melton Aviation　144
デニー、クライブとリンダ　Denney, Clive and Linda　121
テモーラ航空博物館　Temora Aviation Museum　144
デラドゥーン陸軍士官学校　Dehra Dun Military Academy　11
電気系統　Electrical system　83, 89
展示飛行　Display flying　18-19, 116, 118-122
ド・カドゥネ、アラン　de Cadenet, Alain　150
胴体　Fuselage　54-57, 59, 90, 96, 102
トー、アンドルー　Torr, Andrew　101
遠すぎた橋（映画）　A Bridge Too Far, the film　146
ドラゴン・スピットファイア・フライト　Dragon Spitfire Flight　150
トレント・エアロ　Trent Aero　91, 147
南部連邦空軍　Confederate Air Force　49
ニューオール、サー・シリル　Newall, Sir Cyril　24
燃料　Fuel　103
燃料系統　Fuel system　81, 130
P-51マスタング　North American P-51 Mustang　90, 116
ノールファイア・アヴィエーション・リミテッド　Nalfire Aviation Ltd　146
パー、マーク　Parr, Mark　90
パーク少将、キース　Park, Air Vice Marshall Keith　27
パーシヴァル兵長　Parcival, SAC　66
パーソナル・プレーン・サーヴィシズ
　　Personal Plane Services　140, 149-150, 152
ハイヴズ、アーネスト　Hives, Ernest　36
バクスター大尉、レイモンド　Baxter, Flt Lt Raymond　104
パッカード・マーリン266エンジン
　　Pakard Merlin 266 engine　35, 45, 72, 79-80, 99
バッキンガム宮殿　Buckingham Palace　17
バトル・オブ・ブリテン　Battle of Britain　9, 25, 27, 43, 112-114, 140
バトル・オブ・ブリテン60周年　Battle of Britain 60th anniversary　13
ハナ、レイ　Hanna, Ray　146
ハリケーン　Hawker Hurricane　10, 13, 16-17, 19, 25, 27, 35, 116, 151
ハル・アヴィエーション株式会社　Hull Aviation Inc　48
ビアーンキ、トニー　Bianchi, Tony　9
飛行許可書（PTF）　Permit to Fly (PTF)　103
飛行日誌（英国防省書式724）　Flying Log (MoD Form 724)　106
飛行博物館、サンタ・モニカ　Museum of Flying, Santa Monica　48-49
飛行訓練団　Air Training Corpe
　　ソルタッシュ　Saltash　152
　　第1855（ロイトン）飛行隊　No.1855 (Royton) Squadron　150
飛行制御系統（操縦系統）　Flying controls　86, 126, 136
ヒストリック・エアクラフト・コレクション（HAC）
　　Historic Aircraft Collection　101, 141
ヒストリック・エアクラフト社　Historic Aircraft Co.　125

ヒストリック・フライング・リミテッド（HFL）
　　Historic Flying Limited　13, 90, 92, 100-101, 141, 143, 148
ピナー少尉、アル　Pinner, Sqdn Leader Al　16-19,
非破壊検査　Non-destructive testing (NDTs)　90, 93, 99
尾部　Tail unit　59-60
ファイター・コレクション　The Fighter Collection　141, 149-150
フィルム・アヴィエーション・サーヴィシズ社
　　Film Aviation Services　146
フェアリー、ジョン　Fairey, John　10
フォッカー社　Fokker　147
フォッケウルフFw190
　　Focke-Wulf Fw 190　38, 40-41, 48, 116, 145, 149
武装　Armament　42
ブチョン　Buchon　10, 11
フライング・ヘリテッジ・コレクション　Flying Heritage Collection　141
プラウドフット、"フープ"　Proudfoot, 'Hoof'　13
ブラウン、チャーリー　Brown, Charlie　13
ブラウン、チャールズ　Brown, Charles　117
ブラッカー、ポール　Blackah, Paul　124
ブラック、ガイ　Black, Guy　50, 88, 91, 94, 101
ブラックブッシュ空港　Blackbushe airport　11
フラップ　Flaps　71
プラム、ドン　Plumb, Don　150
フランクリン、ネヴィル　Franklin, Neville　151
フリードキン、トム　Friedkin, Tom　150
フリートランズ航空機修理基地
　　Fleetlands aircraft repair facility　152
ブリストル・フィルトン　Bristol-Filton　143, 151
ブリティッシュ・アルミニウム社　British Aluminium Co.　151
ブリティッシュ・エアクラフト・コーポレーション
　　British Aircraft Corporation　10
ブリティッシュ・エアロスペース、ウォートン
　　British Aerospace, Warton　151
ブレーキ　Brakes　71
ブローニング機銃　Browning machine guns　23, 42, 87, 132
プロペラ　Plopeller　33-34, 82-83, 126
プロペラ後流　Plopeller wash　126
兵装　Weapons　87
ペイ大佐　Pay, Col　144
ヘイドン - ベイリー、ウェンズリー　Haydon-Baillie, Wensley　11, 143
ヘイドン - ベイリー、オーモンド　Haydon-Baillie, Ormond　11, 143
ベイリス、モーリス　Bayliss, Maurice　119, 146
ベルギー空軍　Belgian Air Force　146, 148-149
ヘンショー、アレックス　Henshaw, Alex　110
ヘンリー・バース&サン社　Henry Bath & Son Ltd　48-49
［有］ホフマン社　Hoffmann GmbH　103
ホイーラー大佐、アレン　Wheeler, Allen　140
ホイールとタイヤ　Wheels and tyres　103
ボウ、カレル　Bos, Karel　13
防弾装甲板　Armour protection　58
保険費用　Insurance　103
ホジソン、アンソニー　Hodgson, Anthony　150
マーズ少尉、エリック　Marrs, Pilot Officer Eric　113
マイアリック・アヴィエーション・サーヴィシズ
　　Myrick Aviation Services　150
マイケル、クリス　Michal, Chris　93
マクドネル少佐、ドナルド　MacDonnell, Sqdn Leader Donald　112
マクネアー少佐、ロバート　McNair, Robert Sqdn Leader　48
マナドン海軍航空訓練学校　Manadon training school　152
マニュアル　Manuals　90, 103
マハディ退役大佐、ヘイミッシュ　Mahaddie, Group Captain Hamish　10
マルタ　Malta　28-30, 152
ミッチェル、レジナルド　Mitchell, Reginald　8, 22-23, 27
民間航空局（CAA）　Civil Aviation Authority　103, 136
無線装置　Radio systems　89
メッサーシュミットBf109　Messerschmitt Bf109　25, 40, 41, 112, 114, 115-116, 140, 145, 149
メルトン、ディック　Melton, Dick　11, 144
モスキート　de Havilland Mosquito　8, 151
USSワスプ　USS Wasp　28-29

油圧系統　Hydraulic system　69, 88, 130, 137
ラードナー - バーク大尉、ヘンリー　Lardner-Burks, Henry　146
ラーフバラ・カレッジ　Loughborough College　140
ライト中尉、アラン　Wright, Flying Officer Alan　110
ラジエター　Radiators　24, 130
ラッセル、エド　Russell, Ed　149
ランプルー、ロバート　Lamplough, Robert　143, 147, 150
リーク　Leaks　130
履歴証明　Provenance　95, 100, 102
リンゼイ、パトリック　Lindsay, Patrick　140
ルーツィス、ティム　Routsis, Tim　13, 101, 141
冷却系統　Cooling system　81-82, 116, 130
レイシー、ジェイムズ"赤毛の"　Lacey, James 'Ginger'　11, 140
歴史的航空機保存協会　Historic Aircraft Preservation Society　152
レトロ・トラック・アンド・エア　Retro Track and Air　35, 78, 90
レプリカ機　Replica aircraft　13, 100-101, 141
ローウィ、デイヴィッド　Lowy, David　144
ロールス - ロイス　Rolls-Roys　8, 10, 33, 36, 38, 151
ロールス - ロイス・エンジン
　　ケストレルVee-12　Kestrel Vee-12　35
　　グリフォン　Griffon　8, 30, 33, 38, 90, 96
　　グリフォンIII　Griffon III　38, 45
　　グリフォン58　Griffon 58　152
　　グリフォン61　Griffon 61　38, 40, 45, 47
　　グリフォン87　Griffon 87　38
　　グリフォン88　Griffon 88　47
　　マーリン（PV XII）　Merlin (PV XII)　8, 11, 22, 33, 35, 72-83, 90
　　マーリンIII　Merlin III　36, 43
　　マーリン35　Merlin 35　38
　　マーリン45　Merlin 45　36, 38, 43, 74
　　マーリン47　Merlin 47　43
　　マーリン61　Merlin 61　36, 38, 40, 43, 45-47, 72
　　マーリン66　Merlin 66　72, 81
ロケット弾　Rockets　47
ロメイン、ジョン　Romain, John　92-93, 102
ロングボトム大尉、"ショーティ"　Longbottom, Flt Lt 'Shorty'　25
ワッツ、ピーター　Watts, Peter　90

RAF諸部隊（飛行隊以外）　RAF flights, groups and units
　エキシビション・フライト　Exhibition Flight　99
　気象観測部隊　Meteorological Flight　10, 151
　空戦技術開発部隊（AFDU）　Air Fighting Development Unit　40
　第83航空群支援部隊　No.83 Group Support Unit　49, 147
　整備部隊（MU）　Maintenance Unit
　　第6 MU　No.6 Maintenance Unit　143-144
　　第9 MU　No.9 Maintenance Unit　49, 143, 146, 150-151
　　第19 MU　No.19 Maintenance Unit　151
　　第33 MU　No.33 Maintenance Unit　148
　　第39 MU　No.39 Maintenance Unit　150
　実戦訓練部隊（OTU）　Operational Training Unit　48
　　第53 OTU　No.53 Operational Training Unit　140
　　第57 OTU　No.57 Operational Training Unit　140
　　第58 OTU　No.58 Operational Training Unit　141
　　第80 OTU　No.80 Operational Training Unit　49
　写真偵察部隊（PRU）
　　Photographic Peconnaissance Unit　25, 27, 113
　第203上級飛行訓練学校　No.203 Advance Flying School　150
　上層気団気温・湿度観測飛行部隊
　　THUM (Temperature and Humidity Measuring) Flight　33
　戦闘機軍団第11群　No.11 Group Fighter Command　25
　中央偵察隊　Central Reconnaissance Unit　150
　中央砲術学校　Central Gunnery School　140, 150
　ヒストリック・エアクラフト・フライト（HAF）
　　Historic Aircraft Flight　10, 16, 140, 151
　第1民間修補部隊　No.1 Civilian Repair Unit　140
　第64リザーヴ・センター　No.64 Reserve Centre　150

【訳者紹介】

九頭龍わたる
　明治大学文学部文学科卒、翻訳家。戦争ドキュメンタリーの翻訳を多く手がける。別名義でイギリス現代小説の訳書もあり。小社刊ではオスプレイ"対決"シリーズ第1巻『P-51マスタングvsフォッケウルフFw190』など。

SUPERMARINE SPITFIRE
1936 onwards (all marks)
Owners' Workshop Manual
スーパーマリン・スピットファイアのすべて
オーナーズ・ワークショップ・マニュアル

発行日	2009年3月16日　初版第1刷
著　者	Dr.アルフレッド・プライス　ポール・ブラッカー
訳　者	九頭龍わたる
発行人	小川光二
発行所	株式会社 大日本絵画 〒101-0054東京都千代田区神田錦町1丁目7番地 Tel. 03-3294-7861（代表）　Fax.03-3294-7865 URL. http://www.kaiga.co.jp
企画・編集	株式会社 アートボックス 〒101-0054東京都千代田区神田錦町1丁目7番地 錦町1丁目ビル4F Tel. 03-6820-7000（代表）　Fax. 03-5281-8467 URL. http://www.modelkasten.com
装　丁	九六式艦上デザイン事務所
DTP処理	小野寺 徹
印刷・製本	大日本印刷株式会社

Supermarine SPITFIRE, 1936 onwards (all marks)
by Dr. Alfred Price and Paul Blackah
©Haynes Publishing 2007
Published in October 2007
Reprinted in December 2007, February 2008 and May 2008

Japanese translation rights arranged with
J. H. Hayens & Company Limited, Somerset, England
through Tuttle-Mori Agency, Inc., Tokyo

Printed in Japan
ISBN978-4-499-22963-0

©2009　株式会社大日本絵画
本書掲載の写真および記事等の無断転載を禁じます。